中国煤炭工业协会重大研究项目

中国煤炭工业安全高效矿井建设年度报告（2010）

王显政　主编

煤 炭 工 业 出 版 社

·北　京·

内 容 提 要

本书是中国煤炭工业协会对2009年度我国煤炭工业安全高效矿井建设工作的总结报告。全书系统分析和汇总了2009年度煤炭工业安全高效矿井建设的情况，简要阐述了我国煤炭装备制造业的发展及安全高效矿井建设的发展方向，并对全国2009年度安全高效矿井创建经验进行了详细的分矿介绍。

本书可供煤炭行业管理部门及企事业单位生产技术人员参考阅读。

编　委　会

前　言

煤炭是我国重要的基础能源，煤炭工业可持续发展关系国民经济和能源供应安全大局。近年来，我国煤炭工业积极转变经济发展方式，加快结构调整步伐，促进了生产力水平的不断提高；尤其是一系列有利于煤炭产业健康发展政策措施的发布实施，使我国煤炭工业取得了较快的发展和进步，全国煤炭产量逐年增长，企业经济效益大幅增加，矿区生态环境逐步改善，职工生活质量稳步提高，经济运行呈现良好的发展态势，有力地保障了国民经济和社会稳定发展的需要。

2009 年，全国煤炭产量 29.73 亿 t，比“十五”末的 2005 年增加了 6.23 亿 t。全国年产量千万吨以上的煤炭企业数量达到 43 家，合计产量 17.3 亿 t，占全国总产量的 58%。全国年产量 30 万 t 以下小煤矿的总产量降为 7 亿 t，占全国总产量的比例由 2005 年的 45% 下降到 22%。相比 2005 年，煤矿事故死亡人数下降了 56%，百万吨死亡率由 2.81 下降到 0.884。全国采煤机械化程度达到 65% 以上，比 2005 年提高了 15%。安全高效矿井达标 359 处，产量合计 10.17 亿 t。目前国产千万吨级矿井建设技术已经成熟，年产 600 万 t 综采成套设备已成功使用，个别矿井开始使用年产 1000 万 t 综采成套设备。

随着我国煤炭市场需求和生产规模的逐步扩大，煤炭生产集约化和机械化程度的不断提高，加快建设安全高效矿井是我国煤炭工业发展的必然趋势。安全高效矿井的基本内涵是单产水平高、劳动效率高、资源回收率高，安全状况好、劳动条件好、经济效益好、环境治理好，其核心是提高单产、减头减面、减人提效。建设安全高效矿井可以从根本上改善我国煤炭企业长期以来粗放型的生产方式，促进企业科学发展、安全发展、有效发展、和谐发展，实现煤炭工业的现代化和规模化，符合我国煤炭工业发展的方向。

多年来，中国煤炭工业协会一直致力于推进我国煤炭工业安全高效矿井创建工作，从完善评审办法、组织评审工作，到现场检查验收、进行命名表彰，以及总结经验交流等，都得到了全行业的广泛认同。煤炭企业积极参与安全高效矿井建设，创建活动成果显著，每年达标矿井数量不断增加，技术经济指标逐年提高。为继续保持良好的发展势头，总结2009年度建设经验，中国煤炭工业协会决定在命名表彰2009年度煤炭工业安全高效矿井的工作基础上，继续组织编写系列图书《中国煤炭工业安全高效矿井建设年度报告（2010）》。全书围绕2009年度煤炭工业安全高效矿井建设基本情况、煤炭装备制造业、煤炭工业安全高效矿井建设发展思路、各安全高效矿井建设经验等方面展开了翔实的数据分析和理论研究。本书旨在详细介绍2009年度安全高效矿井建设的总体情况和建设成果，总结宣传我国煤炭工业安全高效矿井建设技术发展及管理经验，为全国煤炭行业企业提供借鉴。

在开展安全高效矿井建设评审和本书编写工作中，得到了各省级煤炭管理部门（协会）和广大会员单位及专家、学者的大力支持，在此表示衷心的谢意。

限于编者水平，本书不免有疏漏之处，敬请煤炭行业专家、技术人员和广大读者批评指正，以便在今后的工作中不断完善。

编　者

二〇一〇年十二月·北京

目　　录

第一章 2009年度煤炭工业安全高效矿井建设分析

煤炭工业安全高效矿井建设工作在全国煤炭行业中开展多年，自1992年开始，至今已有18年的历史。多年来开展的安全高效矿井创建工作，对于煤炭行业企业减少安全生产事故，大力发展采掘机械化，努力提高生产力水平，优化产业结构，转变经济发展方式，提高核心竞争力等方面都起到了重要作用，得到了全行业的一致认同和积极参与。2010年，经中共中央、国务院批准，国务院国有资产监督管理委员会办公厅下发了《关于印发国资委评比达标保留项目的通知》（国资厅发纪检［2010］21号），明确保留了中国煤炭工业协会继续开展煤炭工业安全高效矿井评选表彰项目。

第一节 2009年度煤炭工业安全高效矿井评审工作

一、2009年度安全高效矿井初审及验收

2010年3月底，中国煤炭工业协会组织开展了2009年度安全高效矿井申报初审工作。全国共有17个省（区、市）和5个中央企业所属的煤炭生产企业申报了2009年度煤炭工业安全高效矿井。目前，安全高效矿井申报工作由省级煤炭管理部门分管的共11个，分别是山西、河南、山东、吉林、黑龙江、新疆、江苏、安徽、四川、重庆、云南；由省级煤炭协会分管的共5个，分别是河北、辽宁、内蒙古、陕西、甘肃；另外，5个中央企业分别是神华集团、中煤能源集团、华能集团、国电公司、国投公司。

2010年7月下旬至9月中旬，为保证安全高效矿井的建设质量，在初审工作的基础上，中国煤炭工业协会组织开展了2009年度安全高效矿井验收工作。本次验收采取煤炭企业交替验收方式，共计派出验收工作组64个，各验收工作组均由企业选派具有丰富实践经验的采掘、通风、安全、防治水、劳资等专业的专家组成。

验收组验收的内容主要有：各申报矿井安全生产责任制的落实情况；矿井质量标准化工作开展情况；矿井是否存在重大安全隐患情况；安全高效矿井申报表与有关原始基础表数据核实情况；核实煤矿生产新纪录情况；煤矿环境保护达标情况等。验收组工作程序一是听取申报单位汇报；二是组织下井现场检查验收；三是查阅核实相关资料数据；四是根据现场存在的问题、资料核查发现的问题，提出整改意见和建议；五是提交翔实的验收工作报告。

2010年9月29日至30日，结合安全高效矿井验收工作，中国煤炭工业协会召开了验收工作汇报会，听取了各验收组工作汇报。各验收组将发现的主要问题与被验收单位交换了意见，并及时向协会提交了验收报告。通过互检验收工作，参与的煤炭企业一致反映收获很大，在完成验收工作任务的同时，也学到了兄弟单位许多好的经验和做法，认识到了自身的差距和不足，更加明确了下一步的努力方向。山西省煤炭工业厅在今年的安全高效矿井评审工作中，全省统一安排，步调一致，专门下发有关文件，组织召开验收工作汇报会，汇编经验材料，要求本省企业组织学习。

二、2009年度安全高效矿井评审结果及特点

经过初审、严格验收及复查等一系列工作，2009年度通过评审的安全高效矿井（露天）共计359处，其中井工矿349处，露天矿10处。按级别划分为特级安全高效矿井（露天）117处；行业一级矿井（露天）160处；行业二级矿井（露天）82处。

（一）安全高效达标矿井增幅明显，煤炭企业积极参与评选

近年来，参加煤炭工业安全高效矿井申报的煤炭企业数量不断增加。2010年，全国共有17个省（区、市）和5个中央企业所属的367处煤矿申报了2009年度煤炭工业安全高效矿井，最终命名359处安全高效矿井，比上年度增加67处，增幅达到22.95%，达标矿井的数量创历史新高。

（二）各级管理部门高度重视，加大扶持力度

各省（区、市）煤炭管理部门（协会）、中央企业高度重视安全高效矿井建设工作，严格把关本地区、本企业安全高效矿井建设预审工作，大力支持由中国煤炭工业协会组织的安全高效矿井评审、验收、命名表彰等各项工作。同时在积极总结“十一五”期间发展建设宝贵经验的同时，提出安全高效矿井建设的“十二五”发展规划。还有部分省区将安全高效矿井建设列入支持和鼓励发展项目，在税收政策方面给予优惠。

（三）生产集约化程度不断提高，企业核心竞争力逐步提升

2009 年，安全高效井工矿共有百万吨采煤队 291 个，生产原煤 6.45 亿 t，占安全高效矿井原煤产量的 63.42%，占全国煤炭产量的 21.7%；其中年产在 300 万 t 以上的综采队有 45 个，共计生产原煤 2.69 亿 t，生产集约化程度不断提高。

第二节　2009 年度煤炭工业安全高效矿井综合分析

一、2009 年度安全高效矿井总体指标分析

2009 年，359 处安全高效矿井合计生产原煤 10.17 亿 t。其中，井工矿总产量 9.05 亿 t，平均生产规模 259.4 万 t，综合单产 14.8 万 t/(个·月)，原煤工效 15.0 t/工，单井盈利 2.49 亿元，百万吨死亡率 0.047，绝大部分矿井实现了一井一面（两面）集中生产，达到世界先进采煤国家的安全生产管理水平。露天矿总产量 1.12 亿 t，平均生产规模 1121 万 t，综合单产 21.8 万 t/(个·月)，原煤工效 71.5 t/工，平均剥采比 1:4.5，平均盈利 7.05 亿元，百万吨死亡率 0.009。2009 年安全高效矿井主要指标一览表见表 1-1。

表 1-1　2009 年安全高效矿井主要指标一览表

项　目	单　位	2009 年度	2008 年度	增加/增幅
一、技术经济指标				
原煤产量	亿 t	10.17	8.62	1.55/18.00%
井工	万 t/(个·月)	14.8	14.7	0.1/0.68%
露天	万 t/(个·月)	21.8	18.6	3.2/17.2%
平均原煤工效（井工）	t/工	15	14.8	0.2/1.4%
百万吨采煤队（井工）	个	291	259	32/12.36%
盈利	亿元	923.9	800.7	123.2/15.39%
人均收入	万元	5.58	4.99	0.59/11.82%
死亡人数	个	44	30	14/46.67%

表1-1（续）

项目	单位	2009年度	2008年度	增加/增幅
百万吨死亡率		0.043	0.035	0.008/22.86%
二、安全高效矿井数量				
总数	处	359	292	67/22.95%
特级	处	117	100	17/17.00%
一级	处	160	123	37/30.08%
二级	处	82	69	13/18.84%

（一）原煤产量大幅增加，涌现出一批千万吨级煤矿

2009年，安全高效矿井生产原煤10.17亿t，占全国原煤生产总量的34.2%，同比2008年增长1.55亿t，增幅高达18.0%。2009年度安全高效矿井（露天）共有22处煤矿核定生产能力达到千万吨以上，其中井工矿16处，露天矿6处；共有19处煤矿原煤产量超过了千万吨，其中井工矿13处，露天矿6处（表1-2）。年产量超过千万吨的综采队有3个，均隶属于神华神东煤炭集团公司，分别是哈拉沟煤矿综采队生产原煤1174.9万t，补连塔煤矿综采一队生产原煤1159.47万t，上湾煤矿综采队生产原煤1128.1万t。

表1-2 2009年度千万吨级安全高效矿井（露天）建设情况

序号	矿井名称	核定能力/万t	原煤产量/万t
井工矿合计		20080	19985.9
1	神华神东煤炭集团补连塔煤矿	2000	1999.5
2	神华神东煤炭集团榆家梁煤矿	1630	1741
3	神华宁夏煤业集团有限责任公司羊场湾煤矿	1500	1500
4	同煤大唐塔山煤矿有限公司	1500	1500
5	淮南矿业（集团）有限责任公司张集煤矿	1350	1340.79
6	神华神东煤炭集团哈拉沟煤矿	1250	1249.9
7	神华神东煤炭集团上湾煤矿	1250	1249.9
8	淮南矿业（集团）有限责任公司顾桥煤矿	1250	1216
9	神华神东煤炭集团大柳塔矿活鸡兔井	1100	1090

表1－2（续）

序号	矿 井 名 称	核定能力/万t	原煤产量/万t
10	晋城无烟煤矿业集团有限责任公司寺河矿	1080	1078
11	神华神东煤炭集团石圪台煤矿	1170	1073.6
12	中煤能源集团平朔煤业公司安家岭一号井工矿	1000	1000
13	中煤能源集团平朔煤业公司安家岭二号井工矿	1000	1000
14	神华神东煤炭集团万利一矿	1000	998.5
15	神华神东煤炭集团大柳塔矿大柳塔井	1000	979.99
16	神华神东煤炭集团锦界煤矿	1000	968.7
露 天 矿 合 计		11660	9716.5
17	中煤平朔煤业有限责任公司安太堡露天矿	2200	2172
18	神华准格尔能源有限责任公司黑岱沟露天煤矿	2000	1999.95
19	中煤平朔煤业有限责任公司安家岭露天矿	2000	1763
20	华能伊敏煤电有限责任公司露天矿	1460	1420.27
21	神华宝日希勒能源有限公司露天煤矿	2000	1305
22	神华北电胜利公司胜利露天矿	2000	1056.26

（二）单产水平不断提升，生产集约化程度进一步增加

2009年，安全高效井工矿综合单产14.8万t/(个·月)，同比增加0.1万t/(个·月)，增幅0.68%，其中，最高单产为神华神东煤炭集团补连塔煤矿创造的167万t/(个·月)。综合单产超过30万t/(个·月)的井工矿有29个，较2008年增加5处，见表1－3。

表1－3　2009年度单产超过30万t的安全高效井工矿

序号	矿 井 名 称	原煤产量/万t	平均工作面个数/个	综合单产/[t·(个·月)$^{-1}$]
1	神华神东煤炭集团补连塔煤矿	1999.5	2	1666264
2	神华神东煤炭集团榆家梁煤矿	1741	2.42	1294833
3	神华神东煤炭集团哈拉沟煤矿	1249.9	1	1041667
4	神华神东煤炭集团上湾煤矿	1249.9	1	940083
5	中煤平朔公司安家岭二号井工矿	1000	0.889	937383
6	中煤平朔公司安家岭一号井工矿	1000	0.9	866667

表1-3（续）

序号	矿井名称	原煤产量/万t	平均工作面个数/个	综合单产/[t·（个·月）$^{-1}$]
7	神华神东煤炭集团万利一矿	998.5	1.25	831200
8	神华神东煤炭集团大柳塔矿活鸡兔井	1090	2.81	825341
9	中煤平朔公司安太堡井工矿	600	1	750000
10	神华神东煤炭集团大柳塔矿大柳塔井	979.99	1.94	696775
11	同煤大唐塔山煤矿有限公司	1500	1.84	662006
12	内蒙古伊泰集团公司纳林庙煤矿二号井	630	0.95	518035
13	内蒙古伊泰集团公司宏景塔一矿	610	0.92	509692
14	潞安矿业集团公司常村煤矿	598.3	0.96	498597
15	晋城煤业集团公司寺河矿	1078	1.71	477237
16	国投新集能源股份有限公司刘庄煤矿	540.9	1	450743
17	铁法煤业集团公司大平矿	405	0.766	423847
18	神华神东煤炭集团保德煤矿	496.54	2	413785
19	神华神东煤炭集团锦界煤矿	968.7	1.67	410529
20	神华神东煤炭集团石圪台煤矿	1073.6	2	406583
21	陕西汇森煤业公司神木凉水井矿业公司	394	0.83	350692
22	潞安矿业集团余吾煤业公司	598.6	1.3	348141
23	淮南矿业集团公司顾桥煤矿	1216	2.94	335451
24	神华宁夏煤业集团公司羊场湾煤矿	1500	3.63	335100
25	潞安矿业集团公司王庄煤矿	709.2	1.74	329195
26	铁法煤业集团公司大兴矿	380	0.89	328652
27	潞安矿业集团公司漳村煤矿	386.92	0.98	316412
28	兖州煤业股份有限公司东滩煤矿	747.61	1.91	316175
29	山西亚美大宁能源公司	398	0.88	311618

安全高效露天矿中最高单产是由华能伊敏煤电有限公司露天矿创造的，为39.4万t/(个·月)。10个安全高效露天矿平均工作面个数为11.2个，平均综合单产为21.8万t/(个·月)，同比增加3.2万t/(个·月)，增幅17.2%，见表1-4。

表1－4　2009年度安全高效露天矿单产统计

序号	矿　井　名　称	原煤产量/万t	平均工作面个数/个	综合单产/[t·(个·月)$^{-1}$]
1	华能伊敏煤电有限责任公司露天矿	1420.27	12	394000
2	内蒙古平庄煤业集团元宝山露天煤矿	798.93	8	265700
3	神华宝日希勒能源有限公司露天煤矿	1305	16	250206
4	中煤平朔公司安家岭露天矿	1763	17	244861
5	神东天隆集团公司武家塔露天煤矿	290	1	241700
6	中煤平朔公司安太堡露天矿	2172	15	226250
7	神华北电胜利公司胜利露天矿	1056.26	10	220054
8	神华准能公司黑岱沟露天煤矿	1999.95	16	163000
9	云南先锋煤业开发有限公司先锋露天矿	199.9	15	90876
10	抚顺矿业集团有限责任公司西露天矿	209	2	87083

（三）单进水平逐步提高，最高月进尺创历史新高

安全高效井工矿共有16处平均单进超过1000 m/(个·月)，见表1－5。最高月进尺、最高平均月进尺和最高日进尺均是由神华神东煤炭集团大柳塔矿大柳塔井创造，分别为5613 m/(个·月)、5103 m/(个·月)和201 m/(个·日)。

表1－5　平均单进超过1000 m/(个·月)的安全高效井工矿

序号	单　位　名　称	实际产量/万t	煤巷平均月进尺/[m·(个·月)$^{-1}$]	最高月进尺/[m·(个·月)$^{-1}$]	最高日进尺/[m·(个·日)$^{-1}$]
1	神华神东煤炭集团大柳塔矿大柳塔井	979.99	5103	5613	201
2	神华神东煤炭集团补连塔煤矿	1999.5	3829	4990	201
3	神华神东煤炭集团大柳塔矿活鸡兔井	1090	3291	3620	129
4	山西焦煤霍州煤电集团公司辛置煤矿	250	2601	2961	124
5	山西亚美大宁能源有限公司	398	1933.6	2967.4	133
6	神华神东煤炭集团上湾煤矿	1249.9	1609.3	2307	106
7	大同煤矿集团有限责任公司忻州窑矿	230	1502	1655	54.26
8	神华神东煤炭集团锦界煤矿	968.7	1430.5	1850	95
9	神华神东煤炭集团榆家梁煤矿	1741	1330.1	2103.7	70
10	神华神东煤炭集团哈拉沟煤矿	1249.9	1285.5	2703.2	98

表1-5（续）

序号	单位名称	实际产量/万t	煤巷平均月进尺/[m·(个·月)$^{-1}$]	最高月进尺/[m·(个·月)$^{-1}$]	最高日进尺/[m·(个·日)$^{-1}$]
11	内蒙古伊泰煤炭集团公司大地精煤矿	120	1266.7	1526	78
12	潞安矿业集团公司五阳煤矿	266.2	1232.2	1752	67.9
13	吉煤集团珲春矿业板石煤业公司	240	1178	1611	75
14	开滦集团唐山矿业分公司	420	1174	1688	46
15	神华神东煤炭集团乌兰木伦煤矿	398.7	1047.7	1587	93
16	神华神东煤炭集团石圪台煤矿	1073.6	1039.9	1547	97

（四）原煤工效稳步提升，超100 t/工煤矿同比持平

2009年，安全高效井工矿原煤工效平均达到15.0 t/工，同比增加0.2 t/工，提高1.4%，达到了2009年度国有重点煤矿平均原煤工效的2.67倍。10处安全高效矿井露天矿原煤工效平均达到71.5 t/工，同比降低2.9%。共有12处煤矿原煤工效超过100 t/工（表1-6、表1-7），其中，神华神东煤炭集团哈拉沟煤矿原煤工效达到164.47 t/工，生产原煤1249.9万t，原煤工效居全国井工矿第一；神华准能黑岱沟露天煤矿原煤工效136.47 t/工，居全国露天矿之首。

表1-6 原煤工效超过100 t/工的安全高效井工矿

序号	单位名称	原煤产量/万t	采煤机械化程度/%	百万吨死亡率	原煤工效/(t·工$^{-1}$)	原煤生产期末人数/人	实现利润/万元	年收入/(万元·人$^{-1}$)	采区回采率/%
1	哈拉沟煤矿	1249.9	100	0.08	164.47	304	208489	13.7	87.2
2	上湾煤矿	1249.9	100	0	153.43	305	87707.2	10.65	84
3	补连塔煤矿	1999.5	100	0	143	527	107342	12.3	75.7
4	安太堡井工矿	600	100	0	127.03	288	48000	8.26	80.5
5	安家岭二号井工矿	1000	100	0	126.08	289	43001	10.7	80
6	大柳塔矿活鸡兔井	1090	100	0	116.7	373		8.6	83.2
7	榆家梁煤矿	1741	100	0	114.59	600	84617.7	13.15	75.3
8	石圪台煤矿	1073.6	100	0	112	421	35240.5	13.8	80.1
9	大柳塔矿大柳塔井	979.99	100	0	104	372		8.6	75

表 1－7　原煤工效超过 100 t/工的安全高效露天矿

序号	单位名称	原煤产量/万 t	剥采比/($m^3 \cdot t^{-1}$)	百万吨死亡率	原煤生产人员效率/($t \cdot 工^{-1}$)	原煤生产期末人数/人	实现利润/万元	年收入/(万元·人$^{-1}$)
1	黑岱沟露天矿	1999.95	4.12	0	136.47	555	208115	8.99
2	安家岭露天矿	1763	7.6	0	108.72	766	92000	8.58
3	安太堡露天矿	2172	7.9	0	106.39	796	107823	8.65

（五）安全基础工作得到加强，安全生产形势有所好转

2009 年，安全高效井工矿百万吨死亡率为 0.047，是 2009 年度国有重点煤矿百万吨死亡率的 1/8。其中，行业一级安全高效矿井死亡 21 人，百万吨死亡率为 0.067；行业二级安全高效矿井死亡 22 人，百万吨死亡率 0.205。10 处安全高效露天矿死亡 1 人，百万吨死亡率 0.009。

（六）生产模式加速转变，不断加快集中化进程

2009 年，安全高效井工矿采用一井一面生产模式的有 153 处（表 1－8），占全部安全高效井工矿的 43.8%。这 153 处矿井生产原煤 27694 万 t，占安全高效井工矿总产量的 30.6%，原煤工效平均为 16.1 t/工。

表 1－8　2009 年度采用一井一面生产模式的安全高效矿井

序号	矿井名称	实际产量/万 t	原煤工效/($t \cdot 工^{-1}$)	盈利水平/万元	人均收入/(万元·人$^{-1}$)
1	神华神东煤炭集团哈拉沟煤矿	1249.9	164.47	208489	13.7
2	神华神东煤炭集团上湾煤矿	1249.9	153.43	87707.2	10.65
3	中煤平朔公司安家岭二号井工矿	1000	126.08	43001.3	10.7
4	中煤平朔公司安家岭一号井工矿	1000	73	32700	10.4
5	内蒙古伊泰集团纳林庙煤矿二号井	630	97.8	100889.7	8.7
6	内蒙古伊泰集团宏景塔一矿	610	94.38	90000	8.5
7	中煤平朔公司安太堡井工矿	600	127.03	48000	8.26
8	潞安矿业集团常村煤矿	598.32	18.031	94897.5	7.46
9	国投新集公司刘庄煤矿	540.9	15.7	77661.6	5.04
10	铁法煤业集团大平矿	405	17.632	61728	5.84
11	神华神东煤炭集团乌兰木伦煤矿	398.7	33.76	51330	10.91

表1-8（续）

序号	矿 井 名 称	实际产量/万t	原煤工效/(t·工$^{-1}$)	盈利水平/万元	人均收入/(万元·人$^{-1}$)
12	山西亚美大宁能源公司	398	15.99	117519.2	8.2
13	陕西汇森煤业公司神木凉水井矿业公司	394	38.13	37177.4	6.9
14	潞安矿业集团漳村煤矿	386.92	22.474	64442	6.93
15	铁法煤业集团大兴矿	380	15.003	27767	5.39
16	神华神东煤炭集团柳塔煤矿	299.66	31.56	98753	12.57
17	枣庄矿业集团新安矿	294.7	13.466	31453	7.31
18	潞安矿业集团司马煤业公司	294.08	23.674	71751	7.41
19	枣庄矿业集团付村煤业公司	270	12.02	65300	6.92
20	神华神东煤炭集团金烽寸草塔矿	268.4	17.7		8.9
21	潞安矿业集团五阳煤矿	266.2	8.543	15738	6.64
22	铁法煤业集团小康矿	260	12.17	9336	4.72
23	铁法煤业集团大隆矿	255	12.005	10536	5.06
24	铁法煤业集团小青矿	250	13.612	436	6.07
25	大雁矿业集团第二煤矿	233	9.52	2705.76	5.48
26	义马煤业集团常村煤矿	218.62	12.13	1543.8	5.07
27	淄博矿业集团陕西长武亭南煤业公司	215	12.2	20404.7	5.49
28	铁法煤业集团晓南矿	210	12.249	4067	6.23
29	中煤山西东坡煤业公司	210.8	14.547	3141	7.36
30	晋城无烟煤矿业集团长平煤业公司	209.7	12.13	7849	6.96
31	义马煤业集团千秋煤矿	209.6	12.5	16154.9	5.09
32	神华乌海能源公司蒙西煤化棋盘井煤矿	205	15	20500	9.7
33	山西焦煤汾西矿业集团双柳煤矿	199.69	12.345	18585	7.8
34	大雁矿业集团第一煤矿	195	8.77	2102.56	4.95
35	华亭煤业集团山寨煤矿	190.19	14.74	5446.6	6.49
36	内蒙古扎赉诺尔煤业公司灵泉煤矿	186.8	5.24	2418.2	2.9
37	内蒙古扎赉诺尔煤业公司铁北煤矿	184.5	11.5	752.3	3.34
38	陕西陕煤铜川矿业公司下石节煤矿	183.3	5.006	2133	4.66
39	吉煤集团珲春矿业英安煤矿	181.5	7.39	650	3.9
40	陕西陕煤铜川矿业公司陈家山煤矿	180.99	12.15	563.4	4.8

表1－8（续）

序号	矿井名称	实际产量/万t	原煤工效/（t·工$^{-1}$）	盈利水平/万元	人均收入/（万元·人$^{-1}$）
41	大雁矿业集团雁南煤矿	180	8.42	435.3	6.15
42	吉煤集团珲春矿业八连城煤业公司	180	8.456	196	3.57
43	山西长治市三元煤业公司	179.83	17.33	111188	7.93
44	内蒙古平庄煤业集团红庙煤矿	175.8	7.33	4878	4.07
45	铁法煤业集团晓明矿	175	8.306	4452	3.99
46	义马煤业集团杨村煤矿	165.8	9.51	21112.8	4.3
47	中平能化集团平顶山天安煤业十二矿	164.14	10.236	26588.09	4.36
48	神华新疆能源公司小红沟煤矿	161.18	20.71	4048.1	5.9
49	山西兰花科技公司唐安煤矿分公司	150	10.55	50301	5.57
50	吉煤集团舒兰矿业四矿	150	7.748	11925.3	4.42
51	山西焦煤霍州煤电方山店坪煤矿	150	9.8	6773.2	6.3
52	华亭煤业集团华亭煤电公司陈家沟煤矿	150	10.84	6433	6.95
53	皖北煤电集团五沟煤矿公司	150	10.1	5673	5.2
54	神华神东煤炭集团唐公沟矿	149.6	11.2	5382	7.01
55	陕西陕北矿业韩家湾煤炭公司	148.6	19.1	9500	6.32
56	靖远煤业集团魏家地煤矿	145	10.42	2498	8.2
57	山西焦煤霍州煤电霍宝干河煤矿公司	140	8.48	15972.3	4.76
58	神华新疆能源公司大洪沟煤矿	140	16.24	590.76	5.8
59	山西焦煤霍州煤电李雅庄煤矿	139.2	7.21	16897	5.41
60	冀中能源集团张矿集团官板乌素煤矿	134	11.69	3006	4.8
61	华亭煤业集团新柏煤矿公司	130.17	10.195	2133.7	6.73
62	华亭煤业集团新窑煤矿公司	130.11	10.16	2490.9	6.41
63	神华乌海能源公司露天煤矿	129.5	19.27	4189	5.45
64	河南煤业化工集团焦煤集团古汉山矿	128.2	5.64	6120.3	4.62
65	华亭煤业集团马蹄沟矿	119.9	10.18	1889.7	6.12
66	义马煤业集团跃进煤矿	125.72	8.1	1657.4	4.8
67	内蒙古伊东集团东坨堵煤矿	123.7	29.88	11751.5	5.8
68	冀中能源集团冀中股份邢东矿	120.6	10.5	27600	8.9

表1-8（续）

序号	矿井名称	实际产量/万t	原煤工效/（t·工$^{-1}$）	盈利水平/万元	人均收入/（万元·人$^{-1}$）
69	山西吕梁市柳林兴无煤矿公司	120	11.52	44383	4.98
70	山西吕梁市柳林寨崖底煤业公司	120	8.82	32788	5.2
71	内蒙古伊泰公司纳林庙煤矿一号井	120	32.65	16776.1	8.4
72	中煤陕西南梁矿业公司	120.8	10.58	16324	5.35
73	内蒙古伊泰公司丁家渠煤矿	120	31.35	15095	6.8
74	内蒙古伊泰公司大地精煤矿	120	28.6	14000	8.7
75	内蒙古伊泰公司宝山煤矿	120	30.67	12932.9	6
76	陕西省红石岩煤矿	120	5.39	9789	3.66
77	中煤大屯公司龙东煤矿	120	7.502	3006.7	4.47
78	江苏徐州矿务集团庞庄煤矿	119.99	7.249	9511.2	5.16
79	河南煤业化工集团永煤集团新桥煤矿	119.96	9.48	32334.2	5.28
80	淮北矿业集团公司涡北煤矿	119.8	7.267	23608.3	4.51
81	神华新疆能源公司铁厂沟煤矿	119.3	10.2	4175.5	5.16
82	内蒙古平庄煤业集团六家煤矿	119.26	7.36	8997	4.65
83	山西晋中市义棠煤业公司	119	9.5	31935	4.9
84	山西长治市王庄煤业公司	119	14.3	26755	6.74
85	山西朔州山阴芍药花煤业公司	119	10.89	13938	5.4
86	山西朔州市怀仁中能芦子沟煤业公司	119	7.82	4560	5.1
87	同煤集团白洞煤业公司	119	7.86	168	5.1
88	山西吕梁市柳林金家庄煤业公司	118.6	10.5	77090.8	5.32
89	内蒙古伊东集团窑沟扶贫煤炭公司	118.6	23.01	6800	5.71
90	山西吕梁市柳林大庄煤矿公司	118.58	13.31	35864	6.83
91	山西长治市华晟荣矿业公司	118.2	11.09	26800	6
92	内蒙古平庄煤业集团老公营子煤矿	118.14	11.02	10477	5.84
93	河南煤业化工集团焦煤集团演马庄矿	117.98	7.56	3256	4.4
94	山西煤炭进出口集团大平煤业公司	117.9	10.76	36331	5.3
95	内蒙古伊东集团宏鑫煤炭公司	117	23.5	1362.5	5.5
96	山西吕梁市柳林同德焦煤公司	116	12.4	34726	4.61
97	山西长治市沁新能源集团沁新煤矿	115.5	10.3	14593	4.73

表1-8（续）

序号	矿井名称	实际产量/万t	原煤工效/(t·工$^{-1}$)	盈利水平/万元	人均收入/(万元·人$^{-1}$)
98	内蒙古伊东集团沙咀子煤炭公司	113.33	24.6	4249	5.52
99	中平能化集团平顶山天安煤业七矿公司	110.53	5.5	892.9	4.17
100	河南煤业化工集团焦煤集团中马村矿	110.19	7.18	493	5.01
101	山东鲁能菏泽煤电公司彭庄煤矿	110	7.8	14000	5.86
102	山西大同鹊山精煤公司	110	5.31	1500	3.66
103	同煤集团永定庄煤业公司	108.45	7.065	2130	4.51
104	山西乡宁焦煤集团申南凹焦煤公司	107.3	7.92	20000	5.04
105	临沂矿业集团东山新驿煤矿公司	104.8	7.14	5681	4.46
106	新汶矿业集团良庄矿业公司	104.6	7.294	23432	5.12
107	山西晋中市山西和顺天池能源公司	102.26	7.98	1366	5.48
108	窑街煤电公司天祝煤业公司	100	7.41	8289.3	3.88
109	河南煤业化工集团焦煤集团九里山矿	99.99	6.11	4094.4	4.11
110	山西乡宁焦煤集团毛则渠煤炭公司	99.87	7.7	35467	4.1
111	中平能化集团瑞平公司张村矿	98.61	6.94	18250	3.81
112	山东省七五生建煤矿	96.38	8.899	30470	10
113	内蒙古伊东集团宏测煤炭公司	95.3	25.11	1800	4.5
114	山西乡宁焦煤集团台头煤矿	90	10.95	41623	5.02
115	同煤集团杏儿沟煤业公司	90	4.97	3633.1	2.9
116	山西长治市三元南耀小常煤业公司	89.99	7.93	16112	4.6
117	吉煤集团辽源矿业梅河煤矿四井	89.9	4.57	2749.5	4.02
118	山西晋中市国投昔阳能源黄岩汇煤矿	89.8	6.6	8620	5.22
119	晋煤集团晋城沁秀煤业公司岳城矿	89.7	5.01	19294.3	5.61
120	临沂矿业集团东山王楼煤矿公司	89.26	6.33	5776	4.59
121	晋城无烟煤矿业集团寺河矿二号井	89.1	8.12	16824.5	5.6
122	山西长治市襄垣县七一矿	88.85	6.55	22129	4.35
123	中平能化集团瑞平公司庇山矿	88.6	6.12	13500	3.6
124	神火集团许昌新龙矿业公司	88.5	10.72	35391	4.9

表 1-8（续）

序号	矿井名称	实际产量/万t	原煤工效/（t·工$^{-1}$）	盈利水平/万元	人均收入/（万元·人$^{-1}$）
125	冀中能源集团峰峰集团黄沙矿	88	6.121	20028	5.51
126	冀中能源集团张矿集团长城矿业公司	87.8	4.49	1500	4.2
127	河北磁县申家庄煤矿	84.98	5.1	33025	5.01
128	山西长治市沁新能源集团新源煤矿	83	9.3	18140	4.31
129	山东省岱庄生建煤矿	82.67	4.17	41672	11.39
130	山西高平科兴高平市赵庄煤矿	82.62	6	12814.77	4.5
131	冀中能源集团峰峰集团新三矿	76	6.013	3499	5.3
132	山西吕梁市东江煤业公司	74	7.426	610.6	4
133	山西阳泉市东升阳胜煤业公司	71.1	4.43	2017.8	2.3
134	神火集团薛湖煤矿	69.9	5.63	2600	4.8
135	山西焦煤西山煤电集团白家庄矿业公司	69.9	4.012	827.3	5.26
136	内蒙古平庄煤业集团古山煤矿	69.8	5.64	3878.9	4.2
137	河南济源煤业公司一矿	69.7	6.08	10500	3.99
138	山西长治市西山煤业公司	66.3	8.22	13105	3.7
139	同煤集团大同地煤东周窑煤矿	66.26	6.54	1530	4.13
140	同煤集团大同地煤马口煤矿	64.5	4.37	1813	3.4
141	河南煤业化工集团鹤煤公司第二煤矿	62.96	5.15	11128	3.3
142	山西兰花科技公司望云煤矿分公司	60	8.3	8208	5.37
143	山西兰花科技公司东峰煤矿公司	59.9	7.47	11700	4.41
144	山西高平科兴高平市南阳煤矿	59.83	4.35	24137.3	3.78
145	山西朔州平鲁区华美奥兴陶煤业公司	59.8	11.15	6618	6.5
146	河南煤业化工集团永煤公司红岭煤矿	59.6	4.3	23688	3.7
147	义马煤业集团洛阳义安矿业正村煤矿	59.06	5.39	525.46	3.4
148	山西高平科兴申家庄煤业公司	57.6	6.46	16032	4.21
149	冀中能源集团邯矿集团亨健矿业公司	55	5.071	7603	3.75
150	山西临汾四通焦化公司四通二矿	53.42	10.93	10577	3.4
151	冀中能源集团张矿集团康保矿业公司	51	4.08	2360	3.6
152	河南煤业化工集团禹州枣园煤业公司	45	5.01	5799	4.18
153	河南煤业化工集团云盖山煤矿二矿	44.9	4.2	11314	4.39

（七）经济效益增幅明显，企业发展势头良好

2009 年，全国安全高效矿井（露天）共盈利 923.9 亿元，占全国规模以上煤炭企业利润总额的 41.8%。全国共有 17 处安全高效矿井单井盈利超过 10 亿元（表 1－9）；其中，神华神东煤炭集团哈拉沟煤矿、神华准能公司黑岱沟露天煤矿、晋城无烟煤矿业集团寺河矿、河南煤业化工集团永煤公司城郊煤矿、神华宁煤集团公司羊场湾煤矿、神华神东煤炭集团锦界煤矿等 6 家煤矿盈利超过 15 亿元；神华神东煤炭集团哈拉沟煤矿、神华准能公司黑岱沟露天煤矿等 2 家煤矿盈利超过 20 亿元。

表 1－9　2009 年单井盈利水平超过 10 亿元的安全高效矿井（露天）

序号	单位名称	实际产量/万 t	实现利润/万元	人均收入/（万元・人$^{-1}$）
1	神华神东煤炭集团哈拉沟煤矿	1249.9	208489	13.7
2	神华准能公司黑岱沟露天煤矿	1999.9	208115.5	8.99
3	晋城无烟煤矿业集团寺河矿	1078	186013	8.02
4	河南煤业化工集团永煤公司城郊煤矿	498.8	177500	6.72
5	神华宁煤集团公司羊场湾煤矿	1500	156268.6	7.66
6	神华神东煤炭集团锦界煤矿	968.7	154992	9.4
7	晋城无烟煤矿业集团成庄矿	829.9	147672.5	7.25
8	同煤集团大唐塔山煤矿公司	1500	130841	10.2
9	兖矿集团东滩煤矿	747.6	126637	6.88
10	兖矿集团兴隆庄矿	659.7	117526	6.94
11	山西亚美大宁能源公司	398	117519.2	8.2
12	冀中能源集团冀中股份东庞矿	280	114325.7	7.35
13	山西长治市三元煤业公司	179.8	111188	7.93
14	潞安矿业集团王庄煤矿	709.2	110257.9	7.43
15	中煤平朔公司安太堡露天煤矿	2172	107823	8.65
16	神华神东煤炭集团补连塔煤矿	1999.5	107342.4	12.3
17	兖矿集团济宁三号煤矿	620	100773	5.99

二、2009年度安全高效矿井地区分布

2009年，安全高效矿井（露天）主要分布于晋陕蒙宁甘、华东、东北等全国主要产煤区域，涵盖了17个省（市、区），见表1-10。安全高效矿井数量超过10处的有山西、河南、内蒙古、山东、河北、安徽、陕西、辽宁、甘肃、江苏等省区，其中山西省高达105处，数量居各省（市、区）之首，占2009年全国安全高效矿井总数的29.25%，其次为河南省43处，内蒙古自治区38处，山东省35处。

表1-10 2009年度安全高效矿井（露天）地区分布表

序号	省（市、区）	安全高效矿井数量				数量占全国比重/%
		总量	特级	一级	二级	
1	山西	105	32	49	24	29.25
2	河南	43	10	24	9	11.98
3	内蒙古	38	18	15	5	10.58
4	山东	35	14	17	4	9.75
5	河北	28	3	12	13	7.80
6	安徽	25	5	14	6	6.96
7	陕西	17	9	4	4	4.74
8	辽宁	14	7	5	2	3.90
9	甘肃	13	10	1	2	3.62
10	江苏	11	1	9	1	3.06
11	黑龙江	9	0	5	4	2.51
12	吉林	8	0	3	5	2.23
13	新疆	5	5	0	0	1.39
14	宁夏	3	3	0	0	0.84
15	重庆	2	0	0	2	0.56
16	四川	2	0	1	1	0.56
17	云南	1	0	1	0	0.28
合计		359	117	160	82	100

三、2009年度煤炭工业安全高效矿井所属企业分布

按安全高效矿井所属企业分析，2009年达标数量超过10处的企业有神华集团公司、冀中能源集团公司、大同煤矿集团公司、山西焦煤集团公司、中平能化集团、河南煤业化工集团（表1－11）。

表1－11　2009年度安全高效矿井（露天）所属企业分布表

序号	企业名称	安全高效矿井数量		序号	企业名称	安全高效矿井数量	
		总量/个	特级/个			总量/个	特级/个
1	神华集团公司	29	24	22	伊泰集团公司	6	2
2	大同煤矿集团公司	20	5	23	吕梁市地方煤矿	6	0
3	冀中能源集团公司	19	2	24	淮南矿业集团公司	6	3
4	山西焦煤集团公司	19	3	25	皖北煤电集团公司	6	1
5	河南煤业化工集团	16	4	26	徐州矿务集团公司	6	0
6	中煤能源集团公司	11	7	27	平庄煤业集团公司	5	1
7	长治市地方煤矿	11	2	28	阳泉煤业集团公司	5	2
8	中平能化集团	11	2	29	临汾市地方煤矿	5	0
9	淮北矿业集团公司	10	0	30	新汶矿业集团公司	5	0
10	开滦集团公司	9	1	31	内蒙古伊东集团公司	5	1
11	龙煤矿业集团公司	9	0	32	临沂矿业集团公司	4	0
12	铁法煤业集团公司	8	6	33	郑州煤炭工业集团	4	0
13	晋城市地方煤矿	8	3	34	大雁煤业集团公司	3	0
14	兖矿集团公司	8	6	35	沈阳煤业集团公司	3	1
15	吉煤集团	8	0	36	朔州市地方煤矿	3	0
16	晋城无烟煤集团公司	7	3	37	晋中市地方煤矿	3	0
17	义马煤业集团公司	7	3	38	国投新集能源公司	3	1
18	华亭煤业集团公司	7	6	39	神火集团公司	3	1
19	潞安矿业集团公司	6	5	40	窑街煤电公司	3	1
20	淄博矿业集团公司	6	4	41	重庆松藻煤电公司	2	0
21	枣庄矿业集团公司	6	3	42	靖远煤业集团公司	3	3

表1-11（续）

序号	企业名称	安全高效矿井数量		序号	企业名称	安全高效矿井数量	
		总量/个	特级/个			总量/个	特级/个
43	扎赉诺尔煤业公司	2	1	57	平庄煤业集团公司	1	1
44	抚顺矿业集团公司	2	0	58	徐矿新疆天山公司	1	1
45	龙口矿业集团公司	2	2	59	陕西澄合矿业公司	1	0
46	肥城矿业集团公司	2	0	60	陕西陕北矿业公司	1	1
47	陕西铜川矿业公司	2	0	61	陕西蒲白矿业公司	1	0
48	陕西黄陵矿业公司	2	1	62	陕西省红石岩煤矿	1	0
49	四川华蓥山煤业公司	2	0	63	陕西汇森煤业公司	1	1
50	磁县申家庄煤矿	1	0	64	华能伊敏煤电公司	1	1
51	阜新矿业集团公司	1	0	65	先锋煤业集团公司	1	0
52	大同市地方煤矿	1	0	66	国投煤炭公司	1	1
53	忻州市地方煤矿	1	1	67	鲁能菏泽煤电公司	1	0
54	阳泉市地方煤矿	1	0	68	山东省七五生建煤矿	1	0
55	山西省太原西峪煤矿	1	0	69	山东省岱庄生建煤矿	1	0
56	济源煤业集团公司	1	0	70	山西大平煤业公司	1	0

第三节　2009年度煤炭工业安全高效矿井分级分析

一、特级安全高效矿井

2009年，全国特级安全高效矿井共有117处，其中井工矿110处，露天矿7处。按所属地区分，主要分布在山西省（32处）、内蒙古自治区（18处）、山东省（14处）、河南省（10处）和甘肃省（10处）五省区。按所属企业分析，神华集团数量位居全国之首，共有24处特级安全高效矿井，其中有9处年产量超过1000万t，分别为神华神东煤炭集团的补连塔煤矿1999.5万t、榆家梁煤矿1741万t、上湾煤矿1249.9万t、大柳塔矿活鸡兔井1090万t、石圪台煤矿1073.6万t，神华宁煤集团公司羊场湾煤矿1500

万 t，神华准格尔能源公司黑岱沟露天矿 1999.95 万 t，神华宝日希勒能源有限公司露天煤矿 1305 万 t，神华北电胜利公司胜利露天矿 1056.3 万 t。

（一）安全技术指标分析

117 处特级安全高效矿井原煤产量 5.80 亿 t，占当年全国原煤生产总量的 19.5%，占全部安全高效矿井生产总量的 57.1%。其中，110 处特级安全高效井工矿核定生产能力 49910 万 t，平均规模 453.7 万 t/矿，生产原煤 48289 万 t，平均产量 439 万 t；7 处特级安全高效露天矿核定生产能力 10760 万 t，平均规模 1537 万 t/矿，生产原煤 9749.15 万 t，平均产量 1392.7 万 t。

110 处特级井工矿合计采煤平均工作面 169.2 个，综采平均工作面达到 165.5 个，矿井采用一井一面模式的达到 42%，平均单产 26.1 万 t/(个·月)，原煤工效 27.3 t/工，采煤机械化程度 99.96%。

其中，神华神东煤炭集团补连塔煤矿核定生产能力 2000 万 t，2009 年全年原煤产量 1999.5 万 t，矿井综合单产达到 83.31 万 t/(个·月)，采煤机械化程度 100%。该矿采用一井两面生产模式，其中综采一队产煤 1159.47 万 t，综采设备为引进的 JOY7LS7 采煤机、国产 ZY12000/28/63 大采高液压支架、DBT3 ×1000kW 刮板输送机；综采二队产煤 840.03 万 t，综采设备为国外 JOY7LS6 采煤机、国产 ZY11000/25/50 大采高液压支架、DBT3 ×855 kW 刮板输送机。

110 处特级井工矿共有采煤队 190 个。其中，百万吨采煤队 133 个，占安全高效矿井百万吨采煤队总数的 45.7%。

7 处特级露天矿开采采用单斗－卡车－破碎站工艺、电铲－卡车－胶带半连续和单斗－汽车间断工艺等；最大剥采比 1∶7.9，最小剥采比 1∶2.33；最大开采深度 426 m，最小开采深度 60 m；平均原煤工效 85.1 t/工。

其中，中煤平朔煤业公司安太堡露天矿为目前我国生产规模最大的现代化露天矿，核定生产能力 2200 万 t，实际生产 2172 万 t。该矿岩石剥离采用单斗－卡车开采工艺和吊斗铲倒堆开采工艺，黄土剥离采用轮斗连续开采工艺，煤层采用单斗－卡车－（地面半固定破碎站）带式输送机的半连续开采工艺，煤层平均厚度 18 m，剥采比 1∶7.9，实现利润 10.78 亿元。

（二）经济效益

117 处特级安全高效矿井共盈利 563.9 亿元，占 2009 年度全国规模以上煤炭企业利润总额的 25.54%，平均每矿盈利 4.82 亿元。其中，神华准能公司黑岱沟露天煤矿盈利 20.8 亿元，位居特级安全高效矿井第一。117 处特级安全高效矿井职工人均收入 6.99 万元/a，神华神东煤炭集团石圪台煤矿人均收入最高，达到13.8万元/a。

二、行业一级安全高效矿井

2009年度评选出的行业一级安全高效矿井共有160处，其中井工矿157处，露天矿3处，主要分布在山西、内蒙古、山东、河南、甘肃、陕西、辽宁、安徽、新疆等省区。

（一）安全技术指标分析

157处行业一级安全高效井工矿核定生产能力33690万t，平均214.6万t/矿，生产原煤31471.4万t，平均200.5万t/矿。3处行业一级安全高效露天矿核定生产能力2460万t，平均820万t/矿，生产原煤1465.2万t，平均488.4万t/矿。160处行业一级安全高效矿井原煤产量3.29亿t，占当年全国原煤生产总量的11.1%，占全部安全高效矿井原煤生产总量的32.4%。

157处行业一级井工矿合计采煤平均工作面239.6个，其中综采平均工作面209.6个，45.2%的矿井采用一井一面生产模式，平均单产10.8万t/(个·月)，原煤工效11.2t/工，采煤机械化程度99.3%，掘进装载机械化程度99.1%，死亡21人，百万吨死亡率0.067。其中，淮南矿业（集团）有限责任公司张集煤矿原煤产量最高，达到1340.79万t。

157处行业一级井工矿共有采煤队276个。其中，百万吨采煤队129个，占安全高效矿井百万吨采煤队总数的44.3%。

3处行业一级露天矿分别为抚顺矿业集团有限责任公司西露天矿、神华胜利能源公司胜利露天煤矿、云南先锋煤业开发有限公司先锋露天矿。抚顺矿业集团有限责任公司西露天矿采用半连续工艺，剥采比1∶4.17，开采深度426 m，煤层平均厚度55.5 m，原煤工效18.8 t/工。神华胜利能源公司胜利露天煤矿采用单斗－卡车间断工艺，剥采比1∶2.65，开采深度145 m，煤层平均厚度54.8 m，原煤工效78.42 t/工。云南先锋煤业开发有限公司先锋露天矿采用单斗－汽车间断工艺，剥采比1∶3.18，开采深度120 m，煤层平均厚度57 m，原煤工效22.5 t/工。

（二）经济效益

160处行业一级安全高效矿井共盈利299.4亿元，占2009年度全国规模以上煤炭企业盈利总额的13.56%，平均每矿盈利1.87亿元。其中，神华神东煤炭集团哈拉沟煤矿盈利20.85亿元，经济效益名列行业一级安全高效矿井第一。行业一级安全高效矿井职工人均收入5.19万元/a，其中，神华神东煤炭集团哈拉沟煤矿人均收入最高，达到13.7万元/a。

三、行业二级安全高效矿井

2009 年行业二级安全高效矿井共有 82 处，全部为井工矿。主要分布在山西、河北、河南、安徽、内蒙古、吉林等省区。

（一）安全技术指标分析

82 处行业二级安全高效井工矿核定生产能力 11658 万 t，平均 142 万 t/矿，生产原煤 10753.5 万 t，平均 131.14 万 t/矿。82 处行业二级安全高效矿井原煤产量占全国原煤生产总量的 3.63%，占全部安全高效矿井原煤生产总量的 10.62%。

82 处行业二级安全高效井工矿共有采煤平均工作面 116.4 个，其中综采平均工作面 102.7 个，43.9% 的矿井采用一井一面生产模式，平均单产 7.5 万 t/(个・月)，平均原煤工效 6.6 t/工，采煤机械化程度 98.9%，掘进装载机械化程度 98.1%，死亡 22 人。

82 处行业二级安全高效井工矿共有采煤队 139 个。其中，百万吨采煤队 29 个，占安全高效矿井百万吨采煤队总数的 10%。

（二）经济效益

82 处行业二级安全高效矿井共盈利 60.6 亿元，占 2009 年度全国规模以上煤炭企业盈利总额的 2.74%，平均每矿盈利 7388 万元。其中，河北开滦集团唐山矿业分公司盈利 4.58 亿元，名列行业二级安全高效矿井第一。行业二级安全高效矿井职工人均收入 4.34 万元/a，其中山东省岱庄生建煤矿人均收入最高，达 11.39 万元/a。

四、安全高效矿井技术经济指标对比

（一）安全生产

2009 年全国安全高效矿井（露天）事故死亡人数 44 人，井工矿死亡人数 43 人，露天矿死亡 1 人。按级别划分，一级安全高效矿井死亡 22 人，二级安全高效矿井死亡 22 人，各占死亡总数的 50%。

（二）单产水平

特级安全高效矿井（露天）工作面单产水平为 26.1 万 t/(个・月)，其单面月产量分别是行业一级和行业二级的 2.4 倍和 3.5 倍。

（三）经济效益

特级安全高效矿井（露天）平均单矿盈利达到 4.82 亿元，分别是行业一级和行业二级安全高效矿井对应指标的 2.6 倍和 6.5 倍；特级安全高效矿井职工人均收入为6.99万元/a，分别是行业一级和行业二级安全高效矿井对应指标的1.3倍和1.6倍，如图1－1所示。

（四）原煤生产人员效率

特级安全高效矿井原煤工效平均为27.3 t/工，分别是行业一级和行业二级的2.6倍和4.1倍，如图1－2所示。

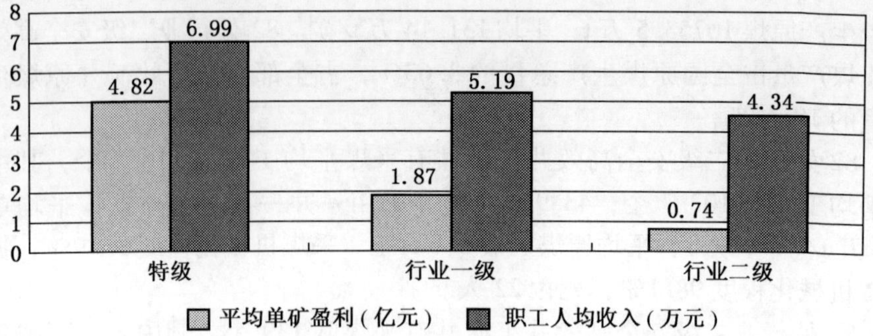

图1－1　2009年度安全高效矿井盈利水平及人均收入对比

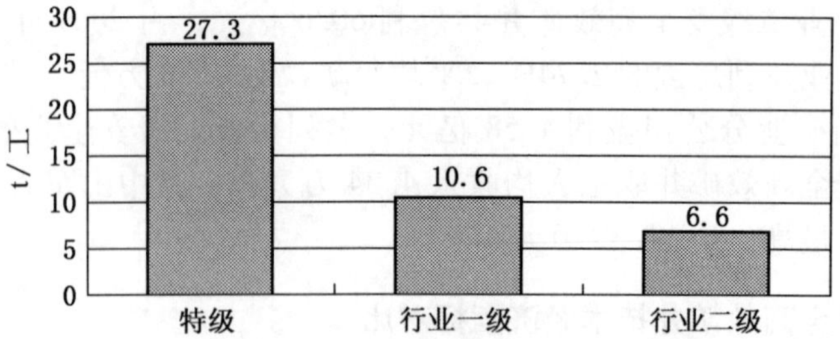

图1－2　2009年度安全高效矿井原煤工效

第四节　2009年度煤炭工业安全高效矿井开采工艺分析

一、2009年度安全高效矿井（露天）开采工艺

2009年，安全高效井工矿采煤工艺主要有综采一次采全高、综采放顶煤、分层综采、高档普采、旺格维利采煤法等，共有平均采煤工作面525.2

个，其中平均综采工作面477.8个，所占比重为90.97%，综合机械化程度大大提高，平均高档普采工作面33.5个，其他工艺采煤面13.9个。

安全高效露天矿开采采用单斗－卡车间断工艺、单斗－卡车－破碎站工艺、电铲－卡车－胶带半连续工艺、电铲－自移式破碎机－胶带半连续工艺和其他半连续工艺。

目前，我国露天煤矿开采工艺技术与国际先进水平较为接近，开采工艺涉及间断工艺、半连续工艺、连续工艺。开采技术的选择，贵在因地制宜。如何保证不同地质条件下选择最优开采工艺、降低生产成本、提高经济效益，是企业的重要研究课题。企业应通过产学研的结合，不断提高技术水平，优化开采工艺形式，综合各单一开采工艺的特点及适用性，选择不同的工艺进行组合，形成不同工艺间的协同效应，达到降低生产成本的目的。采用半连续开采工艺进行露天煤矿剥离和采矿工程，是国际性发展趋势。开采设备大型化是优势资源集中化开采的必然要求，也是简化剥采工程、降低开采成本、提高经济效益的重要途径。对于范围广阔、产能巨大的大型矿山，针对不同开采深度、不同地段、不同开采对象的特点，采用不同开采工艺，并组成综合工艺，以实现优化开采效果，已成为现代露天煤矿开采的发展趋势。

二、2009年度安全高效矿井百万吨采煤队工艺分析

2009年，安全高效矿井建设水平进一步提高，百万吨采煤队达到291个，平均单队年产量221.2万t，总体呈现数量逐步提高的趋势。其中，年产量300万t以上的采煤队有45个（表1－12）；年产量超过600万t的综采队有20个；年产量超过1000万t的采煤队有3个，均隶属于神华神东煤炭集团，分别是哈拉沟煤矿综采队、补连塔煤矿综采一队、上湾煤矿综采队。

百万吨采煤队中有17个综放队产量达到了300万t以上，有7个综放队产量超过了600万t，分别是中煤能源平朔公司安家岭二号矿综采一队、安家岭一号矿综采队、安太堡井工矿综采队、同煤大唐塔山煤矿综采一队、潞安矿业集团公司王庄煤矿综采一队、兖矿集团公司东滩煤矿综采工区、兴隆庄煤矿综采一队。

多数百万吨采煤队采煤工作面煤层赋存条件较好，大多数为厚煤层或中厚煤层，煤层倾角多为近水平或缓倾斜，也有少数采煤队在倾斜煤层和急倾斜煤层的工作面年产量超过百万吨，见表1－13。

表1-12 年产量超过300万t的安全高效井工矿综采队

序号	采煤队名称	工作面地质条件			工作面产量		工作面设备		
		采煤工艺	煤层平均厚度/m	煤层平均倾角/(°)	年产量/万t	平均月产/[t·(个·月)$^{-1}$]	液压支架型号/架数	采煤机型号	刮板输送机型号
1	神东哈拉沟煤矿综采队	综采	5.28	1	1174.90	979125	JOY/175	JOY(7LS6/LWS580)	DBT3×1000
2	神东补连塔煤矿综采一队	综采	6.6	1	1159.47	966222	ZY12000/28/63/176	JOY7LS7	DBT3×1000
3	神东上湾煤矿综采队	综采	6	1.5	1128.10	940128	ZY10800/28/63/176	SL-1000	DBT-ACF17 3×1000
4	中煤平朔二号井工矿综采一队	综放	13.2	2	957.84	798204	ZFS10000/23/37/203	JOY（7L3A）	SGZ1000/2×1000
5	神东大柳塔活鸡兔井综采二队	综采	3.5	1	950.82	792348	JOY(2×7625kN)/170	JOY（6LS-5）	JOY（700+522）kW
6	中煤平朔一号井工矿综采队	综放	12.91	5	936	780000	ZFS8000/23/37/166 ZFG8000/23/37/7	SL-750	SGZ1000/2×700(前) SGZ1200/2×700(后)
7	神宁羊场湾煤矿综采一队	综采	7	8	930.00	775000	ZY10000/28/62D/200	JOY（7LS7）	AFC3×855kW
8	神东万利一矿采煤队	综采	5.06	3	896.00	747000	ZY8600/24/50D/174	MG750/1915-GWD	SGZ1000/3×700
9	同煤大唐塔山矿综采一队	综放	13.2	4	882.75	735625	ZF13000/25/38/113 ZFG13000/26.5/38/7	SL-500	PF6/1142（前） PF6/1342（后）
10	神东榆家梁煤矿综采一队	综采	4.39	1	854.90	712000	EKF（162/210）	JOY（7LS6）	JOY（AF7）
11	晋煤寺河矿综采一队	综采	6.3	4	805.86	671547	ZY12000/173	SL-500	JOY（3×855）kW
12	神东大柳塔井综采一队	综采	4.6	1	801.80	668000	JOY(2×7625kN)/140	JOY（6LS-5）	JOY（700+522）kW
13	神东补连塔煤矿综采二队	综采	4.75	1	738.44	615363	ZY12000/28/63/176	JOY（7LS6）	DBT3×1000
14	神东石圪台矿综采一队	综采	4.25	1.5	697.40	581167	DBT-4.5m/185	JOY（7LS6C）	JOY（3×855）kW
15	潞安王庄煤矿综采一队	综放	6.55	4	663.76	553134	ZF7000-20/40	MGTY400/930	SGZ-960/1400

表1－12（续）

序号	采煤队名称	工作面地质条件			工作面产量		工作面设备		
		采煤工艺	煤层平均厚度/m	煤层平均倾角/(°)	年产量/万t	平均月产/[t·(个·月)$^{-1}$]	液压支架型号/架数	采煤机型号	刮板输送机型号
16	兖矿东滩煤矿综采工区	综放	9.5	7	621.69	542600	ZFS7200/20/40/176	SL－300	SGZ－1000/1400
17	神东榆家梁煤矿综采一队	综采	3.47	1	610.20	509000	郑煤机（210/220）	JOY（6LS－5）	JOY（AF7）
18	兖矿兴隆庄煤矿综采一队	综放	8.44	7	600.15	500128	ZFS7200/148	MG6500/1480	SGZ－1000/1400
19	神东锦界煤矿综采队	综采	3.35	1	600.00	500000	平煤（12000kN）/119	JOY（7LS－LWS638）	DBT2×700kW
20	中煤平朔安太堡井工矿综采队	综放	12.29	3	600.00	500000	ZFS8000/23/37/155	JOY（7LS3）	SGZ－1000/1400
21	伊泰集团纳林庙二号井综采队	综采	6	2	590.56	492133	ZY8640/25.5/55/141	MG750/1915	SGZ－1000/1400
22	同煤大唐塔山矿综采二队	综放	12.2	2	578.96	482467	ZF13000/25/38/126 ZFG13000/26.5/38/7	SL－500	PF6/1142（前） PF6/1342（后）
23	伊泰集团宏景塔一矿综采队	综采	5.16	2	562.70	468917	ZY8640/25.5/55/149	MG750/1915	SGZ1000/1400
24	潞安常村煤矿综采队	综放	6	4.5	552.25	460212	ZF6000、ZF6500 ZF7000、ZF7500	MGY400/930 EL－1000	SGZ－960/1400
25	淮南顾桥煤矿综采二队	综采	3.4	5	519.88	444175	ZY9200/18/38D/155	SL－750	SGZ1000/1400
26	国投新集刘庄煤矿综采队	综采	4.1	18	514.96	429132	ZZ10000/22/45D/157	SL－500AC	SGZ1000/1710
27	淮南张集煤矿综采一队	综采	4.2	4	500.29	416908	ZZ6400/22/45/163	JOY（7LS6）	SGZ－1000/1400
28	潞安余吾煤矿综采队	综放	5.98	3.8	457.80	381500	ZF8000/20/38	MGTY－400/930	SGZ－960/1400
29	陕煤黄陵二号煤矿综采一队	综采	5.2	1	410.90	342420	ZY10000/26/55D	MG900/2215	SGZ1200/2565
30	淮南谢桥煤矿综采三队	综采	4.65	14.8	403.67	336392	ZZ9200/24/50/136	JOY（7LS6）	SGZ－1000/1400

表 1－12（续）

序号	采煤队名称	工作面地质条件			工作面产量		工作面设备		
		采煤工艺	煤层平均厚度/m	煤层平均倾角/(°)	年产量/万 t	平均月产/[t·(个·月)$^{-1}$]	液压支架型号/架数	采煤机型号	刮板输送机型号
31	淮南顾桥煤矿综采一队	综采	4.5	6	400.12	333433	ZY9200/25/50D/146	JOY（7LS6）	SGZ－1000/1400
32	铁法能源大平矿综放队	综放	11.5	7	389.60	324667	ZF8000/17/29H/149	MG940/400－WD	SGZ－1000/1400
33	兖矿鲍店煤矿综采队	综放	6.19	6	386.32	321932	ZFS6200/18/35/125	MGTY400/930－3.3D	SGZ－1000/1050
34	潞安漳村煤矿综采队	综放	6.2	3	372.10	310083	ZFS6000/17/33/136	MGTY250/600－1.1D	SGZ－830/800
35	淮南张集煤矿综采三队	综采	3.6	3	361.01	300845	ZZ6400/22/45/152	JOY（7LS6）	SGZ－1000/1400
36	铁法能源大兴矿综采队	综采	4.88	8	351.00	292500	ZY10000/27/56	MG2×800/2040WD	SGZ－1000/1710
37	神木汇森凉水井矿综采队	综采	2.8	3	349.29	291075	ZY8000/17.5/35/118	MG650/1620－WD	SGZ1000/1400
38	神东乌兰木伦矿综采队	综采	3.2	2	329.78	274817	DBT2×4319/242	JOY（7LS6－LWS572）	JOY（3×1000）kW
39	华亭砚北矿综采二队	综放	48.4	41	329.00	274167	ZF12000/23/35H/109	MGT400/930－3.3D	SGZ－1000/1050
40	山西亚美大宁综采队	综采	4.85	4	328.39	273658	DBT2550/5500/129	JOY（7LS6）	LA－0530 PF4
41	山西焦煤汾西新阳矿综采一队	综放	9	4	325.28	271064	ZF5800/17/32H/135	MGTY400/700－1.1D	SGZ－764/630（前） SGZ－880/800（后）
42	淮南潘集第一煤矿综采一队	综采	4.5	16	320.65	267208	ZZ9200/24/50/90	MGTY750/1715－WD	SGZ1000/1400
43	阳煤一矿综采五队	综放	7.2	5	315.47	262891	ZF5600/162	MGTY400/930－3.3D	SGZ－880/1050
44	淮南顾北煤矿综采一队	综采	3.3	5	304.60	253861	ZZ6400/18/38/161	MG650/1480－GWD	SGZ1000/1400
45	神宁羊场湾煤矿综采三队	综放	8.5	12	300	250000	ZF8600/18/35/109	MG450/1020－WD	SGZ960/1400

表1－13　2009年度安全高效矿井大倾角开采百万吨采煤队

序号	采煤队名称	采煤工艺	平均倾角/(°)	煤层厚度/m	年产量/万t
1	华亭煤业集团砚北煤矿综采二队	综放	41	48.4	329
2	淮南矿业集团潘集第三煤矿综采二队	综采	26	3.8	174.12
3	神华新疆能源公司小红沟煤矿综放队	综放	87	45	156.4
4	神华新疆能源公司大洪沟煤矿综放队	综放	82	52	133
5	神华新疆能源公司铁厂沟煤矿综采区	综放	41	29.6	114.98
6	冀中能源邯矿集团云驾岭煤矿采一区	综放	25	4.09	108.2
7	淄博矿业集团葛亭煤矿综采队	综放	26.3	6.8	104.43
8	中煤大屯公司孔庄煤矿综采队	综采	26	3.1	103.87
9	龙煤鹤岗分公司峻德煤矿综采一队	综采	31	3.6	102.87
10	神华新疆能源公司碱沟煤矿综采一队	综放	82	50	102.3
11	窑街煤电集团三矿综采二队	综放	45	60.1	100.56

第二章　煤炭装备制造业的发展

煤炭装备制造业主要是由为煤炭工业提供技术装备和服务的煤机集群组成。煤炭工业生产技术水平和竞争力的高低，很大程度上取决于煤炭装备制造业提供的技术装备的性能和水平。我国煤炭工业发展过程充分证明，煤炭装备制造业是我国煤炭工业发展可靠的装备部，是煤炭工业现代化的重要内涵，是衡量煤炭产业竞争力的重要标志，没有强大的装备制造业武装改造煤炭工业、提升煤炭生产力技术水平，要实现煤炭工业现代化是不可能的。近年来，我国煤炭装备制造业发展迅速，规模效应显著，有效地推动了煤炭机械行业产业结构调整和煤机产品质量的提升，推动了煤炭工业快速发展，加快了安全高效矿井建设步伐。

第一节　煤炭装备制造业发展现状

一、煤炭装备制造业基本情况

煤炭装备制造业广义上指井下开采设备、掘进设备、工作面运输设备、巷道运输设备，以及配套的洗选加工设备、矿井辅助运输设施、井下供电系统、井下照明及信号控制设施、矿灯及充电装置、安全保护仪器及救护设备、安全监测系统、矿井通信及调度控制设施、小型电动和风动工具及其附属装置等；狭义上指采煤机、液压支架、刮板输送机、综掘机及其附属装置。

“十一五”期间，我国煤炭装备制造业大力开展技术创新，努力提高国产煤炭装备的技术水平，使得煤炭装备制造业发展迅速。截至目前，全国共有6000多家企业从事煤炭装备制造业，有800多家形成规模，已经初步形成了以重点煤机制造企业为主体，其他煤机力量参与的、较为完备的、煤机装备制造体系；在品种、质量和技术水平等方面，成功研制了适应我国煤炭工业发展需求的矿井建设、煤炭开发、安全生产和洗选加工等多类型的成套装备，满足了国内煤炭生产和建设的需要，带动了煤炭装备制造业的发展，促进了我国煤炭工业健康发展。

（一）煤炭装备制造业总产值保持较快增长速度

在我国煤炭工业发展速度稳步攀升的良好势头下，近几年煤机年总产值始终保持较快增长速度，平均每年增速高达34%，2009年我国煤机总产值6943136万元，同比增长1144317万元，增幅19.7%，如图2－1所示。

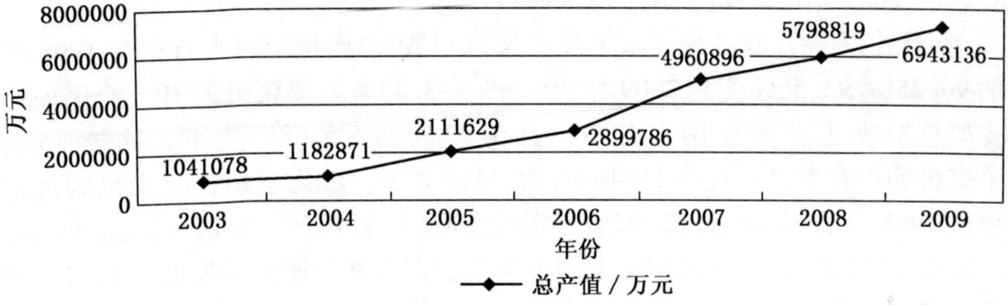

图2－1　近年煤机总产值情况

（二）国内煤机市场初具规模

近年来，掘进机以平均每年38%的速度猛增，且向重型化方向发展。2009年产量1305台，同比略有减少，单重从2003年的27.68t/台发展到2009年的50.7t/台，增幅达83.16%。

采煤机以平均每年20%的速度递增，2009年产量688台，同比增加4%，产品单重从2003年的33.44t/台发展到2009年的38.94t/台，增幅为16%。

刮板输送机平均每年增幅5%，2009年产量4343台，同比增加3%，产品单重从2003年的24.93t/台发展到2009年的63.4t/台，增幅高达154%。

液压支架以平均每年29%的速度猛增，2009年产量55050台，同比增加17%，产品单重从2003年的14.81t/台发展到2009年的21.73t/台，增幅46%。

近年来国内煤机产量见表2－1。

表2－1　近年来国内煤机产量

年　度	2003	2004	2005	2006	2007	2008	2009
掘进机/台	198	497	700	656	972	1343	1305
采煤机/台	218	353	500	596	546	661	688
刮板输送机/台	3539	4944	5323	3915	4872	4236	4343
液压支架/台	10181	17872	21312	29871	40660	46998	55050

（三）煤机产品逐步向大型化、重型化、智能化发展

对国有企业中三大液压支架专业厂（中煤北京煤矿机械有限责任公司、郑州煤矿机械集团股份有限公司、平顶山煤矿机械有限责任公司）近10a

（1999—2009 年）的发展情况分析：

液压支架年产量增幅。近 10 年全国液压支架产量数平均每年以 35% 的速度猛增。郑煤机平均每年增长 34. 6%，2009 年比 2008 年增长 20%；平煤机平均每年增长 32. 2%，2009 年比 2008 年增长 3%；北煤机平均每年增长 8. 5%，2009 年比 2008 年增长 0. 4%。

市场占有率。这 3 家企业液压支架总架数/总产量全国占有率从 1998 年的 90. 25%/93. 56% 变到 2009 年 39. 36%/43. 43%。郑煤机近 10 a 全国液压支架总架数/总产量全国占有率一直在 23. 83%/25. 48% 上下，比较平稳；平煤机的占有率也一直在 11. 46%/10. 35% 上下，较为平稳；北煤机的占有率从 1998 年的 57. 46%/62. 02% 下滑到 2009 年的 6. 6%/8. 21%。虽然市场需求在不断地增加，但液压支架制造企业也在不断地增加和发展，如郑州四维、河南林州、平阳重工、重庆大江、山东矿机等企业都加盟了液压支架制造生产，导致 3 个专业厂市场占有率下滑。

液压支架平均单重向重型化发展。液压支架重型化比重加大，全国从 1999 年平均单重 12. 65t/架，提高到 2009 年 21. 73t/架，增幅 71. 78%。北煤机从 13. 13t/架提高到 25. 94t/架，增幅 97. 56%；郑煤机从 13. 98t/架提高到 23. 07t/架，增幅 65. 02%；平煤机从 10. 70t/架提高到 18. 26t/架，增幅 70. 65%。

利润总额。全国煤机行业利润由 1999 年亏损 3. 89 亿元发展到 2009 年盈利 39. 94 亿元，年均增幅 127. 75%。郑煤机 1999 年亏损 0. 28 亿元，2009 年盈利 7. 95 亿元，年均增幅 223. 53%；北煤机 1999 年盈利 246 万元，2009 年盈利 0. 75 亿元，年均增幅 85. 34%；平煤机 1999 年亏损 30 万元，2009 年盈利 0. 78 亿元，年均增幅 64. 5%。

二、煤炭装备制造业结构调整

（一）专业化集团向产业化集群方向战略重组

煤炭装备制造企业紧紧抓住市场机遇，不断创新发展思路，推进产业结构调整，逐步出现一批产业化“集群”、“联合体”、“基地”，使得企业的资产规模实现跨越式发展，综合实力和竞争能力显著增强，企业知名度和行业影响力大幅提升。

中国煤矿机械装备有限责任公司逐步扩大，拥有张家口煤机公司、北京煤机公司、西安煤机公司、石家庄煤机公司、抚顺煤矿电机公司、邯郸煤机公司、上海矿用厂 7 个生产制造企业，拥有海外开发公司等 4 家贸易型企业，形成了以采煤机、刮板输送机、掘进机、支架及矿用电机为代表的综采综掘产品链条，在国内率先形成了综采综掘设备成套研发设计和生产供应的能力，具备了装备千万吨煤矿工作面的能力。

山西以太原重工集团为龙头，整合太原矿山机械集团、山西煤矿机械制造有限公司等 8 家企业共同成立了“山西煤机成套装备联合体”。

徐州华东机械厂正在全力打造“徐州华东机械集团”，建设具有国际一流水平的现代化新厂区，建设大规模的机械装备研发基地。目前，在徐州经济开发区投资 14.2 亿元、占地面积 $63.4\times10^4\ m^2$ 的新的机械集团已初步建成，下属有 13 个子公司。

山东以兖矿集团为依托，整合大陆煤机公司、机电设备制造厂、东方机电公司，投资 13 亿元打造煤机基地，生产成套装备。

（二）加大技术改造力度

各煤炭装备制造企业开始充分依靠先进的科学技术，根据自身的基础和优势，加大技改力度，正在建设形成一批高水平、高科技的装备制造基地。新的现代化厂区正在形成。

郑州煤矿机械集团股份公司在郑州经济开发区进行的为期两年的高可靠性综采设备的国产化研究开发和制造，预计 2012 年达到设计生产能力 6200 架，产值 50 亿元，新增利税 65000 万元，成为全国乃至世界最大的高端液压支架生产基地，为提升郑州煤机整体实力和核心竞争力创造了条件。

西安煤矿机械有限公司投资 10 亿元建设新区，发展的重点以采煤机生产为主，扩大掘进机生产能力，形成系列化、规模化；进一步开发大采高、大功率重型采煤机和大功率薄煤层采煤机，最终实现智能化、信息化和自动化的煤机成套装备系统；着力研发提升采煤机、掘进机关键零部件的质量和强度，提高产品技术含量和可靠性，实现做精、做强、做大的目标。

（三）上市融资情况

三一重装有限公司 2009 年 11 月 25 日在香港联合证券交易所正式挂牌上市，募集资金超过 26 亿港币。国际煤机 2010 年 2 月 10 日在香港联交所成功上市。郑州四维机电设备制造有限公司 2010 年 7 月 28 日申请通过香港联交所审核，成为郑州高新区首家在港上市企业，拥有 $60\times10^4\ m^2$ 生产基地，年产值可达 60 亿元人民币。郑州煤矿机械集团股份有限公司 2010 年 8 月 3 日在上海证券交易所上市。

（四）国外先进企业进入国内竞争

IMM 国际煤机集团公司收购了鸡西煤机厂（采煤机生产厂）、佳木斯煤机厂（掘进机生产厂）、郑州四维煤机公司（液压支架生产厂）、新疆煤矿机械有限公司、淮南长壁煤机公司（刮板输送机生产厂）、内蒙古天隆煤机维修有限责任公司、淮南舜立煤矿机械设备检修有限公司，2010年又成功收购了青岛天讯电气有限公司。

美国JOY公司2006年4月获得了在天津办厂的首张执照；DBT公司是全球成套井下采矿设备供应商，2007年，DBT加入比赛洛斯国际公司，在中国占据了一定份额；波兰、奥地利、瑞典、澳大利亚、西班牙等国的煤机企业也成功地进入了中国市场。

第二节　煤炭装备制造业发展分析

一、煤炭装备制造业发展规律

市场需求是企业生产和发展的导向，没有市场需求就没有企业供给，更谈不上产业的发展。当前我国煤炭市场需求量相当大，煤炭作为我国的主体能源，2009年全国煤炭消费量达到了30.28亿t。“十二五”期间，国民经济和社会发展又将迎来新一轮良好契机，煤炭市场需求量将进一步扩大。随着煤炭市场需求量的增加，必然要求煤炭生产规模的大幅增长，在增加生产矿井数量和提高煤炭生产效率的同时，还会带动一系列产业包括煤炭装备制造业的发展。今后，不论是新建矿井，还是原国有重点煤矿的升级改造，或者是地方小煤矿的资源整合，都对大型化、现代化、智能化、高效化的煤机产品提出了巨大的市场需求。

目前，通过政策调整和市场导向，国内煤炭生产逐步朝向安全高效方向发展，每年都涌现出一批具有行业代表性的安全高效矿井，带动整个煤炭行业的发展。我国煤炭装备制造企业也必然遵循市场经济客观规律发展，以市场为导向，向重型化、大型化、强力化、大功率和机电一体化方向发展，市场需求也在不断增加。

国内煤机设备尤其是大型化的成套矿山装备，市场需求旺盛且增长迅速，而国内生产企业还不能完全满足需求，蕴含着巨大的市场机遇。煤炭装备制造业应当以市场导向为依据，依靠科技进步，突出产品质量，打造行业品牌。

二、煤炭装备制造业发展存在的问题

市场经济发展的客观规律要求我国的煤炭装备制造业由低水平和粗放型向高效型和集约化转变，应运而生的一大批产业集群、联合体相继出现，同

时也带来了诸多的问题。

产能相对过剩。随着国家推进产业结构调整，煤机行业内出现大思路、大气魄、大投资、大整合、大发展、大分化、大改组，集聚产业优势资源，优化闭合产业链条，打造“集而团、大而强”的快速发展目标。煤矿机械产品同质化严重，市场竞争激烈，将来势必要导致产能过剩。据统计，“十一五”期间煤机行业投资超过百亿。

基础设备投入不足。先进的基础制造设备可以从根本上保证所生产产品的质量，投入的不足势必对产品质量造成影响。

管理理念需要更新。企业规模快速发展会带来“大企业病”，原有组织机构，仅靠计划与调度，带有“人治色彩”的层级管理模式，无形造成市场目标的缺失，经常出现扯皮推诿现象。

产品技术标准存在一定差距。虽然经过多年努力，国产设备技术含量有了很大提高，但目前我国装备产品的技术标准普遍低于国际同类产品。有些标准多年无修订，已不能适应现有产品发展需要，造成国内煤机产品的先进性不如一些国外产品，产品缺乏国际竞争力，也不利于更好地在国内煤矿开采各环节中发挥更大作用。

产品的设计理念不科学。国外非常重视基础元部件的理论研究，系统的总体设计采用虚拟设计、动态设计及可靠性设计先进手段。在我国一些研究院所和制造企业，仍然存在重视追求应用技术，轻视基础理论研究的现象，而引进消化也只注重仿型，较少深入研究相应的理论问题和保证手段，致使国产的基础元件不过关，严重影响产品的性能和可靠性。

没有完全掌握主要产品的核心技术。煤机产品的开发主要是从引进、仿制开始，缺少创新和自主的知识产权。液压支架电液控制阀的核心技术靠外国公司提供；交流电牵引采煤机用的变频器，只能从国外购买普通的变频器，然后重新改装使用。由于缺乏核心技术和关键部件，产品使用质量低、寿命短、可靠性差。

缺乏名牌产品意识。煤炭技术装备长期实行的底价销售，甚至以吨位论价已成为煤炭行业的习惯，用户没有强烈的品牌意识，当前煤机企业创名牌势在必行。

三、煤炭装备制造业发展要求

虽然国内煤炭装备市场需求前景一片良好，煤炭机械制造成套设备的发展前景也十分广阔，但是也要看到国外先进的煤机装备和技术入内带来的挑战和压力。这就要求我国煤炭装备制造业要遵循客观规律，充分发挥主观能动性，探索出一条新形势下的发展道路。

（一）科技进步和创新是煤炭装备制造业发展的重要支撑

科学技术是第一生产力，科技创新是一个国家发展的动力，是一个民族的灵魂。煤炭装备制造业发展更需要构建相应健全的装备制造产业技术创新体系，加大技术创新在企业生产投资中所占的比重，依靠科技进步来带动装备产业集群、联合体的蓬勃发展，带动煤炭工业的更高层次发展。

1. 技术创新的方向和重点

创新的方向是围绕提高产品的技术含量和附加值，搞好生产工艺和技术装备的改造；围绕市场，搞好新产品开发和新成果推广转化应用，进一步提高科技创新成果转化率；加强具有自主知识产权的新产品、新技术的研究开发和保护工作；做好已经确定的技术创新重点的研究工作。创新的重点是不断提高科技在企业经济增长中的贡献率，增强企业参与市场竞争的优势和发展后劲。

天地科技股份有限公司始终注重科技创新，坚持以技术创新推动企业长效科学发展，已经取得科技成果 265 项，专利授权 133 项，获省部级以上科技进步奖 120 项。其中，获得国家科技进步二等奖 5 项，煤炭科技进步一等奖 25 项。该公司新产品收入占公司主营业务收入比例始终保持在 30% 以上，保证了公司发展动力；公司各项主业保持国内领先水平或国际先进水平，有效地带动了我国煤炭装备制造业的发展。

2. 加大科技开发的投入

企业发展，科技先行。企业是技术创新的主体，也是提高装备制造产业自主创新能力的需求主体、投资主体和实施主体，企业自主创新能力的提高，归根到底要依靠科技。近年来，国家的研发投入逐年增加，但存在条块分割、各行其是，有限经费、分散使用的问题，特别是在煤炭行业存在“重型轻质”的问题，侧重设计结构研究，很少进行关键功能部件和共性基础技术研究、可靠性理论研究、工艺方法研究，造成制造技术发展滞后；同时，投入额度与工业发达国家相比，仍有不小差距，而企业研发经费投入更是严重不足。企业作为技术创新的主体，更要加大研发经费的投入力度。

西安煤矿机械有限公司科研活动年投入始终占公司当年销售收入的 5% 以上，投入比例逐年提高。公司先后投入 200 万元购买了三维动态设计软件 20 套；投入 1500 万元建造了采煤机电气控制系统试验台，增强电器元件，特别是增强电牵引核心技术变频器测试手段；投入 1500 万元在行业内率先建立了采煤机远程控制中心，实施了智能化、网络化的在线诊断技术。通过不断加大对科研硬件的投入，加快可设计进度，提高了设计质量，增强了电控系统的可靠性和寿命，进而使电牵引采煤机的整体质量有了较大幅度的提升。其中，开发研制的 MG2×200/925－AWD 型薄煤层大功率电牵引采煤机和 MG1000/2550－GWD 型全国功率最大的重型电牵引采煤机，满足不同地质条件下煤层开采的需要，保证了产品技术水平名列国内同行业前列。

（二）产品质量是煤炭装备制造业发展的根本出发点

产品质量的好坏直接决定企业的形象、竞争力、市场占有率和长远发展，没有一个好的产品质量，企业很难在市场经济中得到发展，尤其是在煤炭行业物资供应大系统中，质量竞争日益突出。

1. 产品质量的竞争首要是制造装备的竞争

制造装备的先进与否直接决定了其制造出产品的质量和性能。通过装备具有国际水平的加工中心、数控机床、检测设备、计算机集成制造系统等，实现工艺计算机化、加工数控化、装配工艺数据化，确保产品质量。

2. 改善企业生产技术结构

通过技术改造，进一步提高技术能力；通过工艺引进，调整淘汰落后的加工工艺；通过提高设计水平，运用三维建模、动态设计，运用 AMD 进行虚拟样机设计，缩短产品开发周期，节约产品开发成本；通过引进国际先进的加工方法和工艺技术标准，提高产品的制造能力。

3. 变革生产组织方式

改变原有按专业化加工的生产组织方式，设立生产管理看板，实现生产现场的目视管理；通过规范现场管理及作业标准，主导产品实现按节拍生产，缩短制造周期，提高生产效率。

4. 完善质量保障体系，创建自主品牌

建立先进、科学、完善的产品质量保障体系，制定质量目标、活动计划、管理项目和措施方案来确保产品质量，站到“创造品牌、树企业形象”的高度来提高产品质量，形成强有力的市场竞争，最终以品牌制胜，用“品牌形象”来开拓更大市场。

（三）“自主经营体”模式是煤炭装备制造业发展的重要着力点

煤炭装备制造企业应探索一种新的运行模式，即“自主经营体”模式。以“市场营销＋产品设计＋总装”为“自主经营体”龙头，以与之具有内在经济联系的产业链如配套环节、元器件环节、部件环节、毛坯料环节等组成若干“自主经营体”，使它们之间形成供需客户关系，运行市场化。同时，建立一个像时钟一样的创新机制，让“自主经营体”员工主动去创造客户价值，资助核算投入产出，极大地挖掘企业内部潜力，提高运行效率，以适应“中国企业高成本时代到来”的严峻挑战。

第三节 2009年度安全高效矿井装备分析

一、2009年度安全高效矿井综采设备

煤炭工业安全高效矿井的创建在一定程度上决定于矿井生产使用的装备水平。通过对2009年度煤炭工业安全高效矿井使用装备分析，大型现代化煤矿所采用的机械装备都集大型化、重型化、智能化于一身，处于国内外及行业一流水平。

2009年度安全高效井工矿共有采煤队605个，其中综采队571个，工作面采煤机、液压支架、刮板输送机采用全套国产设备的采煤队达到530个，产量合计达到8.08亿t；部分引进国外设备的采煤队有33个，产量合计为1.46亿t；全套引进国外设备的采煤队有8个，产量合计为6266万t。

（一）采用全套国产设备的采煤队

2009年度安全高效井工矿有530个采煤队使用全套国产设备，占全部安全高效井工矿采煤队的87.6%，表2-2列出了全部采用国产设备、产量前20名的采煤队。

（二）引进部分国外设备，配以部分国产设备的采煤队

引进部分关键综采设备，如电牵引采煤机、刨煤机、液压支架的电液控制系统或刮板输送机等，配套国产液压支架和大运量带式输送机装备的安全高效采煤工作面，达到了安全高效生产。如神华神东煤炭集团补连塔煤矿使用美国进口的JOY（7LS7）型采煤机和DBT3×1000kW型刮板运输机，配以ZY12000/28/63型国产液压支架，综采一队年产量达到1159.47万t；中煤能源平朔公司安家岭二号井工矿采用JOY（7L3A）型采煤机，配以国产SGZ1000/2×1000kW刮板机、ZFS10000/23/37综放液压支架的综采一队，安家岭一号井工矿采用SL-750型采煤机，配以国产SGZ1000/2×700kW刮板机、ZFS8000/23/37综放液压支架的综采队，神华宁煤集团羊场湾矿采用JOY（7LS7）型采煤机、DBT-ACF3×855kW刮板机，配以国产液压支架ZY10000/28/62D，2009年工作面产量均达到了900万t以上。2009年，共有23个安全高效矿井的33个综采队使用进口和国产设备相结合的方式生产，见表2-3。

表2-2　2009年安全高效矿井采用全套国产设备的采煤队（产量前20名）

序号	采煤队名称	工作面地质条件			工作面产量			工作面设备		
		采煤工艺	煤层平均厚度/m	煤层平均倾角/(°)	年产量/万t	平均月产/[t·(个·月)$^{-1}$]	平均日产/(t·日$^{-1}$)	液压支架型号/架数	采煤机型号	刮板输送机型号
1	神东万利一矿采煤队	综采	5.06	3	896.00	747000	24900	ZY8600/24/50D/174	MG750/1915-GWD	SGZ1000/3×700
2	潞安王庄煤矿综采一队	综放	6.55	4	663.76	553134	18438	ZF7000-20/40	MGTY400/930	SGZ-960/1400
3	兖矿兴隆庄煤矿综采一队	综放	8.44	7	600.15	500128	16671	ZFS7200/148	MG6500/1480	SGZ-1000/1400
4	伊泰纳林庙二号井综采队	综采	6	2	590.56	492133	16404	ZY8640/25.5/55/141	MG750/1915	SGZ-1000/1400
5	伊泰宏景塔一矿综采队	综采	5.16	2	562.70	468917	15631	ZY8640/25.5/55/149	MG750/1915	SGZ1000/1400
6	潞安常村煤矿综采队	综放	6	4.5	552.25	460212	15340	ZF6000、ZF6500 ZF7000、ZF7500	MGY400/930 SL-1000	SGZ-960/1400
7	潞安余吾煤矿综采队	综放	5.98	3.8	457.80	381500	12717	ZF8000/20/38	MGTY-400/930	SGZ-960/1400
8	陕煤黄陵二号煤矿综采一队	综采	5.2	1	410.90	342420	11414	ZY10000/26/55D	MG900/2215	SGZ1200/2565
9	铁法能源大平矿综放队	综放	11.5	7	389.60	324667	10822	ZF8000/17/29H/149 ZFG8000/23/32H/6	MG940/400-WD	SGZ-1000/1400
10	兖矿鲍店煤矿综采队	综放	6.19	6	386.32	321932	10731	ZFS6200/18/35/125	MGTY400/930-3.3D	SGZ-1000/1050
11	潞安漳村煤矿综采队	综放	6.2	3	372.10	310083	10336	ZFS6000/17/33/136	MGTY250/600-1.1D	SGZ-830/800
12	淮南张集煤矿综采三队	综采	3.6	3	361.01	300845	10028	ZZ6400/22/45/152	JOY（7LS6）	SGZ-1000/1400
13	铁法能源大兴矿综采队	综采	4.88	8	351.00	292500	9750	ZY10000/27/56	MG2×800/2040WD	SGZ-1000/1710
14	神木汇森凉水井矿综采队	综采	2.8	3	349.29	291075	9703	ZY8000/17.5/35/118	MG650/1620-WD	SGZ1000/1400

表2-2（续）

序号	采煤队名称	工作面地质条件			工作面产量			工作面设备		
		采煤工艺	煤层平均厚度/m	煤层平均倾角/(°)	年产量/万t	平均月产/[t·(个·月)$^{-1}$]	平均日产/(t·日$^{-1}$)	液压支架型号/架数	采煤机型号	刮板输送机型号
15	华亭砚北矿综采二队	综放	48.4	41	329.00	274167	9139	ZF12000/23/35H/109	MGT400/930-3.3D	SGZ-1000/1050
16	山西焦煤汾西新阳矿综采一队	综放	9	4	325.28	271064	9035	ZF5800/17/32H/135	MGTY400/700-1.1D	SGZ-764/630(前) SGZ-880/800(后)
17	淮南潘一煤矿综采一队	综采	4.5	16	320.65	267208	8907	ZZ9200/24/50/90	MGTY750/1715-WD	SGZ1000/1400
18	阳煤一矿综采五队	综放	7.2	5	315.47	262891	8763	ZF5600/162	MGTY400/930-3.3D	SGZ-880/1050
19	淮南顾北煤矿综采一队	综采	3.3	5	304.60	253861	8462	ZZ6400/18/38/161	MG650/1480-GWD	SGZ1000/1400
20	枣矿新安矿综采一队	综采	8.5	8	278.7	232250	7742	ZFS5200/17/33	MG400/930-WD	SGZ830/800

表2-3　2009年安全高效矿井采用国产设备和进口设备相结合的采煤队

序号	采煤队名称	工作面地质条件			工作面产量			工作面设备		
		采煤工艺	煤层平均厚度/m	煤层平均倾角/(°)	年产量/万t	平均月产/[t·(个·月)$^{-1}$]	平均日产/(t·日$^{-1}$)	液压支架型号/架数	采煤机型号	刮板输送机型号
1	神华补连塔煤矿综采一队	综采	6.6	1	1159.47	966222	31790	ZY12000/28/63/176	JOY（7LS7）	DBT3×1000
2	中煤安家岭二号井综采一队	综放	13.2	2	957.84	798204	34928	ZFS10000/23/37/203	JOY（7L3A）	SGZ1000/2000
3	中煤安家岭一号井综采队	综放	12.91	5	936.00	780000	26000	ZFS8000/23/37/166 ZFG8000/23/37/7	SL-750	SGZ1000/2×700(前) SGZ1200/2×700(后)

表2-3（续）

序号	采煤队名称	工作面地质条件			工作面产量			工作面设备		
		采煤工艺	煤层平均厚度/m	煤层平均倾角/(°)	年产量/万t	平均月产/[t·(个·月)$^{-1}$]	平均日产/(t·日$^{-1}$)	液压支架型号/架数	采煤机型号	刮板输送机型号
4	神华羊场湾煤矿综采一队	综采	7	8	930.00	775000	25833	ZY10000/28/62D/200	JOY（7LS7）	AFC3×855kW
5	同煤大唐塔山矿综采一队	综放	13.2	4	882.75	735625	24521	ZF13000/25/38/113 ZFG13000/26.5/38/7	SL-500	PF6/1142（前） PF6/1342（后）
6	晋煤寺河矿综采一队	综采	6.3	4	805.86	671547	22385	ZY12000/173	SL-500	JOY（3×855）kW
7	神华补连塔煤矿综采二队	综采	4.75	1	738.44	615363	20512	ZY12000/25/50/176	JOY（7LS6）	DBT3×855
8	兖矿东滩煤矿综采工区	综放	9.5	7	621.69	542600	18087	ZFS7200/20/40/176	SL-300	SGZ-1000/1400
9	神华锦界煤矿综采队	综采	3.35	1	600.00	500000	16667	平煤(12000KN)/119	JOY（7LS-LWS638）	DBT2×700kW
10	中煤安太堡井工矿综采队	综放	12.29	3	600.00	500000	16667	ZFS8000/23/37/155	JOY（7LS3）	SGZ-1000/1400
11	同煤大唐塔山矿综采二队	综放	12.2	3	578.96	482467	16082	ZF13000/25/38/126 ZFG13000/26.5/38/7	SL-500	PF6/1142（前） PF6/1342（后）
12	淮南顾桥煤矿综采二队	综采	3.4	5	519.88	444175	14806	ZY9200/18/38D/155	SL-750	SGZ1000/1400
13	国投新集刘庄煤矿综采队	综采	4.1	18	514.96	429132	14304	ZZ10000/22/45D/157	SL-500AC	SGZ1000/1710
14	淮南张集煤矿综采一队	综采	4.2	4	500.29	416908	13897	ZZ6400/22/45/163	JOY（7LS6）	SGZ-1000/1400
15	淮南谢桥煤矿综采三队	综采	4.65	14.8	403.67	336392	11213	ZZ9200/24/50/136	JOY（7LS6）	SGZ-1000/1400

表2-3（续）

序号	采煤队名称	工作面地质条件			工作面产量			工作面设备		
		采煤工艺	煤层平均厚度/m	煤层平均倾角/(°)	年产量/万t	平均月产/[t·(个·月)$^{-1}$]	平均日产/(t·日$^{-1}$)	液压支架型号/架数	采煤机型号	刮板输送机型号
16	淮南顾桥煤矿综采一队	综采	4.5	6	400.12	321853	10728	ZY9200/25/50D/146	JOY（7LS6）	SGZ-1000/1400
17	淮南张集煤矿综采三队	综采	3.6	3	361.01	300845	10028	ZZ6400/22/45/152	JOY（7LS6）	SGZ-1000/1400
18	神华保德煤矿综采一队	综放	8.3	3	284.34	236946	7898	ZFY10200/25/42D/141	JOY（7LS6-LWS637）	SGZ1000/2000
19	神华柳塔煤矿综采队	综采	5	1	274.81	229005	7634	ZY10800/28/63	SL-1000	JOY1250/3×1000
20	淮南顾桥煤矿综采三队	综采	3.4	5	250.01	213616	7121	ZY9200/18/38D/149	SL-750	SGZ1000/1400
21	神华金烽寸草塔矿综采队	综采	2.87	2	240.88	210980	7033	ZY8600/17/35/175	JOY（7LS2A）	SGZ-1000/1400
22	铁法小青矿综采队	综采	1.7	4	233.00	200172	6672	ZY5200/08/18/150	HG9-38Ve/GH5.7	PRTGH-PF3/882
23	神华寸草塔矿综采队	综采	2.4	2	231.20	192684	6423	ZY7600/12/24/211	SL-300	SGZ-1000/2100
24	山西上榆泉煤矿综采二队	综放	8	1	205.84	190038	6335	ZF8600/20/38/133	SL-300	SGZ-1000/1400
25	晋城寺河矿综采二队	综采	6.52	5	173.43	144529	4818	ZY9400/131	SL-500	JOY（3×856）kW
26	神华灵新煤矿综采一队	综采	2.4	12	162.00	135769	4526	TAGOR-4800/12/28/152	MG-300/720-AWD	SGZ800/1050
27	神华保德煤矿综采二队	综采	5.2	3	152.26	126883	4229	ZY9000/25.5/55/141	JOY（7LS6-LWS536）	DBT3×855kW
28	神华灵新煤矿综采二队	综采	2.8	11	146.90	125585	4186	TAGOR-5200/17/35/163	MG-450/1020-WD	SGZ-900/1400
29	神华唐公沟矿综采队	综采	4.18	2	124.00	124689	4156	ZY9000/24/50/175	SL-500	SGZ-1000/2100
30	兖矿东滩煤矿生产准备一区	综采	1.5	5	104.57	91246	3042	ZY6400/18.5/38/155	SL-300	SGZ-1000/1050

表2-3（续）

序号	采煤队名称	工作面地质条件			工作面产量			工作面设备		
		采煤工艺	煤层平均厚度/m	煤层平均倾角/(°)	年产量/万t	平均月产/[t·(个·月)$^{-1}$]	平均日产/(t·日$^{-1}$)	液压支架型号/架数	采煤机型号	刮板输送机型号
31	淮南潘三矿综采一队	综采	1.9	8	97.96	81632	2721	ZY5000/11/24/159	SL-300	SGZ900/1050
32	山西上榆泉煤矿综采一队	综采	3.1	1	88.66	80438	2681	ZY6600/18/38/151	SL-300	SGZ-1000/1400
33	淮南潘一矿综采一队	综采	4.5	16	88.11	267208	8907	ZZ9200/24/50/90	MGTY750/1715-WD	SGZ1000/1400

表2-4　2009年度煤炭工业安全高效矿井全部采用进口设备的采煤队

序号	采煤队名称	煤层平均厚度/m	煤层倾角/(°)	工作面产量		工作面设备		
				年产量/万t	平均月产[t·(个·月)$^{-1}$]	液压支架型号/架数	采煤机型号	刮板输送机型号
1	神华神东哈拉沟煤矿综采队	5.28	1	1174.90	979125	JOY/175	JOY(7LS6/LWS580)	DBT3×1000
2	神华神东上湾煤矿综采队	6	1.5	1128.10	940128	ZY10800/28/63/176	SL-1000	DBT-ACF17 3×1000
3	神华神东大柳塔活鸡兔井综采二队	3.5	1	950.82	792348	JOY（2×7625kN)/170	JOY（6LS-5）	JOY（700+522）kW
4	神华神东榆家梁煤矿综采一队	4.39	1	854.90	712000	EKF（162/210）	JOY（7LS6）	JOY（AF7）
5	神华神东大柳塔井综采一队	4.6	1	801.80	668000	JOY（2×7625kN)/140	JOY（6LS-5）	JOY（700+522）kW
6	神华神东石圪台煤矿综采一队	4.25	1.5	697.40	581167	DBT-4.5m/185	JOY（7LS6C）	JOY（3×855）kW
7	神华神东乌兰木伦矿综采队	3.2	2	329.78	274817	DBT2×4319/242	JOY(7LS6-LWS572)	JOY（3×1000）kW
8	山西亚美大宁能源有限公司综采队	4.85	4	328.39	273658	DBT2550/5500/129	JOY（7LS6）	LA-0530 PF4

（三）全套引进国外设备生产的采煤队

2009年度煤炭工业安全高效矿井有8个煤矿的8个综采队全部采用引进全套国外综采设备，其中有7处安全高效矿井属于神华煤炭集团，分别为哈拉沟矿、上湾矿、大柳塔矿大柳塔井、大柳塔矿活鸡兔井、榆家梁矿、石圪台矿、乌兰木伦煤矿等，另一处为山西亚美大宁能源有限公司。8个综采队中最高年产量1174.9万t/a，最低328.4万t/a，见表2－4。

二、2009年安全高效矿井百万吨采煤队装备

2009年，安全高效矿井百万吨采煤队中有8个采用全套进口综采设备，30个装备了国产和进口相结合的综采设备，其余全部装备的是国产综采设备。

引用全套进口设备的采煤队的最高产量是由神华神东煤炭集团哈拉沟煤矿综采队创造的。该综采队2009年生产原煤1174.9万t，工作面煤层平均厚度为5.28 m，平均倾角1°，采用综采工艺，其工作面技术参数和设备型号见表2－5。

表2－5　2009年哈拉沟煤矿综采队工作面基本情况

工作面编号	液压支架	采煤机	刮板输送机	倾角/(°)	煤厚/采高/m	生产日数/天	工作面平均长度/m	工作面进度/($m\cdot 月^{-1}$)	工作面产量/万t	在籍人数/人
22204	JOY/175	7LS6/LWS580	DBT3000	<1	5.28/5.2	134	300	2178	444.7	50
22205	JOY/175	7LS6/LWS580	DBT3000	<1	5.28/5.2	219	300	3601	730.3	50

国产设备和进口设备配套使用最高产量为1159.47万t，该成绩是由神华神东煤炭集团补连塔矿综采一队创造的。该综采队工作面煤层平均厚度6.6 m，平均倾角1°，采用综采工艺，其工作面技术参数和设备型号见表2－6。

表2－6　2009年补连塔矿综采一队工作面基本情况

工作面编号	液压支架	采煤机	刮板输送机	倾角/(°)	煤厚/采高/m	生产日数/天	工作面平均长度/m	工作面进度/($m\cdot 月^{-1}$)	工作面产量/万t	在籍人数/人
32302	ZY12000/28/63	JOY7LS7	DBT3000	0～3	6.6/6.1	65	301	4087	1159.47	46

采用全套国产综采设备的最高产量为896.0万t，该成绩是由神华神东煤炭集团万利一矿综采队在煤层平均厚度5.15 m、平均倾角3°的工作面，采用综采工艺取得的。

第三章 努力推进煤炭工业安全高效矿井建设

“十一五”以来，我国煤炭工业大力推动科技进步，推进结构调整，增强企业活力，构建新型煤炭工业体系，全国煤炭生产总量、矿井规模、技术装备、企业实力有了巨大飞跃，为新时期我国煤炭工业实现跨越式发展奠定了基础。“十一五”期间，我国煤炭工业安全高效矿井建设发展迅速，在全行业得到了全面开展，取得了丰硕成果。历年评选出的安全高效矿井都是我国煤炭工业现代化、规模化的代表，在行业中起着“领头雁”的作用，带动了我国煤炭工业的整体发展。

第一节 煤炭工业安全高效矿井建设发展简介

一、煤炭工业安全高效矿井建设大事记

（一）1986年原煤炭工业部做出建设现代化矿井的决定

1986年1月17日，原煤炭工业部党组提出抓好三件大事的要求，即“安全创水平、原煤工效上1 t、建设一批现代化矿井”，简称“煤矿安全生产三大战役”。这是原煤炭工业部根据世界先进采煤国家的发展形势，为实现“四个现代化”的宏伟蓝图，首次提出在我国建设现代化矿井的概念。“七五”期间，我国先后建成106处以“安全好、用人少、质量优、职工生活有所改善”为主要标志的现代化矿井。

（二）1992年原煤炭工业部提出“建设高产高效矿井，是加快煤炭工业现代化建设”的重要战略决策

1992年7月“全国高产高效矿井建设工作会议”第一次提出在全国建设高产高效矿井的概念，核心就是提高单产、减头减面、减人提效。会议向全国煤炭企业发出号召：“吸收和借鉴当今世界各国一切适合现代化生产规律的先进技术、经营方式和管理方法，提高煤矿生产技术、装备和管理的水

平，建设高产高效矿井”。

从 1992 年起，原煤炭工业部每年召开一次高产高效矿井建设工作会议，研究和部署高产高效矿井建设工作，并制定一系列方针政策。

（三）1993 年命名表彰了首批高产高效矿井，提出建设高产高效矿井指导思想

1993 年，原煤炭工业部在大屯召开建设高产高效矿井工作会议，总结了第一批高产高效矿井建设中取得的宝贵经验，命名表彰了 1992 年首批建成的 12 处高产高效矿井，提出了建设高产高效矿井的指导思想，即“必须继续坚持采、掘、运输为核心的矿井机械化发展方向，以此为龙头，带动各个生产环节的技术进步和工艺改革，提高全矿井的劳动生产率，实现企业较高的经济效益”。并且研究和部署高产高效矿井建设工作，制定了高产高效矿井建设的标准和一系列的方针政策。

（四）1994 年原煤炭工业部颁布《建设高产高效矿井暂行管理办法》，从建立健全法规和规章制度上予以保障

1994 年原煤炭工业部颁布了《建设高产高效矿井暂行管理办法》，规定了我国高产高效矿井（露天）建设标准、实施措施、评审程序等有关内容，形成了一套完备的规章制度。实践证明，这套规章制度在建设高产高效矿井的过程中发挥了重要而积极的作用。

（五）1995 年原煤炭工业部党组做出《关于加快高产高效矿井建设的决定》，提出宏伟规划目标

1995 年 3 月，原煤炭工业部党组做出《关于加快高产高效矿井建设的决定》，明确提出“用 5 a 时间，在全国建成 100 处高产高效矿井，原煤生产人员效率平均提高 2 t/工，减少人员 30 万人”的规划目标，为煤炭工业向世界先进水平迈进指明了方向，进一步推进了高产高效矿井的建设和全行业由粗放型向集约型转变的进程。

（六）1998 年国家管理体制改革，中国煤炭工业协会承担起指导全国高产高效矿井建设工作的任务

1998 年国家管理体制改革，原煤炭工业部撤销后，中国煤炭工业协会承担起指导全国高产高效矿井建设的工作。协会每年组织专家采取书面审核与现场抽查验收相结合的方式，对各省报送的高产高效矿井（露天）进行动态达标的资格评审，审核内容主要包括煤矿的采煤工艺、采掘机械化程度、采区回采率、生产模式、单产水平、原煤工效、安全指标和经济效益等。

（七）2002年中国煤炭工业协会提出《建设高产高效矿井暂行管理办法》修改说明，继续推动科技创新和管理创新

2002年中国煤炭工业协会召开了“全国煤炭工业高产高效矿井建设的经验交流会”，全面总结十年来高产高效矿井建设的经验和做法，研究讨论了新时期工作思路和对策，提出了对高产高效矿井建设管理办法的修改意见。

（八）2007年中国煤炭工业协会颁布新的《煤炭工业安全高效矿井（露天）评审办法》，为安全高效矿井建设指引方向

为适应我国社会主义市场经济体制改革和发展的需要，坚持科学发展观，推动科技创新和管理创新，积极采用新技术、新工艺、新设备，促进煤炭产业的优化升级，保障煤矿安全生产，进一步推进高产高效矿井建设，经研究决定，将“高产高效矿井”更名为“安全高效矿井”，并重新修订和发布了《煤炭工业安全高效矿井（露天）评审办法》，从2007年1月开始执行。

二、近十年煤炭工业安全高效矿井建设分析

（一）数量逐年增加，增速保持良好

近年来，我国煤炭生产企业高度重视安全生产，不断加大科技装备投入，努力提高采掘机械化程度，各项技术经济指标逐年提升，为申报创建安全高效矿井创造了条件，每年达标矿井数量明显增加，近5 a来，年平均增速达到16.5%（图3－1），2009年共建成安全高效矿井359个，创历史新高。全国煤炭工业安全高效矿井建设发展概况见表3－1。

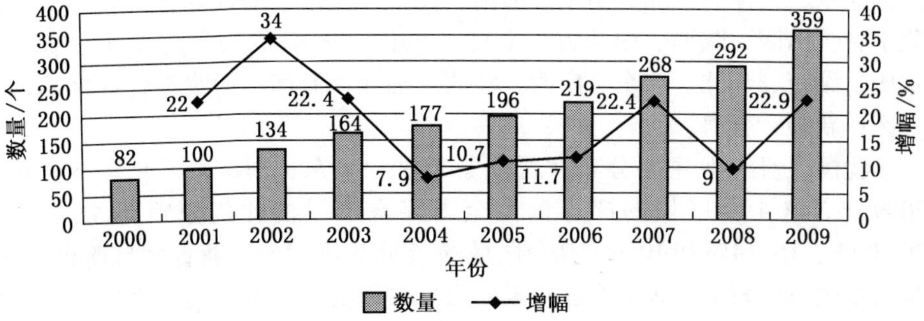

图3－1　近十年来全国安全高效矿井数量及增幅

表3-1　全国煤炭工业安全高效矿井建设发展概况

年　份	2000	2001	2002	2003	2004	2005	2006	2007	2008	2009
安全高效矿井	82	100	134	164	177	196	219	268	292	359
其中：特级	25	27	24	37	61	59	73	95	100	117
行业一级	44	59	88	109	94	103	97	111	123	160
行业二级	13	14	22	18	22	34	49	62	69	82
井工矿	76	94	127	155	167	183	204	253	283	349
其中：特级	21	23	21	32	53	51	64	83	94	110
行业一级	42	58	86	105	93	100	92	109	120	157
行业二级	13	13	20	18	21	32	48	61	69	82
露天矿	6	6	7	9	10	13	15	15	9	10
其中：特级	4	4	3	5	8	8	9	12	6	7
行业一级	2	1	2	4	1	3	5	2	3	3
行业二级	0	1	2	0	1	2	1	1	0	0

（二）产量持续上升，主导地位突出

全国煤炭生产按地域划分主要有东北区：黑龙江、吉林、辽宁；华东区：北京、天津、河北、山东、河南、江苏、安徽、浙江等省（市）；晋陕蒙宁甘：山西、陕西、内蒙古、宁夏、甘肃；华南区：云南、贵州、四川、重庆、湖南、湖北、广东、广西、江西、福建、海南、西藏等省（区）；新青区：新疆、青海。

我国煤炭工业主要分布在晋陕蒙宁甘、华东、华南、东北4个区域，2009年，这4个区域的产煤量占全国煤炭产量的比例分别为52.99%、20.38%、16.14%和10%，其余区域的产量不到11%。新青区目前煤炭产量占全国总量较低，未来产能规模将会实现跨越式发展。目前全国有60多家大企业、大集团相继进疆，积极参与煤炭资源勘查、规模化开发和煤炭企业重组改造，发展煤炭、煤电和煤化工等产业。截至2009年底，经新疆自

治区人民政府批准已列入煤炭工业“十一五”规划的新建和改扩建煤矿建设项目 173 处，规划规模 28896 万 t/a。

我国煤炭工业安全高效矿井主要分布于晋陕蒙宁甘、华东、东北这些重点产煤区域，2009 年三区域安全高效矿井产量合计 10.03 亿 t，占全国产量的 33.74%，详见表 3-2、图 3-2。

表 3-2 历年煤炭工业安全高效矿井产量

年 份	2000	2001	2002	2003	2004	2005	2006	2007	2008	2009
全国产量/Mt	999	1106	1415	1728	1957	2186	2332	2523	2800	2973
安全高效矿井产量/Mt	195.21	258.96	366.35	476.44	561.21	633.57	702.26	836	861.91	1017.3
占全国总量比重/%	19.53	23.41	25.88	27.57	28.68	28.99	30.12	33.14	30.9	34.2
其中井工矿产量/Mt	161.73	226.17	326.42	420.83	489.86	544.85	600	709.72	768.98	905.13
其中露天矿产量/Mt	33.39	32.79	39.93	55.61	71.35	88.72	102.26	126.28	92.94	112.14

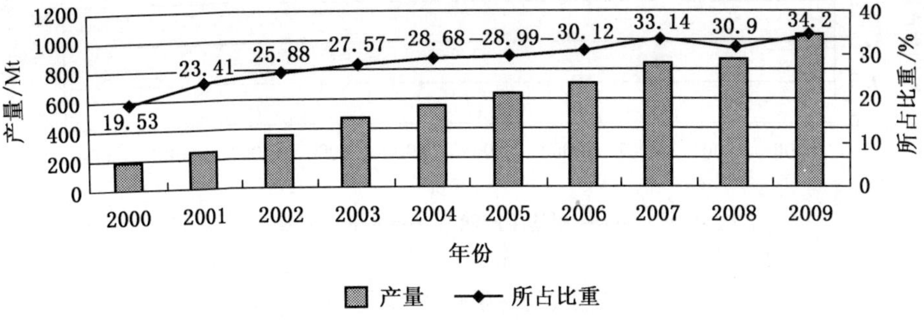

图 3-2 历年煤炭工业安全高效矿井产量及占全国比重

（三）机械化步伐加大，效率逐步提高

煤炭企业大力推广机械化采煤工艺，采煤机械化程度稳步提升，逐步实现了煤炭开采技术装备以机械化开采为主，大大提高了生产能力和原煤工效。2009 年，安全高效矿井平均采掘机械化程度已经达到 99.41%，井工矿原煤工效达到 15 t/工，露天矿的原煤工效达到 71.5 t/工，详见表 3-3、

图3－3。

表3－3　安全高效矿井和国有重点煤矿原煤工效

t/工

年　份	2000	2001	2002	2003	2004	2005	2006	2007	2008	2009
安全高效矿井	11.41	13.5	13.28	10.61	12.82	16.61	21.32	17.86	16.61	16.57
其中：井工矿	10.47	12.83	12.65	10.16	10.84	17.54	18.8	15.25	14.8	15
露天矿	23.38	23.98	24.79	36.63	45.93	45.21	55.61	61.9	73.6	71.5
国有重点井工矿	2.53	2.78	3.12	3.34	3.76	4.11	4.33	4.57	4.99	5.431
国有重点露天矿	6.93	4.51	9.58	6.9	14.46	21.71	21.09	32.36	34.41	41.626

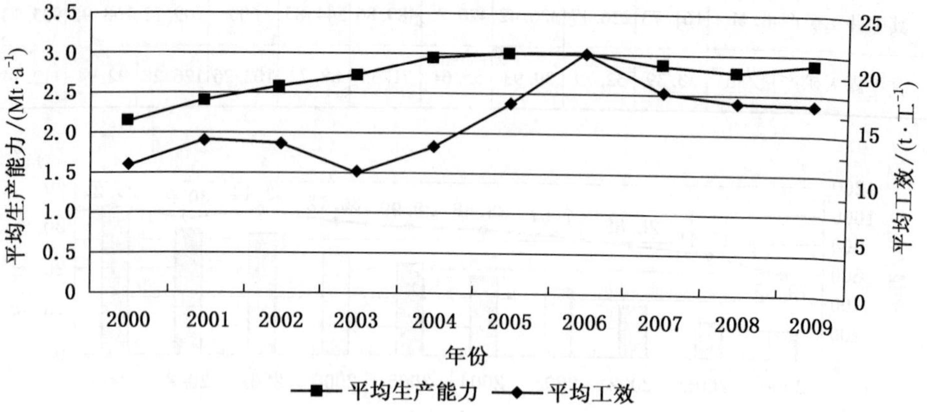

图3－3　近年全国安全高效矿井平均生产能力和平均工效

（四）安全生产指标稳定，达到国际先进水平

全国煤炭生产企业坚持"安全第一，预防为主"的安全生产方针，依靠科技进步，重视安全综合治理，加强思想教育和培训，促进了煤矿安全生产状况的逐步好转。全国煤矿百万吨死亡率逐年下降，2009年全国煤矿的百万吨死亡率首次降到1以下，达到0.884，实现历史性突破。安全高效矿井百万吨死亡率0.043，其中井工矿为0.047，露天矿为0.009。近年来，我国煤矿安全生产工作取得明显成效，详见表3－4、图3－4。

表3-4　部分国家煤矿百万吨死亡率

年份	美国	俄罗斯	印度	南非	中国		
					全国煤矿	国有重点煤矿	安全高效矿井
2000	0.039	0.67	0.43	0.14	5.860	1.812	
2001	0.04	0.5	0.41	0.08	5.128	1.263	
2002	0.027	0.35	0.27	0.09	4.942	1.265	0.082
2003	0.03	0.37	0.3	0.09	3.710	1.070	0.103
2004	0.028	0.53	0.24	0.08	3.081	0.929	0.064
2005	0.02	0.35	0.25	0.07	2.811	0.931	0.045
2006	0.044	0.27	0.28	0.07	2.041	0.628	0.064
2007	0.033	0.77	0.156	0.06	1.485	0.389	0.045
2008	0.028	0.19	0.154	0.08	1.182	0.330	0.035
2009					0.884	0.382	0.043

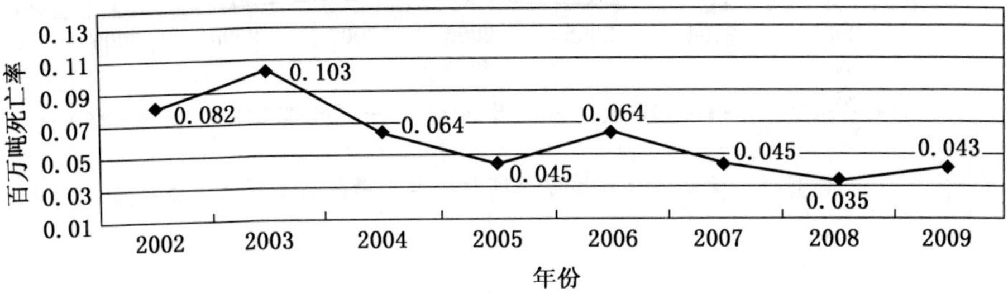

图3-4　全国煤炭工业安全高效矿井百万吨死亡率

（五）区域分布集中化，新疆发展潜力大

2009年晋陕蒙宁甘、华东、东北三区域的安全高效矿井共有349处，占全国总数的97.21%，华南区和新青区的安全高效矿井数量较少，各有5处。随着新疆煤炭资源的大规模开发和大型现代化煤矿的逐步建设，新青区安全高效矿井数量定会得到一定增长，详见表3-5、图3-5。

表3-5　全国主要产煤区域安全高效矿井产量

万t

年份	东北区		华东区		晋陕蒙宁甘区		华南区		新青区	
	区域产量	安全高效矿井	区域产量	安全高效矿井	区域产量	安全高效矿井	区域产量	安全高效矿井	区域产量	安全高效矿井
2003	18202	3691	46633	18667	80077	24996	32758	0	3718	290
2004	18310	3509	51605	22182	90652	29992	38059	110	4224	328
2005	20780	4254	48772	22171	105291	35525	40960	680	4510	727
2006	21882	4144	58751	23644	109709	40375	44578	1074	5398	989
2007	19586	5628	54359	24611	125515	50683	44339	1606	5728	1072
2008	19096	6147	56019	29972	145642	48058	44374	641	7515	1373
2009	19774	5994	61791	32361	158408	61961	46150	654	8930	760

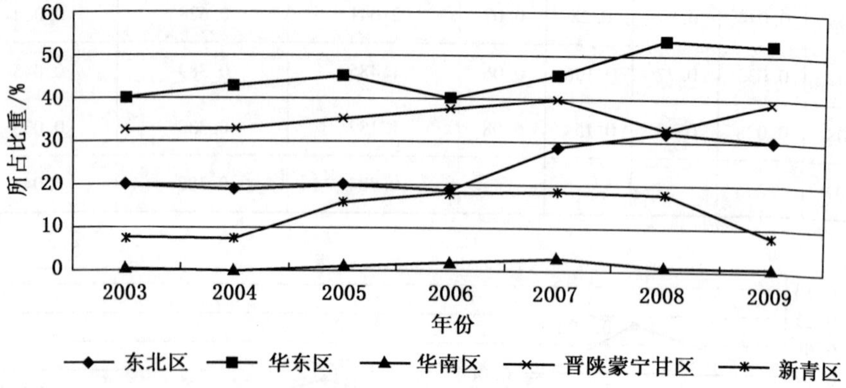

图3-5　主要产煤区域安全高效矿井产量所占本区域比重

第二节　煤炭工业安全高效矿井建设发展思路

2010年是国家“十一五”规划的收官之年。过去的5 a，全国煤炭行业积极转变发展方式，加快调整产业结构，走资源利用率高、安全有保障、经济效益好、环境污染少和可持续发展的道路，取得了举世瞩目的成绩。全国安全高效矿井达标数量由2005年的196处增加到2009年的359处，建设成果显著，进步明显。“十一五”期间，煤炭行业企业坚持加大安全投入，加强安全管理，逐步提高安全生产保障能力，采用高新技术和先进适用技术，加快技术改造，推广一井一面的生产模式，提高煤矿装备现代化、系统自动化、管理信息化水平，不断地加快安全高效矿井的建设步伐。展望国家“十二五”规划，我国煤炭工业发展面临着更多的机遇和挑战，安全高效矿井建设工作依然任重道远。

一、煤炭工业安全高效矿井建设经验

各省级煤炭行业管理部门（协会）和煤炭生产企业都高度重视安全高效矿井建设工作，严格按照标准规划，狠抓技术经济指标落实，做了大量扎实的工作。有些企业理念新、定位高，在技术革新、采煤工艺改革、精细化管理及企业文化等方面都进行了大胆的尝试和有益的探索，积累了很多宝贵的经验。

（一）科学管理，确保安全

安全工作是关系我国煤炭工业持续健康发展的头等大事，是维护企业健康和谐发展的重要保障。煤炭生产企业要把安全生产作为第一要务来抓，多管齐下，常抓不懈，不断提升企业安全生产管理水平，努力减少事故发生，避免重大伤亡事故。

（1）严格执行“安全第一、预防为主、综合治理”的安全生产指导方针。煤炭企业应坚定不移地把这条方针贯穿于煤炭生产的各个环节中，要处处想安全，时时想安全，正确理解安全与生产相互依存、相辅相成的辩证关系。煤炭企业必须克服煤炭生产中对于安全工作“说起来重要，做起来次要，忙起来不要”的错误思想，严格遏制超核定能力生产现象，树立“一切为安全工作让路，一切为安全工作服务”的理念，始终把握住安全生产大局，并以此作为开展其他各项工作的基础。

（2）创新理念，突出抓好安全文化引导。用先进正确的安全生产理念来引导人的行动向好的方向发展。牢固树立“一切事故可以避免的”的安全管理理念，消除人为意识形态里的误区。坚定“零死亡”目标理念，树立“无人则安”、“良好的作业环境加上规范的操作行为就等于安全”、“只有感悟不到的隐患，没有避免不了的事故”等一系列先进的安全理念，突出抓好安全文化建设，营造良好的安全氛围。

（3）科学管理，多措并举，形成长效的安全管理机制。从遵循煤矿安全生产的规律出发，煤炭生产企业必须加强安全基础建设，加大安全费用投入，保证安全设施建设，狠抓安全质量标准化，强化干部的领导力和执行力建设，规范职工行为。同时，应将安全的思想建设向安全行为建设转化，将安全认识的提高向安全意识的培养转变，将安全的理念向安全管理延伸，把理念与制度相衔接，构建安全预防体系、安全控制体系及安全治理体系，形成一套适应自身企业安全形势发展的长效安全管理机制。

（4）以人为本，和谐发展，构建本质安全型和谐矿井。安全是企业发展最大的效益，是职工最大的福利。以人为本，和谐发展是科学发展观的体现，也是安全高效矿井建设的基本要求。煤炭企业建设本质安全型矿井，推进安全生产全面发展，是科学发展观在安全生产领域的具体实践，体现了安全生产与构建和谐社会的有机统一。中煤能源集团将构建本质安全型企业作为落实科学发展观、实现安全发展的重要举措，明确了本质安全型的科学内涵和实现路径，努力打造本质安全型企业。

（二）优化布局，集中生产

以安全高效矿井建设目标为导向，改变不合理的、不科学的生产布局结构，由粗放型生产向集约型转变，以大基地、大集团、大煤矿为主体，提高产业集中度和竞争能力，优化生产布局和生产系统，调整产业结构向以煤为主、综合发展的多元化格局发展。

（1）结合客观实际，因地制宜，优化调整产业结构。煤炭企业发展的规律要求企业自身必须动态地优化产业结构，通过不断调整、改造产业结构，最大限度地发挥企业经济系统的整体效能。神华集团经过多年来不断地调整、优化产业结构，形成了矿、路、港、电一体化和煤炭产运销一体化的发展模式，实施了集约化、规模化、现代化的开发生产，实现了高速发展和做强做大的目标。

（2）科学优化设计，提高生产集约化程度。从设计源头出发，本着安全高效生产目标，结合矿井实际情况，采取科学合理的优化方式，改造矿井采区生产系统，最大限度发挥生产能力和劳动效率。淮南矿业集团谢桥煤矿通过不断优化系统和采区设计，改造主生产系统和采区布局后，产量由原来的400万t达到了目前的833万t，实现了集约化生产。

（3）减少生产环节，简化生产管理，提高煤炭资源利用率。通过加大采区和工作面长度，增加采区储量和服务年限，解决提高单产带来的服务年限缩短和搬家次数增多等问题；同时简化运输系统，减少生产环节，减少矿井采掘工作面个数，实现生产布局的合理优化，力争实现一井一面或一井两面的集约化生产模式。

（4）优化矿井生产系统，充分发挥采掘工作面生产能力。完善和提高矿井通风、提升、运输、供电、排水等各个环节，提升矿井综合生产能力，达到生产系统与采区生产能力相匹配的目的。随着矿井生产条件和生产系统能力的变化，通过技术改造、设备更新等措施，保持新的平衡和适应，防止某个生产系统上出现“短板”，制约工作面整体能力的发挥。

（三）加大投入，升级装备

机械装备是煤炭企业发展的硬件，在矿井安全高效建设上起着举足轻重的作用。煤炭企业应结合矿井地质情况和机械装备市场情况，选取适合矿井建设发展需要的机械设备，充分发挥矿井生产能力。

（1）发展采掘机械化生产，提高工作面生产水平。建设安全高效矿井，首先要实现采掘工作面机械化生产，这是提高采掘工作面单产、单进水平，实现减头减面、减人提效最根本的手段。20 世纪 70 年代，国家大力引进世界先进的采掘机械化技术和装备，为我国采掘机械化发展打下了重要基础。长期以来，全国煤炭企业与科研院所、煤机企业共同攻关，努力创新，使我国采掘机械化装备和技术水平大幅度提高，对提高单产单进水平起到了关键的作用。

（2）加大系统装备能力，提升矿井综合生产能力。矿井的提升系统、运输系统、通风系统、供电系统、排水系统等主要系统要配备大型现代化装备，满足工作面生产需要。

（3）煤炭工业机械制造业要立足于大好的发展形势，做好机械设备升级，为煤炭工业的发展提供有力的硬件支持和依托。近年来，随着我国国民经济的不断发展，我国煤炭年消费量逐年加大，煤炭工业机械制造业有着良好的前景和发展空间。煤炭机械制造企业应把握时机，研制开发适用煤机装备，满足我国煤炭生产的需要。

（四）依靠科技，开拓创新

技术进步是煤炭企业发展的动力和源泉，煤炭工业的健康发展应该充分依靠科技进步。煤炭企业应该运用新技术、新工艺，对制约生产系统的薄弱环节不断进行技术改造和技术攻关，大胆科学创新，改善矿井发展的不利因素和条件。通过科技创新，优化工作面设计，优化生产系统，合理开拓布置，加大技术改造力度，实现矿井的安全高效。“十一五”期间，我国煤炭行业科技创新步伐明显加快，科技贡献率创新高，涌现出一批具有先进水平的科技创新成果，保证了煤炭产量稳步上升，带动了我国安全高效矿井的进一步建设。

（1）依靠科技进步，提高煤炭企业的技术水平。生产矿井随着单产单进和生产集中度的提高，生产布局、采煤工艺、安全状况都会发生重大变化，任何一个环节都可能会制约或影响建设安全高效矿井的进程。多年来，我国煤炭行业认真吸收国内外先进经验，团结合作，努力攻关，解决了许多技术难题，为建设安全高效矿井提供了强有力的技术支持。尤其是综采放顶煤采煤工艺、煤巷锚杆支护技术、瓦斯监测监控技术、大功率、大吨位、大运量的综采配套技术、高效能风机的应用、提升运输安全保护、高压供电等，都为建设安全高效矿井提供了技术和安全方面的解决途径。

（2）大力推广应用新技术、新工艺、新设备、新材料。煤炭行业在积极借鉴和学习国外先进采煤技术的基础上，自主创新解决了长壁综采顶板管理、坚硬顶板管理、松软煤层、地质构造带等顶板支护技术难题；先后研究开发和推广应用了厚和中厚煤层一次采全高采煤工艺、特厚煤层放顶煤开采工艺、薄和极薄煤层开采工艺、倾斜煤层长壁开采工艺、急倾斜特厚煤层长壁开采工艺、建筑物、道路和水体下采煤工艺等技术，同时对煤炭地下气化工艺进行了富有成效的探讨试验。最终，基本解决了我国各类煤层开采的技术难题，创造了有中国特色的煤炭开采方法和工艺体系，保障了我国煤炭生产的发展。

（3）运用创新来解决生产中遇到的突出问题。由于煤炭生产是一个动态的、前进的发展过程，因此煤炭企业在生产过程中总会遇到一些未知的领域和新的问题，如高瓦斯矿井、煤与瓦斯突出矿井的瓦斯治理，深井开采的矿压显现治理问题，易自然发火煤层回采期间防火技术，大采高液压支架防倒等问题。这就要求企业作为科技创新的主体，要解放思想，开拓思路，积极创新，寻求出解决问题的最佳途径。

（4）重视人才，提高劳动者素质。人才是企业发展的第一资源，是煤炭企业创新的生力军，是提升煤炭工业竞争力的决定因素。煤炭企业实现长期持续健康发展，要依靠科技进步和提高劳动者素质，深入实施科教兴煤和人才强煤战略，大力发展煤炭科学教育，壮大人才队伍。煤炭企业要和院校合作，多培养企业急需和特殊人才，同时企业自身应开展多层次的职业技能培训，提高从业人员素质，优化煤炭人才队伍结构。

二、煤炭工业安全高效矿井发展方向

近年来，我国安全高效矿井建设取得了可喜的成绩，建成了一批安全状况好、生产效率高的现代化煤矿，其装备水平、科技水平和管理水平都达到了国内领先水平，有些达到了世界先进水平，积极引导和带动了行业健康、有序发展，显著提升了我国煤炭工业生产力水平，保障了国民经济发展对能源的需求。但安全高效矿井达标数量占全国比例仍然很小，行业发展还存在着一些突出矛盾，如行业总体生产力水平低，安全生产形势依然严峻，煤炭资源管理滞后，精查储量不足，矿区生态环境制约煤炭资源开发与区域经济发展，这些都阻碍了我国煤炭工业安全高效矿井的发展。

针对上述种种矛盾的客观存在，以及我国煤炭工业发展所面临的机遇和挑战，这就要求我国安全高效矿井建设要以邓小平理论和“三个代表”重要思想为指导，深入贯彻落实科学发展观，以促进煤炭工业转变发展方式为目标，适应全面建设小康社会的要求，走安全高效、可持续发展的煤炭工业发展道路。

（一）培育大型煤炭企业集团，提高能源安全保障能力和市场竞争力

为适应国际化竞争的基本要求和发展趋势，煤炭行业应尽快培育和组建一批实力强大、优势明显的大型煤炭企业集团。这是提高煤炭生产集中度、保障国家能源安全、维护市场秩序的重要手段，是建设安全、高效、现代化煤矿，发挥技术、人才、投融资优势，推动煤炭产业升级，促进行业可持续发展的重要途径。

近年来，全国涌现出一批以神华集团为代表的跨地区、跨行业发展的大型煤炭企业集团，如中煤集团、兖矿集团等；还有一批区域性煤炭企业集团，如同煤集团、山西焦煤集团、淮南矿业集团、陕西煤业化工集团、吉煤集团、龙煤集团等，煤炭企业大型化、集团化发展优势日益显现。

（二）建设大型煤炭生产基地，实现煤炭资源科学规划、有序发展、安全高效开采

通过制定和实施大型煤炭基地规划，优化资源勘探和开发布局，规范资源市场和矿业权管理，加快大型煤矿项目建设，促进大型煤炭基地建设和发展。“十一五”期间，国家规划建设了 13 个亿吨煤基地，2009 年，13 个基地的产量达到了 26 亿 t，占全国总产量的 87%。其中，神东基地不仅产量超过了 3 亿 t，基地内以神华集团大柳塔煤矿、黑岱沟露天矿等为代表的大型现代化矿井，生产规模和技术水平已经进入了世界先进行列；两淮基地于 2008 年投产，现已形成了 1.2 亿 t 的煤炭产能。

建设效率高、规模大、装备精良的现代化矿井，实现生产机械化、管理信息化、安全控制智能化，确保煤矿安全生产；用新的机制推动企业建立规范的法人治理结构，完善现代化企业制度，提高管理、技术和经营水平；构建以煤为主，电力、冶金、建材、化工共同发展的多元产业格局，延伸产业链条，提高煤炭产品附加值；采用先进、适用技术，改革采煤方法，做到精

采细采，不断提高资源回收率，增强矿区持续发展能力。

（三）加强矿井建设和改造，确保煤炭供需平衡

煤炭工业负有保障国家能源稳定供应的重要责任，因此必须从我国煤炭资源分布的特点出发，立足当前，稳定老矿区生产规模，扩大新矿区开发规模，提高小煤矿的安全生产保障能力。加强老矿井改造，通过改造一批老矿井，稳定生产规模；对煤炭资源丰富、赋存条件和基础设施完备的地区，加大新井建设力度，提高煤炭供应能力；以资源或资金为纽带，对小煤矿进行资源整合与重组，提高单井规模，最大限度地减少小煤矿数量。

（四）加强资源综合利用和环境保护，创建和谐矿区

更新资源开发和利用观念，正确处理节约资源、环境保护、经济发展、社会进步和改革开放与可持续发展的关系。从源头上提高煤炭资源综合利用和环境保护力度，发展洁净煤技术，实行优惠政策，推广水煤浆、煤炭液化、煤炭地下气化、煤层气、工业型煤等煤炭加工转化和利用技术。

煤矿新井建设必须考虑与煤共伴生资源的开发利用，按照上下游一体化思路，发展循环经济，推动煤矸石资源化、无害化利用产业的发展，充分开发利用煤层气、矿井水资源；必须充分考虑水资源保护、土地复垦、地质灾害防治问题，减少或避免对水资源、耕地和地表的影响，走可持续发展道路。

（五）实施科技兴煤和人才强煤战略，促进煤炭工业的可持续发展

加大科技投入，推进技术创新和系统集成，实现跨越式发展。重点对煤炭资源开发、安全高效矿井建设、煤矿安全、煤炭洁净利用与环境保护、煤矿信息化和管理科学等五大领域的共用技术、关键技术、前沿技术组织科技攻关，培植具有自主知识产权的核心技术和主导产品。

建设以企业为主体，以基础、高新技术研究为主要内容，产学研相结合的技术创新体系和以信息、咨询、技术服务为内容的科技服务体系；加大以防治安全事故、改善安全生产条件为目标的安全技术改造，增强矿井防灾抗灾能力；搞好人才引进和培养，建立人才汇集机制。通过制定实施科技兴煤和人才强煤战略，不断提高生产力水平，促进我国安全高效矿井建设健康、可持续发展。

第四章　2009 年度煤炭工业安全高效矿井建设经验

神华神东煤炭集团哈拉沟煤矿

一、基本情况

哈拉沟煤矿地处陕西省神木县大柳塔镇，井田面积75 km^2，煤炭工业储量9.95 亿 t，可采储量6.81 亿 t。哈拉沟煤矿现开采煤层为2－2 煤，开采深度22.4～119.1 m，属于浅部煤层开采；煤层结构简单，厚度0.69～7.07 m，平均厚度为5.28 m。矿井采用平硐、斜井、立井联合开拓，中央大巷两翼盘区条带式布置采煤工作面，采用长壁一次采全高综合机械化采煤方法，利用全部垮落法管理顶板。

二、2009 年主要技术经济指标

全年原煤产量 1249.9 万 t，百万吨死亡率为 0.08，全年实现利润208489 万元，职工人均年收入13.7 万元，是煤炭行业人均收入的4 倍。采掘机械化程度100%，采掘关系正常，矿井采区采出率达87.2%。

三、2009 年采取的主要做法

（1）在生产组织管理上，坚持均衡生产理念。在生产组织上不搞疲劳战术，不拼设备，均衡组织生产，加大检修力度，既保证了设备的正常运行，又避免了生产上的大起大落。

（2）优化采掘接续和工作面设计，在工作面回撤通道外煤柱施工排矸巷，减少矸石地面排放量；优化巷道施工工艺，利用连采机施工机头硐室及岩石上山；合理优化巷道支护工艺及支护参数，避免了巷道二次支护，在保证安全高效的同时，大大节约了各项费用的支出。

（3）强化机电管理在现代化矿井生产中的重要地位，推行点检制和预防性检修制度，每月根据点检记录在适当时间安排预防性检修，通过提高设备完好率、开机率来保证连续、高效的生产。全年实现了机电设备管理“四零”目标，即综采工作面输送机零断链、零窜动，动力电缆零漏电，主运系统零撕带。其中，输送机零断链纪录达3669万t，创神东之最。

（4）大力开展教育培训，鼓励学习，努力创建学习型企业，建立一支高素质的人才队伍。现代化矿井建设靠的是科技和管理，而先进的科技、管理知识主要掌握在高素质的人才队伍之中。针对综连采机司机、电工等特殊岗位人员短缺，水平偏低的状况，在全矿范围开展了以师带徒活动，对能够培养出合格徒弟的师傅和成绩优异的徒弟给予重奖。同时，通过开展组织技术比武活动激发职工学习业务的热情，对通过职业技能鉴定和学历教育的职工给予特殊津贴，对一专多能的人才给予特殊待遇。矿级管理人员大专以上学历占100%，其他管理人员中专以上学历占100%，一、二线工人高中以上学历占89%。

（5）依托班组核算系统，周转材料集中管理，使得周转材料得到有效利用，大型材料费用得到有效控制。2009年该方法在全公司得到推广使用，并且效果明显。2009年大型材料发生费用0.44元/t，比年计划的0.93元/t降低了0.49元/t，节余金额612.5万元，整体材料费比计划降低1.3元/t，节余金额1625万元。

神华神东煤炭集团上湾煤矿

一、基本情况

上湾煤矿是神华神东煤炭集团的特大型现代化骨干矿井之一，位于内蒙古鄂尔多斯市伊金霍洛旗乌兰木伦镇境内。上湾井田位于东胜煤田补连区东南部，现有井田面积为61.8 km^2，地质储量为12.3亿t，煤层倾角为1°~3°。上湾煤矿采用斜井－平硐－立井联合开拓方式，生产布局为“一井一面”，生产组织模式为“一综两连”，工作面采煤工艺为一次采全高，采煤方法为倾斜长壁后退式全部垮落综合机械化采煤法。

二、2009年主要技术经济指标

2009年完成原煤生产1249.9万t，商品煤1120万t，掘进进尺38621 m。原煤工效153.4 t/工，回采工效874.94 t/工。年人均工资10.654万元。矿井百万吨死亡率为0。

三、2009年工作经验和做法

（一）本质安全管理体系实施深入推进，安全管理水平稳步提升，为高效生产提供了可靠保证

上湾煤矿针对工作任务制定了书面安全工作程序，规范了工作流程，明确了风险责任。该矿扎实开展“本质安全管理体系实施年”活动，经神华集团公司年终考核验收，被评定为本安一级矿井，成为全神华集团唯一被评为本安一级矿井的单位。同时，质量标准化建设也保持动态达标，扎实开展了百日安全、安全生产月等一系列安全活动，强化现场整改，强化隐患排查，严惩问题重复出现，始终把安全培训贯穿于安全管理的全过程，不断提升全员素质和安全意识。

（二）安全生产创水平活动持久扎实，实现了安全、均衡、高效生产

一年来，该矿强化现场跟班管理，定时与动态相结合检修设备。为了强化安全生产组织管理，矿领导及机关业务科室不但常年坚持跟班管理，而且每日轮流参加区队的班前会，协助区队及时解决问题。区队强化现场管理，

精心组织每一个班的安全生产，使产量始终处于上升趋势。同时深入开展了以降低水分和灰分、消灭煤中杂物、稳定煤质和提高商品煤发热量为目的的各项煤质活动，取得了良好的效果。该矿于3月3日圆满实现了连续10 a安全生产无伤亡目标。

（三）强化基建工程管理，确保工程质量

2009年，该矿在生产与基建并进，掘进工程量增加，矿务工程增多的困难情况下，全面强化基建工程及外委队伍管理，确保工程质量和工期。全年基建工程已完成投资13045.13万元，其中井巷工程8420.18万元、土建工程400万元、安装工程814.07万元、设备购置3034.31万元、其他费用376.57万元。

（四）认真开展科技创新活动，为安全生产提供强劲动力

该矿围绕安全生产，认真开展科技创新创效活动，取得了新的成果。全年共评选出47项科技创新和小改小革项目，例如：对三盘区1－2煤主辅运大巷和三盘区2－2煤主辅运大巷顶板锚杆支护进行了优化，由原来每排6根金属锚杆优化为每排4根螺纹钢锚杆，既加快了支护速度，提高了单进水平，又保证了支护强度。通过现场调研和评估论证，在掘进综采工作面顺槽与集中辅运大巷立交风桥时，设计了一个有足够承重强度的连采机钢架过桥来代替片石混凝土平台，共减少掘进半煤岩巷道240 m，共计节约资金50万元，提高了工作效率，取得了良好的经济效益。

（五）经营管理进一步加强，并取得实效

在经营管理中，该矿将公司下达的各项指标细划分解到了区队、班组，层层签订责任书。该矿制定完善了各项规章制度，按月考核，当月兑现，激发了全矿上下经营管理的责任心，坚持财务会审会签制度，确保了财务开支合理规范。

神华神东煤炭集团补连塔煤矿

一、煤矿概况

补连塔煤矿位于内蒙古自治区鄂尔多斯市乌兰木伦镇，行政属于乌兰木伦镇管辖，井田位于乌兰木伦河一级阶地的西缘；南与上湾井田连接，西与呼和乌素及尔林兔毗邻，北与李家塔矿接壤。补连塔矿井田走向长13.6～19.7 km，倾斜宽6.1～14.3 km，井田面积为130.9 km^2。根据地勘公司提供的补连勘探区储量汇总表，可采储量14.3亿t。补连塔煤矿采用平硐加斜井开拓方式，采用全部垮落、一次采全高的长壁综合机械化采煤方法。

二、2009年主要技术经济指标

2009年完成原煤1999.5万t，商品煤1899.5万t，完成掘进45947 m，完全成本为95.15元/t，责任成本为30.42元/t。

三、创建安全高效矿井采取的主要措施

（一）夯实安全基础，推进“本质安全型”矿井建设，确保安全零死亡

该矿广泛地开展安全教育和安全文化建设活动，推行全员培训、持续培训、反复培训，利用班前会、培训班、周五学习、安全知识考试、每日一题、安全知识竞赛等形式，将安全教育和安全文化建设落到实处；丰富家属协管、广播、案例宣讲、文艺演出等安全文化活动，发挥群工组织优势。这些举措夯实了该矿的安全基础，使得该矿2009年百万吨死亡率为0。

（二）坚持均衡生产，强化现场组织，确保完成全年生产任务

该矿严格落实生产目标管理责任制。强化正规循环作业和劳动组织，将生产计划分解，落实到班组，实现均衡生产；强化现场管理工作，抓重点，创品牌；站在树立第一矿形象的高度，树立全员意识，加大处罚力度，推进清洁生产，提高现场管理水平。

（三）狠抓机电管理，发挥设备效能，为稳产高产提供有力保障

该矿机电管理工作以设备运行为重点，以现场质量标准和完好管理为基础，从严落实各项制度，推行设备预知管理，突出抓好日常点检和预防性检

修两个关键，提高设备日常维护保养和预防性检修质量，杜绝机电运输事故，实现机电工作规范化、制度化、科学化、精细化管理。

(四) 加强技术研究，推进技术创新，为矿井发展提供技术支持

创新是企业的灵魂，科技是发展的不竭动力，坚持技术创新是实现矿井可持续发展的保证。该矿坚持抓技术研究，推进技术创新，实施“科技兴矿”战略，提高矿井科技水平，进一步完善矿井技术管理体系，充分发挥工程技术人员的聪明才智，切实、及时解决生产过程中遇到的各种技术问题，勇于创新，敢于突破，在系统设备等方面为矿井提供技术支持。

(五) 强化经营管理，合理控制成本，实现全年经营奋斗目标

该矿加强成本管理，将成本指标分解落实到基层单位，规范、细化班组核算，严格成本奖罚兑现，完善三项定额及价格体系，发挥定额管理的基础作用，提高煤炭回采率和设备利用率，提高生产效率，降低生产成本，发挥技术优势，通过改进生产工艺、优化系统设计等手段实现降成提效。

(六) 加强队伍建设，打造职业化团队

推进职业化团队建设，全面推进领导班子和干部队伍的组织建设、作风建设和先进性建设，强化“自动自发，相互补位”的思想，树立“识大体，顾全局”意识，加强“一专多能”复合型人才的培养，打破“分工专一化，工作单一化”工作格局，提高工作效率和休息时间。另外，落实“学习型矿井”实施纲要，开展以提高员工业务知识和操作技能为主要内容的综合素质培训工作，强化员工学习意识，提高员工整体素质，不断改善人才队伍结构。

神华神东煤炭集团大柳塔矿

一、矿井概况

大柳塔矿地处陕西省神木县境内大柳塔镇南端的乌兰木伦河畔，下辖两个自然井，分别是大柳塔井和活鸡兔井。大柳塔井井田面积 126.8 km^2，煤炭地质储量 13.68 亿 t，可采储量 9.07 亿 t。煤层平均厚度为 4.5 m，煤层倾角为 0°～4°。大柳塔井有一个普通旺采面，普通旺采面采用支巷单翼留煤柱一次采全高的采煤工艺，小煤柱支撑法管理顶板。高产高效综采工作面采用条带式开采，工作面引进全套综采设备。活鸡兔井井田面积 63 km^2，年设计生产能力 500 万 t，地质储量 9.5 亿 t，可采储量 6.24 亿 t。2006 年核定年生产能力为 1130 万 t，2009 年实际生产原煤 1103 万 t，其中高产高效综采工作面产量 924.95 万 t，占全矿年产量的 83.86%。

二、2009 年主要技术经济指标

大柳塔矿完成商品煤 1977 万 t，完成掘进 1.007×10^5 m，分别完成全年计划的 101.4% 和 130.1%，同比增长 1.4% 和 30.1%。成本计划 114.92 元/t，实际 105.52 元/t，降低 9.4 元/t，节约费用 19270 万元。原煤工效 112 t/工，同比增长 0.49 t/工，增幅 0.4%。

三、2009 年工作经验和思路

（一）落实责任，强化管理，实现安全工作目标

大柳塔矿深刻领会两级公司关于安全生产工作的重要指示，全面开展“本质安全管理实施年”活动，严格落实矿 1 月 3 日安全生产工作会的要求，强化责任，切实解决“落实不下去，严不起来”的问题，做到不折不扣。

（二）精心组织，合理安排，确保矿井持续稳产高产

认真落实“安全、均衡、超前、高效”八字方针，突出抓好生产过程中的安全管理工作，超前准备矿务工程、搬家倒面、生产系统，做到设计科学、布置合理、安排周密。明确目标和措施，严格奖罚。按月分解生产作业

计划，制定考核办法。加强劳动组织，优化工序，简化生产环节，提高工时效率，强化指导，搞好服务。

（三）提高业务能力，强化科技创新，为企业发展做好保障

技术创新是企业发展的动力源泉，大柳塔矿20余年的发展正是得益于创新。大柳塔矿建立健全科技创新管理机制，畅通科技创新工作渠道，定期召开科技创新座谈会，鼓励广大员工大胆创新、努力实践，并且合理安排生产接续，保证矿井稳产、高产，工程设计科学、合理，系统优化、安全可靠。

（四）完善标准，严抓细管，实现质量标准化水平稳步提高

严格要求，严格制度，严格考核。大柳塔矿实施项目验收负责制，月月考核评比，考核公平、公正、合理。该矿延伸质量标准化的内涵，使质量标准化工作由作业环境的单一标准化向人员行为、人员思想、作业规范、工作落实等全面标准化方向发展，进一步加强广大员工工作行为、工作质量、工作程序的标准化建设，使工程的标准化和工作质量的标准化同步推进，相互促进。

（五）挖潜提效，精细管理，实现经营管理新目标

该矿积极推进“五型企业”建设，完善考核体系。推行全面预算管理，严格计划管理，提高节约意识，落实节支降耗措施，加强班组核算工作，深化各单位的材料考核和物资出入库制度，以成本控制为目标，以节支降耗为核心，充分挖掘内部潜力，实现效益最大化。

神华神东煤炭集团榆家梁矿

一、基本情况

榆家梁煤矿位于陕西省神木县店塔镇，井田面积56.33 km^2。矿井地质储量5.04亿t，可采储量3.55亿t。井田内煤层赋存稳定，结构简单，属平缓单斜构造。井田内煤质优良，具有特低灰、特低硫、特低磷、高发热量等特点，属于长焰不黏煤，是优质动力、化工、食品工业用煤和民用煤。矿井瓦斯含量低，属于低瓦斯矿井。矿井为多井口分煤层联合开采，2008年7月1日生产，矿井的综合生产能力已达到1840万t，2006年核定生产能力为1630万t。主要采煤方法为走向长壁法，采煤工艺为综采，管理顶板方式为全部垮落式。

二、2009年主要技术经济指标

2009年煤矿原煤生产量达到1741万t，是全公司超产幅度最大的矿井；原煤工效114.59 t/工，回采工效606.87 t/工，掘进工效1.70 m/工。

三、2009年创建安全高效矿井的主要工作

2009年，榆家梁煤矿在神东煤炭集团的正确领导下，认真贯彻落实公司各项决策部署，坚持落实科学发展观，积极探索“五型”企业建设的新途径、新方法，确立“推行精细管理，强化过程管控，提高执行力”的总体工作思路，围绕商品煤完成1685万t和安全零死亡两大目标，着力加强队伍素质、技术管理、党建创新和“幸福矿工”工程建设，圆满完成了公司下达的各项生产经营任务，矿井整体工作有了明显提升。主要表现在以下几个方面：

（1）安全基础进一步加强。全矿全年未发生轻伤以上人身事故和重大机电事故，连续6 a实现安全生产无事故，安全生产周期达到2490天，万吨煤故障停机时间为0.23 h，低于公司规定的1%标准，本安管理体系考核达到“本安二级”。员工不安全行为逐渐下降，由每月156起降到了目前的每月95起，中等以上不安全行为由每月74起降到了现在每月30起左右。

（2）“双增双节”成效显著。年初，该矿开展了以“保安全、保质量、保产量；降低生产过程支出、降低管理费用支出、降低生产成本支出；提高煤炭发热量、提高优质煤产量、提高回采率”为内容的“三保三降三提高”活动。责任成本完成29.85元/t，比计划31.84元/t节约1.99元/t，节约幅度约6%，全年创收和节约成本费7.2亿元。全年员工人均收入比2008年增加1.75万元，增长幅度达到14%。

（3）“五型”企业建设健康发展。“五型”企业建设实施方案，经过矿、队、班组三个层面的实施、运行、完善，到现在已经形成了以班组建设为基础，以绩效管理为核心，以全员、单位两大绩效考核为重点，以七项激励管理措施和十二项员工专题活动为手段的基本工作运行体系，有力推进了矿井安全生产、经营管理、学习创新、精神文明建设等各项工作的持续健康发展。

神华宁夏煤业集团有限责任公司
羊场湾煤矿

一、矿井概况

羊场湾井田位于宁夏回族自治区灵武市宁东镇境内，碎石井勘探区中部。井田南北走向长11.65 km，东西倾斜宽12.8 km，面积为58.21 km^2。现有地质储量10.36亿t，可采储量5.30亿t，设计生产能力1500万t/a，2009年核定生产能力1500万t/a。目前矿井主采煤层为二层煤，属于易自燃煤层，最短发火期23天，煤尘爆炸指数34.38%，具有爆炸危险性，瓦斯相对涌出量为0.2953 m^3/t，绝对涌出量为5.3192 m^3/min，属低瓦斯矿井。

矿井分一号井和二号井两个自然井，两井生产系统独立，均采用斜井开拓。一号井使用带式输送机运送原煤，辅助运输已实现无轨胶轮化，井下布置两个6.2 m大采高工作面，其中一套配备全进口综采设备，一套配备国产设备，采用走向长壁综合机械化全部垮落法采煤方法。二号井使用带式输送机运送原煤，使用600 mm轨距单钩串车提升物料，井下布置两个综放工作面，均配备国产综放设备，采用走向长壁综合机械化放顶煤全部垮落法采煤方法。

二、2009年煤矿主要技术经济指标

2009年全年完成煤炭产量1500万t，掘进进尺48440 m。原煤期末生产人数2274人，原煤工效19.8 t/工，职工人均收入7.66万元，同比增长15.9%。综采机械化程度100%，掘进装载机械化程度96%。综合单产33.51万t/(个·月)，最高月产74.01万t。矿井采掘接续正常，实现了安全生产，百万吨死亡率为0。

三、安全高效矿井建设经验

（一）以人为本，强化安全管控体系建设，实现安全生产

羊场湾煤矿结合准军事化管理，推行“手指口述”安全操作法，规范

员工现场操作行为，员工的安全意识普遍提高；加强安全教育培训力度，狠抓素质提升工作，全年共举办安全文化培训 15 期，培训 3016 人次，技能、业务各类培训班 105 期，培训 4986 人次，外培 2864 人次；加强班组建设工作，加强安全文化宣传力度。

（二）优化生产组织，抓好采掘接续，实现矿井稳产、高产

羊场湾煤矿切实抓好掘进会战，保证综采工作面正常接续，充分调动各掘进班组参与掘进会战的积极性，综掘一队承担的 Y120202 切眼掘进工作面单日完成掘进进尺 36 m，创造当年本矿最好成绩；突出机电设备管理的重要性，牢固树立有计划地预防和超前维护修理的设备管理理念，强化设备点检制，最大限度发挥设备的效能，提高全员对设备管理重要性的认识；抓好综采工作面的回收安装工作，采煤工作面首次采用胶轮车工艺完成了两次搬家倒面工作，积累了无轨胶轮车回收安装工作面的经验，大大缩短了搬家倒面时间，提高了连续生产天数；合理组织生产，采煤工作面正规循环率不断提高，创造了单产 74.01 万 t 的最高纪录。

（三）大力推进“五型企业”创建，创新精细化管理工作方法，提升企业管理水平

该矿按照年初制定的八项突破目标，将各项战略指标层层分解到基层、科室和个人，分解到月度，分解到项目，做到指标分解到位、责任落实到位、检查跟踪到位、考核奖惩到位，有力地推进了“五型企业”建设。

（四）坚持走科技兴矿之路，加快科技创新成果转化步伐，实施节能减排战略

2009 年，羊场湾煤矿与山东科技大学共同承担的“回采巷道支护研究技术项目”取得了一定的效果，完成新型支护材料“W”型钢带和“T”型钢带试验工作；开展易自燃煤层综放、综采工作面防灭火技术研究，形成灌浆、注胶、注氮为一体的综合防灭火技术及管风防火理念，为安全生产保驾护航。另外，应用高分子材料注胶，防止采空区自然发火；应用瑞米和玛丽散材料充填顶板破碎处和漏风点；应用博特威材料加固断层面，保障掘进头顺利穿过断层；分解节能减排指标，制定节能减排项目，从锅炉燃煤、电力消耗到油脂消耗，采取措施降低能耗。

神华新疆能源公司小红沟煤矿

一、基本情况

小红沟煤矿隶属神华新疆公司，位于乌鲁木齐市东北处，距乌市中心33 km，行政区域属乌鲁木齐市米东区。井田位于乌鲁木齐矿区东部，八道湾向斜南翼，为一单斜构造。井田含煤地层为西山窑组，东西长3.3 km，南北宽约1.5 km，井田面积4.79 km^2，开采面积为4.34 km^2，限采深度暂定为+300水平。

截至2009年12月31日，井田内共计保有资源储量15966.1万t；其中A+B+C级资源储量11694.6万t，D级资源储量4271.5万t，可采储量6720.55万t。

二、2009年主要技术经济指标

全年完成原煤产量161.18万t，较计划的135万t增加了26万t，可控成本44.52元/t，原煤工效20.71 t/工。安全上无重伤以上事故，无重大机电事故、瓦斯超限事故和火灾事故发生。

三、2009年安全高效矿井取得的经验和具体做法

（一）狠抓基础制度建设，保证矿井安全生产

为确保安全工作的顺利开展，矿井建立了党政工团齐抓共管的“横向到边，纵向到底”的安全管理体系，以体现责任明确、纪律严明、有章可循的原则，努力克服落实不下去、贯彻不到位的情况，严格进行考核，兑现奖惩，有效地维护了制度的严肃性，做到了“制度面前人人平等”。抓源头，搞好现场管理是实现煤矿安全生产的关键，小红沟煤矿推行了跟班领导、班组长、安全员“三位一体”的现场管理模式，并且强化隐患排查治理，认真落实隐患排查整改制度，对安全工作中的突出性重点问题、苗头性隐患问题、关键性技术问题、反复性难点问题，超前完善制定防范措施，并加大检查和监督力度，把安全隐患消灭在萌芽状态。另外，该矿抓好各级人员安全责任制的落实，严格奖惩考核。

（二）改造矿井系统

2009年9月，矿井对+590水平通风系统进行改造，对16个区段上风井进行封闭，并对+627和+645两个分层巷道进行全部封闭，矿井由小眼回风方式调整为专用上山回风。此次通风系统的优化和改造，降低了矿井的通风阻力，等级孔由1.7 m^2 提高到1.91 m^2，矿井的有效风量率由89%提高到93.6%。同时，+500水平车场竣工，轨道下山和皮带下山顺利贯通，对通风系统和运输系统进行了及时的调整。2009年11月，矿井对监控系统软件进行了升级，将原来的1.14版升级到1.55版。

（三）大力开展科技创新，用科技保安全生产

2009年，小红沟煤矿与西安科技大学合作，共同对煤层注水软化项目进行技术研究。矿井根据综采放顶煤开采方式，采取利用注水平台沿煤层走向长距离注水软化方式，在煤层注水软化技术研究方面取得了阶段性成果。工作面爆破孔减少了1/2，实现预定减少炸药使用量的安全目标，同时降低吨煤成本；工作面回采率提高了10%，减少了煤炭资源的浪费；工作面主要产尘地点（工序）的粉尘浓度降低63%～87%，为职工创造了良好的工作环境；工作面生产时间增加6 h，原煤产量提高，劳动工效提高2.1 t/工；设备故障率降低，增加了设备的使用寿命等。

（四）构建本安体系矿井

小红沟煤矿建立了本质安全管理体系，通过危险源的辨识与评估，制定了有针对性的管理标准和管理措施，修改完善本质安全管理体系建设八本文体资料，分专业制作了风险管理手册和危险源管理卡片并且发到员工手中，将各工作面存在的危险源制作成牌板挂在相应的位置，时刻提醒员工作业时注意危险源。在本安体系建设过程中，矿井加大了贯标力度，通过设立广播站、有奖问答、现场提问、知识竞赛、各职能科室督导学习、抄写危险源等多种形式强化员工记忆、强制贯标，力争让每一位员工在工作中都能牢记危险源，时刻关注可能存在的风险，养成按章作业、按程序作业的良好习惯，避免人员受伤害、设备损坏，努力实现十个零目标。通过一年的努力，该矿目前本安体系建设正向日常化、正规化、信息化方向迈进，为建设本质安全矿井打下了坚实的基础。

中煤能源平朔煤业有限责任公司
安太堡井工矿

一、基本情况

安太堡井工矿地处山西平朔矿区西北部，位于朔州市西北约28 km处、井坪镇东北约6 km处，行政区划隶属山西省朔州市平鲁区。矿区木瓜界铁路专用线接轨于安太堡露天矿的铁路专用线，在本井田西南侧设有装车站，线路全长11.95 km，安太堡露天矿铁路专用线与北同蒲铁路大新站接轨，线路长约11 km，运输条件十分便利。

安太堡井工矿由中煤西安设计公司设计，由大屯建安公司等单位施工。矿井于2007年1月30日开工建设，2009年4月30日竣工，2009年5月开始联合试运转。矿井地质储量6.84亿t，可采储量4.57亿t，矿井设计生产能力600万t/a，设计服务年限58.6 a。矿井可采煤层为三层，分别为4号煤、9号煤、11号煤，各可采煤层赋存稳定，构造简单，煤层为水平～近水平煤层。2009年共生产原煤600万t，当年达到设计能力。

二、2009年主要技术经济指标

2009年共生产原煤600万t，日产最高纪录为49020 t，月产最高纪录为928260 t。该矿职工平均工资82630元，同比增长21%，实现利润48000万元，原煤工效127.03 t/工，矿井安全百万吨死亡率为0。

三、2009年安全高效矿井取得的经验和具体做法

（一）严格安全生产责任制

该矿建立了以矿长为安全第一责任者，总工程师负责安全技术管理，安全矿长负责安全管理的管理机制；明确了矿、区队、班组和个人的安全生产职责，并层层签订安全生产责任书，一级为一级负责，形成了纵向到底、横向到边的安全生产体系。

（二）强力推进安全质量标准化工作

2009 年 5 月，该矿进入联合试运转期以来，在全矿范围大力开展安全质量标准化工作。组织全矿各区队职工广泛学习《质量标准化操作程序》、《煤矿安全质量标准化标准》以及其他相关的质量标准化文件，通过学习，使广大职工牢固树立起安全质量标准化意识，并从日常操作做起，逐步养成在井下施工过程中按程序操作的良好习惯；加大质量标准化奖惩力度，设立了安全质量标准化奖励制度，每月初，矿组织各系统对各采掘区队上月的安全质量标准化工作进行评比，排第一名的，对该队领队及职工进行适当奖励，以激励广大职工的标准化积极性。对井下各区域针对性地进行质量标准化改造，对井下各系统、硐室按照质量标准化的要求进行改造，主要包括大巷内的刷白、自底板向上 1200 mm 刷蓝色墙裙、管托架及管路改造并重新吊挂、管路刷漆、电缆安装桥架并对电缆重新吊挂、悬挂宣传牌板等工作，另外还有井下中央水泵房、井下中央变电所装修工程。

（三）严格用工制度管理

该矿制定了一系列的人员管理制度，如《职工管理制度》、《职工考勤管理办法》、《职工假期管理办法》、《干部考核管理办法》等，并给每个员工建立了档案，员工从入矿之日起，个人的表现、业绩、专业技能都记录在案，以便因才使用。

中煤能源陕西南梁矿业有限公司

一、基本情况

陕西南梁矿业有限公司是由陕西榆林煤炭出口集团有限责任公司联合中国中煤能源股份有限公司、澳大利亚华光资源有些公司、海南京铁实业贸易开发总公司、宁波富兴电力燃料有限公司和陕西省煤炭运销集团6家股东组建的陕西省煤炭行业首家中外合资企业。1998年12月经陕西省人民政府批准成立，注册资本14593万元，合资期限30 a。公司现有总资产74607万元，员工51人。

南梁矿井位于陕北侏罗纪煤田神府地方开采区中部，始建于1987年。井田面积23.672 km^2（其中预留区5.9 km^2），地质储量1.611亿t（其中预留区0.46亿t），可采储量约9600万t（其中预留区2760万t）。公司组建后，先后投入4.23亿元，完成了采煤方法的升级改造工程，南梁煤矿也由当年年生产能力只有15万t升级为一井一面高产高效型综合机械化中型矿井，年生产能力达120 t以上。

二、2009年主要技术经济指标

2009年全年原煤工效为10.58 t/工。良好的地质条件为南梁煤矿高产高效创造了条件，矿井2009年生产原煤120.3万t，掘进进尺为0.9619×10^4 m，最高月进尺530 m，均创造了建矿以来的最好纪录。

三、安全高效矿井建设经验

（一）追求先进生产力

南梁煤矿1987年建矿到现在，不断地淘汰落后生产方式，例如从传统的房柱式炮采工艺过渡到长壁炮采工艺，再到现在的综合机械化采煤工艺；掘进工艺由以前炮掘工艺全部改为综掘；机采、机掘率全部为100%。另外，南梁煤矿对先进生产力的追求不限于机械化生产，现在正在将现有采煤掘进工艺逐步向综合自动化工艺过渡。

（二）信息化管理

矿井生产全程采用自动化监控：采用异构网络集成、异构数据源集成和井下移动设备控制技术，实现了生产全过程的生产集中操作、分布控制，矿井运输、通风、供电、给排水、安全等及设备的监测监控均在地面调度室完成，固定岗位无人值守。

（三）加强质量标准化建设

南梁煤矿连续 3 a 被评为质量标准化一级矿井，2010 年已经申报了国家级质量标准化矿井，这与南梁煤矿对质量标准化建设的重视是分不开的。该矿严格按照质量标准化标准对矿井生产现场进行考核，使得现场环境大为改善，劳动效率大大提高，为高产高效矿井建设打好了基础。

（四）实施有力的班组建设

该矿通过和基层区队签订班组建设协议，从组织建设、制度建设、技能建设、文化建设等 9 个方面进行考核，班组成员素质大为提高，从而使得南梁班组产量、质量、安全、士气、劳动情绪得到全面提升，为高产高效打好了基础。

（五）加强员工队伍建设，强化培训

“以人为本”的队伍建设战略是南梁的人才战略。通过全员培训（每人每年必须带薪脱产培训 20 天）、组织各岗位竞赛和技术比武等活动，充分调动了广大员工钻研业务的积极性，干部职工的综合素质大大提高，培养和造就一批过硬的职工队伍。并且通过企业文化和企业精神的创建，极大地激发了员工热爱本职工作的积极性和强烈的进取心，增强了企业内部的凝聚力和员工对企业忠诚度。正是因为有了这样的人才战略，才能为安全高效矿井建设提供人才保证。

中煤能源山西中煤东坡煤业有限公司

一、基本概况

东坡煤矿位于山西省朔州市朔城区下团堡乡刘家口村东侧，南距朔州市13 km，矿井交通极为便利。东坡煤矿是由中煤进出口公司出资整合的地方小煤矿，自2005年7月开工建设，2007年12月完成了首采工作面综采设备安装，目前被中煤能源股份公司全资收购。

矿井设计生产能力为150万t/a，井田走向长2.5 km，倾斜宽0.9～2.3 km，面积4.6 km^2。东坡煤矿的总资源量为16564万t，可采储量为9720万t，服务年限为50.2 a。2009年8月经山西省资源整合，东坡煤矿产能扩容为210万t/a。

二、2009年主要技术经济指标

2009年，原煤产量210.8万t，掘进进尺11567 m，不断地刷新了建矿以来的生产最高纪录，平均日产原煤5118 t，全矿最高月产原煤32.12万t，全矿最高日产原煤1.4万t，全矿最高日进尺100 m。百万吨死亡率为零。原煤工效为14.547 t/工，矿井综采机械化程度为100%，综掘机械化程度为100%。矿井综合单产达17.558万t/（个·月）。

三、安全高效矿井建设经验

（一）强化安全管理，实现安全生产

在加大安全监督检查力度的同时，牢固树立安全“零死亡”的安全管理理念，严格执行安全生产方针和各项治本之策，宣传安全生产两个主体、两个负责制，对重大安全隐患在落实整改的同时，由业务主管部门制定防范监控措施，并开展了安全活动月、百日安全活动等专项活动。

（二）狠抓现场管理，合理组织、确保采掘任务顺利完成

东坡煤矿的回采工作面及所有的掘进工作面，严格遵循“预测预报、有掘必探、先探后掘、先放后采”的探放水原则，在掘进工作面每隔100 m施工一钻机窝，打钻120 m，进行了超前探放水作业，保证探水作业超前掘

进20 m以上。坚持“一工程，一措施”，严格规程、措施的现场兑现；强化劳动组织，实现正规循环作业；强化煤质管理，制定了回采工作面煤质管理办法，确保了煤炭销售；加强了材料、设备的供应，重点抓材料的质量，督促材料设备及时到位，保证了掘进工作面的正常施工；强化了调度指挥与协调，为各掘进队按时进点奠定了基础。

（三）精细、科学管理，不断探索煤矿管理新模式

1. 推广流程优化，提升精细化管理水平

拓展、强化、巩固扁平化管理机制，大力推行煤矿管理新模式，完善了生产一、二线管理体系建设，完成了安、技、调、地等单位的业务流程优化。积极稳妥地推进企业人事制度改革，严格按照集团公司要求，有计划、分步骤地认真组织实施，机构调整和干部人事制度改革实现了平稳过渡。

2. 严格控制成本，实现降本增效

构建完善的内部市场化体系，坚持月度经济运营分析制度和差异化管理，提高矿井经营管理质量，从技术、消耗、采购、投入4个方面降低成本。加强采区地质资料的勘查、收集、整理，力求准确细致，杜绝废巷，控制无效进尺，提高资源回收率；严格控制材料消耗，加强定额管理，实施井下大型材料网络定置化管理，提高材料使用效率。

3. 抓好修旧利废和考核兑现四项重点降低成本

加大修旧利废工作力度，规范废旧物资修复利用，对于井下废旧物资，要做到及时入账、账物相符、动态管理。严格控制非生产性支出，加强会议费、办公费等四项费用管理。通过不断降低成本，提高经营管理水平和经营绩效。

开滦（集团）有限责任公司林南仓矿业分公司

一、基本情况

开滦（集团）林南仓矿业分公司位于河北省玉田县西南12 km的林南仓镇，矿井地处京、津、唐三角地区，分别距天津市100 km、唐山市72 km、秦皇岛海港360 km，均有铁路及公路相通，交通比较便利。矿井所属井田是蓟玉煤田东北端一个独立的盆地构造，井田周围以14煤层露头线为界，东西长约7 km，南北宽约3.5 km，整个井田呈不规则椭圆形分布，占地面积约25 km^2。该矿井是1970年4月由天津筹备处筹建，1978年8月转交开滦矿务局管理，1985年11月21日正式投产。矿井设计能力年产120万t，服务年限91a。

矿井采用立井－多水平－区段开拓方式，现有一对中央立井和边界风井。矿井通风方式为中央边界式（中央分列式），在井田中央布置有主井、副井两个立井作为进风井，在井田上部边界中间布置一个立井作为回风井。采区开采为阶段石门煤层群联合开采，1985年投产后对采区布置做了一些改变，分层布置，局部进行联合开采。煤层间开采顺序为自下而上的上行开采，采区内同一煤层开采顺序为自上而下；回采工作面布置均为走向长壁方式；各煤层均采用一次采全高；回采工作面顶板管理为自然垮落法。

二、2009年安全高效矿井建设指标完成情况

（1）实现了安全生产第六个自然年，百万吨死亡率为零。

（2）实现了稳产高产。全年完成原煤产量115万t，矿井综合单产达到6.636万t/(个·月)，原煤工效达到5.394 t/工，单进226 m/(个·月)，掘进进尺8117 m，机掘进尺6304 m。

（3）采掘关系正常，实现了有序衔接。矿井三量符合规程要求，采区采出率达到81.25%。

（4）技术含量增强，实现了改造提效。经过技术创新和设备改造，采

煤机械化程度达100%，掘进装载机械化程度达97%，综掘机械化程度达到90%。

（5）经济效益明显。全年实现利润1100万元。

三、2009年安全高效矿井建设工作

（一）以打造本质型安全矿井为目标，继续推进长效安全工程

（1）全面推进了企业安全文化建设，进一步深化了“双标”工程建设，建立了质量标准化动态达标管理机制，探索出了项目负责制、工程档案化管理等好做法，促进了质量标准化动态达标。

（2）继续加强矿井质量标准化工作，推进了“精品矿”建设。将标准化、自主化、品牌化定位为公司企业文化建设的核心内容和特色，实现标准化管理、自主化提升和品牌化追求，实现本质型安全生产和企业的全面进步。不断加大安全投入，提高矿井防灾、抗灾能力，不断进行矿井安全设施、设备的更新改造。

（二）以安全高效矿井建设为目标，继续推进生产能力保障工程

（1）不断加强生产组织管理，挖潜煤炭储量，随着开采技术和回采工艺的不断改进，生产技术水平得到不断提高。2009年充分利用老区域已有井巷工程对该煤层的揭露，通过系列设计优化，对西一采区8－1煤层进行储量挖潜。

（2）进一步加强生产区域衔接，增强了公司发展后劲。该矿由年初的西四采区直接转到了更有把握的8槽工作面、东二小11煤2218下工作面，确保了生产衔接的顺利进行。另外，进一步加强掘进综合机械化进尺的应用和保障，掘进的机械化程度有了大幅度提高，同时，实现了煤炭运输皮带化，提升了矿井的运输能力，保证了矿井生产能力的提升。

（3）对主井提升机电控系统进行改造，采用“交流异步电机＋全数字矢量变频＋多PLC网络控制＋上位机诊断与监控＋局域网信息互联”控制模式，并且于1月1日正式投入运行，改造效果明显，促进了安全生产。

开滦能源化工股份有限公司范各庄矿业分公司

一、基本概况

开滦范各庄矿业分公司是我国自行勘察、自行设计、自行施工的大型现代化矿井。1958 年开始建井，1964 年 10 月 21 日投产，设计能力 180 万 t/a，1975 年开始进行改扩建工程，扩建设计井型年产量为 400 万 t，2008 年核定生产能力为 470 万 t/a。

范各庄矿业分公司位于开平煤田东南翼的中部，井田南北走向长 13.8 km，倾斜长 1.0～3.8 km，平均 2.84 km，井田面积 38.3 km^2。公司内铁路与京山线古冶站接轨，有公路干线通过井田，交通十分便利。

开拓方式为立井多水平集中上山采区石门开拓，总体前进，局部后退。目前矿井有 4 个水平。矿井采煤方法为走向长壁综合机械化采煤法。

二、2009 年安全高效矿井建设指标

2009 年矿井原煤产量 470 万 t，矿井原煤生产期末人数 1189 人，原煤生产人员效率达到 15.465 t/工，实现利润 22186.8 万元，人均年收入 7.06 万元，矿井生产模式为两综采、一轻放的生产格局。采煤机械化程度达 100%，综掘机械化程度达 90.23%，百万吨死亡率为零，到 2009 年年底公司实现连续安全生产 2037 天。

三、安全高效矿井建设方面的主要做法

（一）深入推进技术创新，为安全高效矿井建设提供不竭动力

一是完成了老主井、新副井、300 暗井提升系统改造等重点工程，为原煤稳产高产提供了保障。二是自行研制了轻型放顶煤工作面下机头支护装置，进一步提高了回采单产能力。三是深入探索建下煤柱近距离煤层群合区放顶煤开采工艺，不仅缓解了矿井生产衔接紧张的现状，而且提高了矿井资源回收率和回采效率。

（二）加强生产组织，推进管理创新，为安全高效矿井建设提供有力支撑

一是立足提高生产组织的科学性，强化现场生产工艺管理，确保了特殊地质条件工作面的持续稳定生产。二是从规范工艺流程、确保正规循环入手，全面推行精细管理模式，以产量订单方式科学控制生产节奏，保证了安全高效生产。三是立足实现以机保煤，遵循“科学检修、合理使用”的要求，把握设备运转规律和检修周期，全面推行强制性、计划性检修和设备“点检”制度，降低了机电事故率。四是以实现集约化生产为目标，不断优化工程设计，简化生产与运输系统，为实现矿井长远发展提供了有力支撑。

（三）强化培训，提高员工素质，为安全高效矿井建设提供人才保障

一是在深化准军事化职业行为训练工作的同时，构建“8＋2管理模式”，规范区科安全工作流程，全面推行“手指口述”式安全确认法和新工管理模式，开展地面消防演练和井下防灾救灾逃生演练，以及自救器与灭火器实战培训，促进了员工安全技能素质的大幅度提高。二是认真落实“员工素质提高五年规划”，采取自培、送培、业余培训与集中培训相结合等方式，深入开展了全员技术培训和技术练兵比武活动，造就了一支高素质的操作员工队伍。三是开展班队长素质提升年和争创金牌班队长活动，培养了一批作风硬、能力强、素质高的管理人员，为安全高效矿井建设提供了人才保障。

（四）夯实基础，加强质量标准化管理，为安全高效矿井建设创造良好环境

一是完善矿井安全标识系统，推进井下工作面净化、亮化、美化、定置化治理和大巷一体化达标工程，全面推行了“两热一管”模式。二是创新管理机制，推行责任连带考核，强化各专业部室的监督管理职能，坚持“动态检查、动态达标”的原则，全面推行了安全质量标准化日查日考核方式，促进了日常生产管理工作的不断规范。三是强化矿井防尘综合治理，实施了综合防尘自动化改造工程，开展了防灭尘攻坚战，为安全高效矿井建设创造良好环境。

开滦能源化工股份有限公司吕家坨矿业分公司

一、矿井概况

开滦股份吕家坨矿业分公司位于河北省唐山市古冶区境内，西距唐山18 km，北距古冶9 km。矿区交通便利，古吕钱公路南接唐港公路，北通205国道，津唐、唐港、京沈高速公路；矿区铁路专线吕古铁路和吕陡铁路与京山线接轨；水路运输东有秦皇岛港，西有天津新港，南有京唐港，水、陆交通发达，煤炭外销十分方便。井田北与林西矿业分公司相邻，东与范各庄矿业分公司为邻，南与钱家营矿业分公司相接。井田平面形态呈上小下大的扇形，平均走向长8.5 km，平均倾斜长4.67 km，井田总面积39.7 km^2。

2006年矿井核定生产能力330万t。矿井开拓方式为立井多水平岩石集中大巷、岩石上山开拓，煤层群联合开采。该矿共有5个立井，分别是老风井（1996年7月份停用）、新风井（1996年7月份开始使用）、老主井、老副井和混合井。2008年11月，－800水平至－950水平暗立井完成，投入使用。矿井共有6个水平，为－70 m水平、－125 m水平、－425 m水平、－600 m水平、－800 m水平、－950 m水平，目前－800 m水平为主要生产水平，－950 m水平部分区域投入了生产，其他区域正在延深。

二、2009年主要技术经济指标

2009年在册原煤生产人员4326人，计效人数1433人。原煤产量完成301.22万t，精煤产量完成88万t。矿井综合单产83545万t/(个·月)，原煤生产人员效率8.394 t/工，采煤机械化水平100%，综掘程度82.11%。2009年员工收入达到5.17万元，比2008年提高了11.9%。

三、安全管理方面主要工作

2009年，该公司认真贯彻落实党的安全生产方针，牢固树立“安全第一、生产第二”理念，继续深化“培塑”课题成果，推广“手指口述”措施，全体员工全部参加军事化训练，逐步培养职工规范化理念，并取得了较好的实效。狠抓安全确认和工程质量两项重点，积极构建安全生产长效机制，推进本质型安全管理，矿井安全质量达标继续保持一级水平。突出实用性、有针对性地组织了安全培训，以规范管理行为和操作行为为目标，狠抓现场行为规范训练，为塑造本质型安全员工奠定了基础；以落实各级安全责任制为重点，强化了隐患排查制度的落实，狠抓了岗位过程安全确认，强化了重大事故隐患排查预防；围绕发挥安全机制激励制约作用，建立了安全质量工资、安全风险抵押、“三违”积分等安全管理机制，实现了安全责任和利益全员挂钩。2009 年，该公司实现了安全生产自然年。

四、以安全高效矿井建设为动力，加快企业发展

（1）做好职工培训，提高员工队伍整体素质。该矿非常重视职工培训工作，开办“大课堂”，组织送教上门，开展岗位立项，深化学习活动，定期输送学员异地培训，提高员工队伍技术素质，满足综采发展需要。另外，以岗位带头人的培养为龙头，深化“三百工程”，确保岗位人才的梯次培养和顺畅接替。广泛开展岗位练兵比武活动，通过政策和机制激励来调动员工学技术的积极性。通过准军事化训练，提高了员工的纪律观念，进一步加强遵章守规意识。加强班组建设，提升班组战斗力。

（2）加强劳动用工管理，提高生产效率。该矿本着“科学调整、优化配置、效益最佳”的原则，强化劳动定岗、定编、定员管理，建立与内部市场化相适应的劳动力资源市场，完善人员进出机制，搞好富余人员分流，优化劳动力配置，严格劳动纪律，落实考勤制度，提高用工效率。该公司 2009 年实现了较大幅度的减员提效，今后还将在这方面努力，进一步提高效率。

开滦（集团）有限责任公司钱家营矿业分公司

一、基本情况

开滦钱家营矿业分公司是一座设计能力为年产400万t的特大型现代化煤矿，2009年核定生产能力600万t。矿井位于河北省唐山市丰南区，北到京山铁路线18 km，距京唐港、天津新港、秦皇岛港均在百公里左右，井田内有唐港高速公路、唐乐公路穿过，水陆交通便利。

井田位于开平煤田东南翼的西南段，属于缓倾斜煤层，煤层倾角7°~18°。矿井为近距离煤层群，煤层厚度1.3~4.2 m，煤种主要是肥煤和1/3焦煤，地质条件复杂程度为Ⅱ级，投产以来一直鉴定为低瓦斯矿井。开拓煤量2408.5万t，准备煤量601.4万t，回采煤量274.1万t，采掘关系正常。目前开拓水平-850 m，开采水平-600 m以上。采用走向长壁式采煤方法，综合机械化采煤工艺。通风方式为两翼对角抽出式。

二、2009年达到的主要技术经济指标

2009年全年实现利润67913万元，年产精煤217万t，达到了建矿以来最好水平。职工年人均收入与去年同比增加7505.2元/(年·人)，高于本企业上年度的12.2%。

三、2009年科技及管理情况

科技创新提升了矿井现代化生产水平。一是洗煤厂实现了设备控制、工艺流程、信息监测三大系统的自动化。二是矿井综合自动化平台基本完工，主井提升、皮带运输、洗煤厂集中控制、安全监测等主要系统均纳入了调度室综合自动化平台。三是主井实现安全提升原煤585万t；副井安全提升63300勾，双层双勾率继续保持100%，副井大罐信号系统改造后事故率下降30%；主运皮带连续11a无断带事故，有3条皮带保持了全国和市青年文明岗位称号；低压供电实现了连续9 a无检修责任事故；机电安全质量标准

化再上新台阶，保持行业特级标准。四是“百米特大立式煤仓抗破坏技术研究”项目通过河北省科学技术厅成果鉴定。五是由该公司自主开发的全国第一台自动遥控掘进机完成了组装和地面运行试验。六是引进了大功率电牵引采煤机、高强度液压支架及电液控制液压支架等先进的采掘设备。先后完成300万t安全高效作业线、实施“大精煤工程”全面提升洗选能力等145项科研及新技术推广项目，有4项列入集团公司科研计划，实现创效6320多万元。最终，科技进步不断赋予了安全高效矿井建设新的活力。

钱家营矿业分公司围绕落实全年产煤目标，坚持把握重点，科学完成生产衔接，驾驭能力不断增强；依靠设备检修质量和工作面基础管理的明显改善，使秩序化生产水平得到进一步提高。为保证矿井长远衔接，生产技术部从搬迁、回采、掘进和安装进度等多方面综合考虑，完成了矿井中长远衔接的编制，同时对矿井近期衔接进行了针对性调整，确保了矿井稳定发展；积极配合局设计院完成了三水平延深方案，并协助上级相关部门，对三水平延深工程初步设计进行了审定，保证了公司水平接替。2009年，该公司为保证“双四”分解指标兑现，本着超前发现、超前组织、超前处理的原则，利用春节、五月份和年末停产放假时间，先后组织了3次大的停产检修工程，累计完成了主井提升绳、副井天轮及小罐、主运强力胶带更换、－850绞车房变频改造、110 kV变电站动态补偿谐波治理等180个项目。在历次检修工程中，机电线和公司各有关单位超前准备、密切合作，不仅保证了检修工程质量，而且实现了安全高效。与之相适应，该矿还精心组织了十采二部、八采二部、十一采三部皮带安装以及1376W等8个工作面的配电安装工程，较好地满足了生产需求。

开滦（集团）有限责任公司荆各庄矿业分公司

一、煤矿概况

荆各庄矿业分公司是1979年投产的一座大型矿井，位于唐山市东北约13 km，在开平煤田凤山西北侧，自成一个封闭的盆状向斜，井田面积10.6 km^2。

矿井设计能力120万t/a，经过多年来矿井技术改造，产量逐年递增，2008年核定能力为195万t/a。矿井的开拓方式为立井多水平分区集中大巷开拓、暗斜井延深。掘进主要采用EBZ－90掘进机综掘。采煤方法为走向长壁综机开采。

二、2009年达到的主要技术经济指标

2009年，该矿原煤产量创较高水平，全年产煤165万t，采区回采率符合要求。经济效益实现利润520.8万元。安全生产形势稳定，百万吨死亡率为0.606。综采机械化程度为100%，综掘机械化程度为100%，装载机械化程度达到100%。矿井综合单产达到85521 t/(个·月)，原煤工效达到8.437 t/工。

三、安全高效矿井建设情况

（一）强化过程管理，增强创新能力，不断开创安全工作新局面

（1）创新了管理机制。健全完善安全实时监控系统、安全工资考核办法，建立班组安全包保体系，由机关部门和基层单位的管技人员分别包保9个主要单位的43个重点班组，促进了安全管理向班组的拓展、向现场的延伸。

（2）规范了员工行为。组织38个重点工种的2108名员工进行规范操作训练，共有1369名员工通过了理论知识考试、1170名员工通过了实际操作考核，提升了广大员工的安全技能。

（3）坚持了安全竞赛。做到每月开展安全生产竞赛活动，并将“零伤害”作为考核各单位是否得奖的重要指标，全年共兑现安全生产竞赛奖励资金971.76万元，激发了全体员工争先进、保安全的主动性。

（4）加大了检查密度。在经常开展安全大检查活动的基础上，采取管理人员下特班等方式，加强四点班、零点班、周六、周日班等薄弱时段的安全管理，全年共发现和解决各类隐患问题8863个，查处“三违”643人次，改善了作业环境。

（5）继续坚持“三按”施工，制定“细化、美化、亮化、规范化”的“四化”标准，先后组织了1490、2190、2320、2020E四大系统的治理达标活动，做到了向生产系统要安全、要效益。

（二）超前谋划，科学安排，超额完成原煤生产任务

（1）在生产准备方面：进一步优化井下生产系统，重点完成了东翼通风系统的改造、南翼部分生产系统的回撤；克服地质条件复杂、搬家倒面频繁、运输路线延长等实际困难，积极组织进尺，努力提高效率，掘进进尺和开拓进尺均超额完成了全年任务；合理摆布工程，减轻交叉作业影响，全年共安拆工作面12个。

（2）在生产组织方面：坚持正规循环作业，提倡满负荷工作法，严格控制超时延点行为；下发调度管理、矿车运输管理等一系列规定，解决部分工作职责不清晰、管理不到位、考核不落实等困扰多年的疑难问题。生产事故同比下降15.8%。

（3）在机电管理方面：推行机电设备点检制度，建立机电技术考核机制，保证了矿井生产的正常进行。实施主井、副井、风井、2048斜井绞车电控系统变频升级的改造，既确保了提升设备的安全运行，又大幅度降低了电量消耗。尤其是在对外电费收缴上，应用技术先进的电能量远传及预付费系统，消除了外界用户欠费、窃电现象的发生。

开滦（集团）有限责任公司东欢坨矿业分公司

一、矿井概况

东欢坨矿井隶属开滦（集团）有限责任公司煤业分公司，属于国有煤矿，是车轴山煤田开发建设的第一对矿井，位于河北省唐山市丰润区韩城镇以西，东距唐山市区约 15 km。2004 年 12 月，邯郸设计研究院完成了《开滦（集团）有限责任公司东欢坨矿业公司矿井改扩建可行性研究报告》，确定该矿井生产能力为 300 万 t/a。

井田开拓方式为立井多水平阶段石门开拓，中央分列式通风系统。目前生产区域为中央、北一两采区，生产水平为 -500 m 水平，-690 m 水平为延深水平，回风水平为 -230 m 水平。

二、2009 年安全高效矿井建设指标完成情况

全年完成原煤产量 245 万 t，矿井综合单产达到 87631 t/(个·月)，原煤生产人员效率达到 8.02 t/工。单进 280.8 m/(个·月)，掘进进尺 21939 m。采区采出率达到 97.3%。采煤机械化程度 100%，掘进装载机械化程度达 100%，综掘机械化程度达到 100%。全年实现利润 2205 万元，员工年人均收入为 4.76 万元。百万吨死亡率为零。

三、2009 年安全高效矿井建设工作

（一）以安全高效矿井建设为目标，继续推进生产能力保障工程，保证经济工作的健康运行

一是狠抓生产准备，提高生产衔接的兑现率。技术管理部门在新区域延伸滞后的情况下，充分调研，精心设计，实施了建下开采。

二是严格现场管理，提高生产效率。从一季度开始，强制推行正规循环作业，各生产单位充分发挥主观能动性，加强环境整治，使得点班互创条件，工序紧密链接，效率不断提高，迅速扭转了被动局势，保证了全年预算

产量超额完成。

三是狠抓机电检修，提高设备开机率。利用节期在较短时间内更换了大小罐尾绳，处理了主井大型电机故障，完成了-500 m水平运煤系统转换等多项重要检修项目，为生产的正常进行创造了条件。

四是强化机电设备管理，继续抓好设备隐患排查和事故预测，完善机电设备点检系统，提高机电安全质量标准。牢固树立“合理使用是减少事故的基础，认真检修是减少事故保证”思想，严格落实“包机制”、“四检制”，实行人机对号，大幅度减少机电事故，保证系统顺畅运行，为原煤生产创造条件。

（二）强势推进技术进步，加速矿井现代化进程

一是扩展了现代信息技术应用范围。该矿规范了“安全实时监测监控系统”的运行程序，机电管理、委外工作量考核认证、经营工作预算定额管理、人力资源管理等系统相继投入运行，促进了管理的信息化、科学化和精细化。

二是重点攻关项目取得重要进展。该矿与淮北所合作，采用短段锚注软岩治理技术，使-480水平皮带大巷安全通过了F2断层。-480南一皮带大巷EBZ200硬岩掘进机在开拓工程中的使用，创造了月进200.2 m的成绩；风井配电室在全开滦电力系统率先实现了无人值守、远程控制。综采泵站自动配液控制系统的投入、-690水平内燃机车运输、3088工作面大采高支架液压组装平台的使用，都解决了关键问题，创造了经济效益。

三是技术创新成果显著。年初立项的82个管理技术创新项目，可创统计效益500多万元。为保护群众创新成果权益，该矿下发了《企业内部专利管理办法》，进一步调动了员工参与技术创新活动的积极性。

开滦（集团）蔚州矿业有限责任公司 崔家寨矿

一、矿井概况

开滦（集团）蔚州矿业公司崔家寨矿是河北省蔚县矿区第一对大型矿井，由原煤炭工业部石家庄设计研究院进行初步设计，于1996年10月正式开工建设，2003年正式投产。矿井设计生产能力为180万t/a，设计服务年限84.3 a，投产后通过对井下采掘设备、运输系统、主副井提升系统等环节进行技术改造，充分挖潜了矿井的生产能力，2009年重新核定生产能力为265万t/a。

该矿井田开拓方式采用立井单水平开拓（局部设辅助水平），设主、副、风3对井筒，井筒位于井田储量中心，井筒深度300 m。5、6号煤层联合布置，1号煤层单独布置。矿井通风方法为抽出式，通风方式为中央并列式。采煤方法为长壁后退式，全部垮落法管理顶板。工作面采用综合机械化采煤工艺，一次采全高。巷道主要支护形式为锚喷和锚网。

二、2009年安全高效矿井建设主要指标

一是实现了安全生产。百万吨死亡率为零，杜绝了重伤，月累计千人负伤率0.3‰，安全质量标准化保持了一级水平。二是实现了稳产高产。全年完成原煤产量265万t，工作面单产达到94810 t/(个·月)。三是采掘关系正常，实现了有序衔接。矿井三量符合规程要求，采区采出率达到81.6%。四是技术含量增强，实现了改造提效。经过技术创新和设备改造，采煤机械化程度和掘进装载机械化程度均达100%，综掘机械化程度达到100%。五是矿井经济效益显著，2009年实现利润19585.59万元。

三、安全高效矿井建设工作

（一）着力完善安全保障体系，巩固和发展了安全生产的稳定局面

一是深化了安全生产管理长效机制建设；二是狠抓矿井重大灾害事故的

预防；三是推进质量标准化高标准达标工作。

（二）以原煤生产的均衡稳定为重点，系统谋划，科学组织

一是以稳产高产为目标，树立风险防范意识，科学组织生产；二是强化生产准备工作，保证生产衔接到位；三是加强协调指挥，保持均衡稳定生产。

（三）依靠管理、技术创新，不断提升企业发展水平

一是引入了大功率、高性能的采煤机，使用大采高、高强度、高可靠性的液压支架，采、掘工作面安设大运力带式输送机，极大地提高了生产效率。2009 年，在 E12504 工作面，综采配套设备采用 MG610/1400 - WD 型大功率采煤机、SGZ1000/1400 型刮板输送机和 ZY6400 - 21/45 型掩护式大采高液压支架，取得了非常好的效果，在 4、5、6、7 月份单面月生产原煤分别达到 12.5 万 t、12.1 万 t、15.7 万 t、13.4 万 t。二是引入液压锚杆加固煤壁技术，在 E12609 工作面收尾期间使用，为稳固工作面煤体、防止冒顶事故发生起到了较好的作用。三是 E12611 工作面煤层变薄夹矸，通过研究论证和加强现场管理，全矿统一配采，取得了过薄煤煤质未受到明显影响的效果。四是对煤层自然发火规律和顶板运动规律进行研究，对火区进行科学治理，成功实施了对 13505、13507 小窑破坏区域巷道的掘进。五是对制约生产的井下皮带运输系统进行改造，提高了运输能力。

开滦（集团）蔚州矿业有限责任公司 单侯矿

一、矿井概况

单侯煤矿是开滦（集团）蔚州矿业有限责任公司所属的一座大型现代化矿井，矿井于2004年5月1日开工建设，2006年10月1日开始联合试运转，2008年年底取得投产所需的五证一照，2009年转为正式生产矿井。

单侯井田位于河北省张家口市蔚县涌泉庄乡和南留庄乡之间，地处蔚县矿区的南部。井田东西宽约5 km，南北长约8 km，井田面积约40 km^2。井田的构造形态总体上呈一宽缓不对称的向斜，可采煤层自下而上共8层，其中主采煤层为5、6煤层。矿井地质储量312.83 Mt，可采储量148.05 Mt。矿井为一井两面（一生产一备用），设计能力150万t/a，矿井核定生产能力为175万t/a。

采煤方法为一次采全高长壁后退式，全部垮落法管理顶板。工作面采用综合机械化采煤工艺。掘进为综合机械化施工，巷道支护形式为锚喷和锚网。

二、2009年安全高效矿井建设主要指标

安全生产百万吨死亡率为0.464，月累计千人负伤率0.2‰，安全质量标准化保持了一级水平。全年完成原煤产量173万t，工作面单产达到90678 t/(个·月)。采区采出率达到82.3%。采煤机械化程度和掘进装载机械化程度均达到100%，综掘机械化程度达到100%。

三、安全高效矿井建设情况

（一）健全完善安全管理机制，强化考核，安全管理水平得到进一步提升

第一，进一步完善安全生产激励约束机制，构建适合该矿的安全管理长效机制。第二，深入开展了隐患排查治理，严格落实整改措施，消除事故隐

患。第三，严格落实领导干部下井带班制度，补充完善了管技人员下井和带班管理制度，对制度落实情况进行了认真考评管理，强化安全监督检查员管理工作，规范安全监管程序。第四，加强对三违处罚与系统追问。

（二）积极加强生产准备工作，科学组织，保证正常衔接和区域接替

加强协调指挥，推行正规循环作业，是实现均衡稳定生产的需要。实现正规循环作业是一项系统工程，因此，全矿上下树立了“以安全生产为中心”的观念，杜绝本位主义。技术部门超前谋划，精心组织，严格监督，统筹安排，积极深入现场，解决技术难题；基层单位加强了设备维护和检修，提高了开机率，保证了 8 h 内的工作效率，达到了安全生产的良性循环，实现了安全生产双收益。

（三）推广新技术、新工艺，大力推进“三项”创新工作，提高企业发展水平

单侯矿根据煤层赋存条件，优化采区设计，为安全高效矿井建设创造条件。该矿成立后，高度重视“三项”创新工作，并把此项工作纳入日常管理，制定了《单侯矿三项创新及技术推广管理办法》，召开了专门会议，明确了全年重点创新项目以及相关项目负责人。2009 年，围绕该矿的管理、安全、生产、经营等工作实际，共确定创新项目 181 项，完成了新材料喷浆工艺、防尘防水设施、掘进电缆悬挂、皮带分水装置、自动排水装置、临时性超前支护装置等项目 126 项，与佳木斯厂家合作的掘进机配套液压临时支护等其他项目也取得了实质性的进展。

冀中能源股份有限公司东庞矿

一、基本情况

东庞矿地处冀南平原，位于河北省内丘县西南约 10 km，东毗京广铁路、京深高速公路，交通便利，是冀中能源集团河北金牛股份公司的大型现代化主力矿井。矿井于 1983 年 12 月 26 日建成投产，原设计生产能力为 180 万 t，现年核定生产能力达到 280 万 t，同时附有配套入洗能力 400 万 t 的全重介工艺洗煤厂和装机 18000 kW · h 的矸石热电厂。

矿井采用立井多水平开拓，目前开采水平为 -300、 -480 两个水平，开采深度达 600 m。采煤方法为单一厚煤层一次采全高走（倾）向长壁后退式全部垮落法的综合机械化采煤。通风方式为两翼对角式，矿井为低瓦斯矿井，煤尘具有爆炸性或爆炸危险性，煤层具有自然发火倾向。

二、2009 年度主要技术经济指标完成情况

2009 年生产原煤 280 万 t，巷道掘进进尺 17234 m，矿井综合单产 12.22 万 t/(个 · 月)。原煤生产人员效率达到 12.105 t/工。销售收入完成 28.96 亿元，利润水平完成 11.43 亿元。

三、安全高效矿井建设的主要经验

（一）超前谋划，科学组织，实现高产稳产

该矿超前谋划部署，对实际情况进行了客观认真的分析，在“战场”摆布、队伍安排及生产组织上，制定了有针对性的组织措施，使生产保持了平稳有序状态。此外，东庞矿积极组织研究复杂条件下高架综采、煤巷综掘及岩巷机械化施工新工艺，狠抓生产组织和高产高效队伍建设，通过科学管理、合理组织，坚持正规循环，使得矿井综合单产、单进水平稳步提高。

（二）依靠科技进步，优化生产环节，促进安全高效

多年来，东庞矿始终坚持深化技术创新，推动安全高效建设不断深入。东庞矿不断优化生产工艺，引进先进的技术装备，在 2612 工作面安装了国内领先的 6.5 m 高架综采配套装备，综采支架、工作面运输机、采煤机等设

备实现全面升级，大大提高了该矿在煤层分叉、夹矸增厚特殊地质条件下的资源回收率，促进了单产水平的提高；在11采区轨道巷率先引进EBZ－300型大功率岩巷掘进机，并对配套作业线和施工工艺进行了试验研究，2009年3月份创出了大断面岩巷单孔日进11.8 m和月进208 m的好水平，大大提高了岩巷掘进效率。

为满足矿井高效生产的需要，东庞矿从源头抓起，优化矿井生产系统，充分发挥现代化、集约化大生产的优势，积极投入，大力更新装备，对原煤生产、运输、提升、矿井通风等各个系统进行了改造、升级，采掘装备的新度系数和机械化水平得到不断提高。辅助运输使用普轨卡轨车，单产能力大为提高；主要运输皮带全部实现地面集中控制，皮带运行更加可靠；井下6 kV电网监测监控系统投入运行，高压供电更加安全可靠；风井安装了励磁柜，由模拟控制升级至全数字式调节控制，风机运行更加平稳；主井控制系统升级改造，实现了全数字自动化提升；主井更换了新型自卸式箕斗，提升效率更是提高5%以上。

（三）树立科学理念，强化基础管理，建设本质安全矿井

东庞矿牢固树立“安全事故是可以预防，事故风险都是可以控制”的科学安全理念，切实落实“安全第一、生产第二”的管理方针，努力实现“两型三化”（安全高效型，本质安全型；基础管理精细化，技术装备现代化，人员培训制度化）矿井。此外，还注重基础建设，加大投入，突出对瓦斯、水等重大灾害事故的防范。

冀中能源股份有限公司邢东矿

一、基本概况

邢东矿隶属冀中能源集团冀中能源股份有限公司。井田位于邢台市东北4 km，北距市北外环路1.2 km，东距京深高速公路3.2 km，京广铁路从井田西侧通过，距井田3 km，井田面积约14.5 km^2，地理位置优越，交通条件便利。2001年11月18日该矿正式投产，通过环节改造，依靠技术进步，采用新技术、新工艺、新装备，形成了一井一面的生产布局。随着生产的延续，增加了一个备用工作面以及1个充填工作面。矿井设计能力60万t/a，通过技术改造，2009年核定能力为125万t，2009年实际产量120.6万t，总进尺8328 m，煤巷6450 m，岩巷1878 m，实现利润2.76亿元。矿井通过了ISO18000职业健康安全管理体系认证和ISO14001环境管理体系认证。

邢东矿主要开采煤层为2号煤，埋深一般为－650～－1250 m，煤层层位和厚度稳定，在井田内全区可采。煤层顶板多为粉砂岩和中细粒砂岩，煤层底板主要为粉砂岩。目前采煤煤层主要集中在－1000 m左右。

二、安全高效矿井建设的主要经验

（1）思想与行动保持高度一致，做到“两个始终坚持”，为深化安全高效矿井建设与安全质量标准化建设奠定基础。

一是始终坚持自觉摆正质量标准化建设与安全、生产、经济效益之间的关系。通过修改“三项制度”，更加完善岗位安全责任制、操作规程和安全生产管理制，更加明确责任，并且添加了新工艺和新技术的操作规程，细化了安全生产管理制度，筑牢了安全生产的堤坝。

二是始终坚持抓安全质量标准化建设。牢固树立“没有做不到，只有想不到”、“认识有多高，工作标准就有多高”的思想观念，明确了建设质量标准化“精品工程”的头面，从创建安全质量标准化“精品矿井”为奋斗目标，以“创精品、锻名牌”统领安全质量标准化整体工作，做到了思想统一、目标明确、思想高、工作标准高。另外，通过落实“手指口述”，贯彻准军事化管理模式，加强了职工执行力与凝聚力。

（2）开展“一项重点活动”，以科技创新为安全高效矿井及低碳经济保驾护航

目前，正在实施的项目有采后高水充填工作面技术、大地压支护技术、原煤井下洗选技术、回风热泵技术等。邢东矿坚持建设绿色矿山和节能减排同步进行的工作思路，大胆解放观念，大胆创新，在全公司率先推行了无尘化管理和白手套工程，先后购置了洒水车、吸尘车，敷设了喷雾降尘管路，设置卷盘箱，安设喷灌、喷枪，进行了洒水降尘作业，无尘化矿区建设取得了明显成效。在矿区推广使用了太阳能灯，井上下全部使用了节能灯。在矿区西侧建设了集小桥流水、亭阁走廊、假山等一体的绿色生态园，矿区绿地面积达到了5.5×10^4 m^2，绿化覆盖率达到了41.8%。在环境治理上，该矿2001年实施了井下矸石充填技术，井上不设矸石山，避免了矸石堆积占地、长期风化所造成的污染；将主扇风机房设在了地下，对出风口安装了消音除尘装置，噪声控制在50 dB以内；对电网高次谐波污染进行了治理；在实现污水不外排的过程中，该矿先后投资530万元建立了污水处理站，日处理能力在2000 m^3以上。

冀中能源股份有限公司邢台矿

一、基本情况

邢台矿位于河北省南部邢台市郊区，是冀中能源股份有限公司的大型现代化矿井之一。该矿于1968年10月投产，设计能力为年产90万t，经过挖潜改造，1985年实现产量翻番并一直维持这一水平，2007年该矿的核定生产能力为195万t/a。矿井附属一座年入洗能力200万t的洗煤厂，年产精煤100万t以上，其煤种为1/3焦煤，因其具有低灰、低硫、低磷、高发热量、高黏结指数的特性而受到广大用户的欢迎。

二、2009年度达到的主要技术经济指标

原煤产量完成194.56万t，总进尺9276 m，精煤产量完成145.5万t，销售收入实现15.34亿元，实现利润26630万元。百万吨死亡率为零。综采机械化程度为100%，掘进装载机械化程度为95.1%，综掘机械化程度89.75%。

三、在生产组织和科学管理方面取得的经验

（1）充填开采取得成功。这个被称为继冲积层试采、引进综采之后的又一里程碑式工程，为解放建下5800万t呆滞储量和实现绿色开采创出了一条新路子。首个充填面7606工作面于5月25日成功结束，月产量达到3.3万t以上，共采出煤炭12.09万t，充填矸石粉煤灰13.1万t。

（2）邢北矿改造进展顺利。在邢北矿井整合技改过程中，克服了无先例、无明文的困难，经过大量艰苦细致的工作，于2009年2月底完成了资产及矿业权的评估，3月底开始对矿井进行整体设计，5月下旬拿出了设计报告，6月16日安全管理权正式移交给冀中股份公司。在8月份邢北矿井成功注册为“冀中邢北煤业有限公司”之后，邢北矿井的全体员工携手并进，开拓进取，将矿井复产整修、技术改造与健全机构、建章立制、证照变更等工作同步展开。通过大家的顽强拼搏，克服重重困难，使得矿井的复产工作基本就绪，12月上旬，开采所需的“六证照”也圆满变更完毕，这标

志着邢北煤业可以正式投产。

（3）下组煤开采稳步推进。自公司将下组煤开采列入计划后，该矿本着特事特办的原则，立即与科研单位联系，加大科技攻关和相关手续的跑办力度，先后完成了三维地震勘探、瞬变电磁勘探、水文地质补探和水文地质评估报告编制。9 月底，水文地质条件报告顺利通过省发改委组织的专家评审。

（4）洗煤厂改扩建胜利竣工。这是邢台矿“一矿三井”生产格局形成后，满足矿井可持续发展的重要一环，也是公司当年的重点工程之一，时间紧，任务重。该矿从 4 月份开始着手洗煤厂改扩建项目筹备，7 月 11 日正式破土动工后，洗煤厂和基建科倒排工期，进行日协调、周调度，最终用了 5 个月零 10 天的时间完成改扩建工程，并一次带煤试运转成功。这不仅创造了洗煤建设史上的新奇迹，为洗煤厂建厂 36 周年献上了一份厚礼，而且使洗煤厂的年入洗能力大幅提高（达到 345 万 t 以上水平），为洗煤厂的长远发展铺平了道路。

（5）提前谋划采掘接替，为老矿井高产稳产保驾护航。根据邢台矿储量少、生产采区分散、通风及运输紧张的状况，依据《煤矿安全规程》的有关规定，提前谋划采掘接替，细化 2 a 的采掘工程，做好 5 a 的远景规划，使生产做到主体集中、适当分散，使生产集中易于管理，适当分散确保生产稳定。该矿每月根据生产实际情况做适当调整，每季做一次全面优化，每年修订调整一次，使计划与实际相符，做到动态管理。采掘接替的精细化编制，做到了矿井生产“心中有数”，计划妥当，生产高效，为老矿井稳产高产提供了有力保障。

冀中能源股份有限公司章村矿

一、基本情况

章村矿位于河北省邢台市与邯郸市的接壤地带，分三井和四井两个井口生产。井田内地质构造复杂，三井按断层、褶皱的复杂程度及岩浆岩发育程度，综合评价矿井地质条件复杂类型为三类；四井按断层、褶皱的复杂程度及岩浆岩发育程度，综合评价矿井地质条件复杂类型为二类。三四井均属低瓦斯矿井，煤尘无爆炸危险性，煤层无自然发火倾向。章村矿采用薄、中厚煤层一次采全高走（倾）向长壁后退式全部跨落法的综采机械化采煤。

二、2009 年度主要技术经济指标完成情况

原煤产量 119.5 万 t，总进尺 11966 m，矿井综合单产 8.10 万 t/(个·月)。原煤生产人员效率为 5.096 t/工，销售收入 5.58 亿元，利润水平 5206 万元，职工人均收入 5.28 万元，较上年同期增加 0.99 万元，增长幅度达 23%。

三、安全高效矿井建设的主要做法

（一）依靠科技进步、装备升级，破解发展难题，全面完成各项任务

章村矿始终坚持以科技创新为主线来引领企业的又好又快可持续发展。薄煤重型 MG2×160/710－AWD 型综采机组在国内首家使用，全年生产原煤 51.4 万 t；在公司内部率先引进的 EBZ－230 型大功率岩巷掘进机，创出了大断面岩巷单孔进尺日进 8.2 m、月进 202 m 的好成绩；水源热泵供暖空调系统成功投入使用，运行成本低，没有污染，节能减排成效明显；高变质无烟煤重介洗煤厂在国内属于第一家，国内领先；注浆补强与锚索、锚杆加固的全断面支护技术的成功应用，使复杂条件下巷道综合加固技术不断成熟。尤其是以沿空留巷为主导的单翼采区连续开采技术，实现了 24 采区连续开采，对行业类似矿井具有引领意义，为安全高效矿井建设作出了突出贡献。

（二）优化生产系统，更新装备，生产要素配置更加完善

为实现安全高效矿井的建设目标，章村矿对制约原煤生产的运输、提

升、供电等各个系统进行了升级改造，机械化水平和自动化水平不断提高。采煤机由原来的 MG386 更新为 MG350、MG710 型，工作面输送机为 SGZ－264 型，掘进机由 EBZ75 更新为 EBZ100、EBZ－230，主要运输皮带全部实现地面集中控制，采掘辅助运输采用了卡轨车运输，矿井生产能力更加稳定可靠。

（三）更新观念，强基固本，建设本质安全型矿井

2009 年章村矿杜绝了重大事故，实现了连续安全生产 3 周年，矿井安全生产保持了良好态势。

重点采掘头面保持了精品标准，精品工程覆盖率达到 40% 以上；外围巷道得到有效整治；三四井井底和三井中央泵房、四井－200 泵房等主要硐室得到装修、亮化；主要运输大巷更换了 30 kg 道轨和水沟盖板，矿井形象有了根本性的改变。第四季度，该矿通过了金牛股份公司和冀中能源集团公司的质量标准化一级水平的检查验收。

冀中能源股份有限公司葛泉矿

一、基本情况

葛泉矿位于河北省邢台市西南约 18 km 处，西靠太行山，东临河北大平原，邢都公路从井田西侧经过，地理位置优越，交通便利。葛泉矿于 1989 年 10 月正式投产，设计能力 60 万 t/a，后通过技术改造，生产能力为 94.99 万 t/a。该矿拥有一座 90 万 t 的洗煤厂，主要产品有炼焦精煤、高炉喷吹煤、洗混煤、块煤等，深受广大用户青睐。

葛泉矿在发展过程中，形成了“突出安全、重视创新”的特色企业文化，先后被命名为省级“高产高效矿井”、“质量标准化矿井”、全国“安康杯”竞赛优胜企业、全国煤炭系统文明矿和省级、公司级文明矿、“中华环境友好企业”等。

该矿采用双立井开拓，单一水平布置上下山开采，通风方式为中央并列抽出式，采煤方法为走向长壁综合机械化采煤。

二、2009 年度主要技术经济指标完成情况

原煤产量 94.99 万 t，总进尺 7596 m，其中锚网进尺 6374 m。矿井综合单产 6.632 万 t/(个·月)。原煤生产人员效率 4.475 t/工。销售收入 4.3 亿元，利润 0.97 亿元。在岗人员平均工资达到 6.45 万元，比上年度同比增加 21%。实现全年安全生产，年百万吨死亡率为 0。采煤综合机械化程度达到 100%，掘进装载机械化程度达到 96%，综掘水平达到 75%。

三、在生产组织和科学管理方面取得的经验

（一）夯实安全根基，保障安全高效矿井建设

一年来，该矿始终坚持以安全质量标准化建设为基础，大搞精品工程创建和动态保持工作，精品工程覆盖率达到了 40% 以上，质量标准化水平保持了一级。同时，以可视化安全隐患排查支持决策系统为载体，以拉网式专项整治、全员隐患排查和施工现场安全评估活动为手段，通过加大安全管理考核力度，抓好各级安全生产责任制落实和职工安全教育培训，构筑起了可

靠的安全保障体系。

（二）依靠科学进步，坚持技术创新，促进矿井安全高效建设

通过解放思想，勇于创新，攻克多项关键技术难题，有效解决了矿井实际生产难题，10多项创新成果达到了国际先进水平。葛泉矿坚持技术创新，消除水、火、瓦斯等自然灾害威胁。该矿综合采用三维地震、直流电法仪、底板超前钻探等不同手段，全面排查水害威胁，尤其是始终坚持了“精细探查、先探后掘，注浆改造、先治后采，全程监控、全面设防”的综合防治水技术。另外，加强瓦斯防治安全监控工作，瓦斯传感器布置率达到100%，局部通风机全部安装了主、副风机开停监测，并对局部通风机“三专”电源实行监测。积极推广黏土浆喷涂技术，并加强束管监测工作，保证了防灭火安全。引用新技术新工艺，加大矿井装备投入与更新，引进了全新薄煤综采配套设备，实现煤巷全部机械化掘进，完成了掘进装备系列化，并采用短壁综采工艺，实现了边角煤高效开采。

（三）超前谋划，合理组织，优化生产系统，强化生产环节，实现安全高效矿井建设

葛泉矿精心组织“首季开门红、1463会战演习月”等多种活动，超前谋划，合理安排，为创水平奠定了良好的基础。合理布置工作面、采区，优化生产系统，并优化各类条件下的采掘工艺，实现科学开采。

（四）加强经营管理，提升效益，强化安全高效矿井建设

以全面预算管理为中心，狠抓成本控制，加强材料管理，加大修旧利废、改造复用和自主维修力度。同时，优化产品结构，形成了“井下分采分运，井上分装分储，分别轮洗加工”的生产格局，研制使用了CSS煤泥分选系统和预先排矸、粗煤泥回收工艺，完成洗煤厂扩能改造，实现了原煤全部入洗。

冀中能源股份有限公司显德汪矿

一、基本情况

显德汪矿位于邢台市西南35 km处，属国有企业，隶属冀中能源股份有限公司。矿区东距京广铁路沙河车站25 km，距矿山村支线铁路权村车站6 km。井田内有两条主要公路穿过，交通便利。显德汪矿1975年进行原始设计，设计能力90万t/a，服务年限105 a。2009年，该矿经河北金牛能源股份有限公司重新核定生产能力为170万t/a。采用走向长壁后退式采煤方法，综合机械化采煤工艺，一次采全高，直接垮落法管理顶板。

二、安全高效矿井建设各项指标完成情况

原煤产量完成140.2万t，总进尺完成11788 m，销售收入实现40483万元，利润2200万元，人均收入4.67万元。年百万吨死亡率为0，实现安全年。采煤机械化程度稳固发展，综采率为100%，掘进机械化程度95.8%，综掘机械化程度80.94%。采出率：薄煤层93.3%，中厚煤层91.8%，厚煤层86.9%。矿井综合单产6.877万t/(个·月)，矿井原煤工效5.877 t/工。

三、安全高效矿井建设的主要做法

（一）创新生产方式，优化劳动组织，提高矿井单产单进效率

2009年，该矿地质条件日趋复杂，断层薄煤带较多，瓦斯和防治水任务艰巨，通过着力强化现场管理，加大激励力度，注重发挥高产高效队的引领作用，保证了采掘顺利推进。两个主力采煤队产量达到113.4万t，岩巷开拓队、半煤岩掘进队和煤巷综掘队进尺分别为1245 m、3007 m和4005 m。

（二）创新技术管理，为安全生产提供强有力的技术保证

该矿和高等院校联合搞项目攻关，成果斐然。其中，“复杂应力大变形硐室群综合控制技术研究”、“下伏厚煤层综放开采上位巷道围岩加固关键技术研究”是与河北工程大学等单位共同合作的重点项目，荣获了公司科技创新一等奖；分别与中国矿业大学、中国科学院力学研究所共同合作的项目“显德汪矿不稳定‘三软’厚煤层两柱掩护式放顶煤支架的适应性及开

采技术研究”、“基于构造应力场演化对井田小构造密集区域预测及赋水性研究”荣获了2009年度中国煤炭工业协会科学技术奖三等奖，达到国际先进水平。

（三）推广应用新技术、新工艺，提高安全生产工作效率

该矿积极探索深孔爆破工艺，在三掘一喷的基础上，探索“打眼→放炮→初喷→打锚杆、上网→出货→滞后补喷”工艺。继续在1912工作面实施留巷，降低了投入，提高了矿井资源回收率，缓解了矿井接替紧张的局面。

（四）创新设备管理，优化生产系统，提供良好的硬件平台

2009年，显德汪矿持续加大生产投入，不断提高装备水平，优化生产系统。新引进2台466型中厚煤变频采煤机，新装备1台EBZ—160型大功率半煤岩掘进机，增强了对复杂地质条件的适应能力，提高了生产效率。投资1400余万元的－200排水系统，大大提高了矿井的抗灾能力；一采九煤北翼轨道巷全线贯通，大区衔接“瓶颈”制约得以解决；一采九煤皮带运输系统安装工程顺利完工，为提高一采区运能及实施分采分运奠定了坚实的基础。

冀中能源邯郸矿业集团亨健矿业有限公司

一、矿井概况

邯郸矿业集团亨健矿业有限公司原名为姬庄煤矿，位于邯郸县康庄乡姬庄村东，东距邯郸市21 km，井田面积约4.4 km^2。该矿原为国有地方县办煤矿，始建于1969年，1970年投产，设计生产能力3万t/a，1973年至1992年进行了三次技术改造，使矿井达到了30万t/a的生产能力。2006年11月2日，邯矿集团与邯郸县政府签订煤矿资源整合协议，将亨健矿业股份合作公司整合到邯矿集团，将名称变更为邯郸矿业集团亨健矿业有限公司。2009年矿井进行技术改造，新增了一个皮带斜井，设计能力为60万t/a。

截至2009年底，全矿地质储量7899.8万t，已开采508.2万t，2号煤剩余可采储量544.8万t，其他煤层暂未开采。矿井水文地质类型为中等型，煤种为无烟煤，主要用于火力发电、化工及民用燃料。矿井属于高瓦斯矿井，煤尘无爆炸性，煤层自燃倾向性等级为Ⅲ类，不易自燃。井下开采煤层无冲击地压，井田内无高温区和地温异常区。

二、2009年主要技术经济指标

2009年生产原煤55万t，其中回采产量50.8万t，掘进煤产量4.2万t，利润7603万元，原煤工效达到5.071 t/工，职工人均收入达到37500元，比上年提高10.3%。

三、2009年建设安全高效矿井的主要做法

（一）安全管理方面

（1）明确工作目标，完善各项制度。公司年初与各生产单位签订了《安全生产责任状》，以红头文件下发了《安全管理人员抓“三违”的管理办法》、《安全生产管理人员下井及带班管理办法》等安全管理制度，为搞好2009年安全工作建立了制度保障，使安全生产管理工作有章可循，做到安全生产与每个人的利益相互挂钩，有效地调动了干部职工安全生产的积极性。

（2）加强特殊时期及重点生产地区的安全管理工作。针对不同时期，公司制定不同的安全管理措施。

（3）加大安全投入，创新管理模式。在加入邯矿集团以来，公司立足实际，从矿井基础改造开始，不断加大安全装备投入，强化安全学习，鼓励自主创新。2009年以来，公司累计投入安全资金近千万，先后淘汰大批安全系数低、能耗大的设施，引进了高敏度监控设备和一批节能环保设备，推广运用了高位瓦斯抽放、大断面锚网、沿空留巷等一批较为先进的技术工艺，使安全生产标准化综合能力得到突破性的提高。

（4）强化动态监察，坚持把问题解决在生产现场。

（二）科技进步方面

大力引进新工艺、新装备、新技术，增强了发展后劲。2009年该矿在回采工作面使用了高水材料充填沿空留巷新技术，并使用了沿空留巷支架控制顶板新工艺，均取得了较好的效果，解决了采掘衔接紧张的局面，提高了煤炭回收率。2009年9月该矿新上了一套一次采全高支架及配套的设备，支架的型号为ZY6000/22/45，支架最低高度2.2 m，最大高度4.5 m。大采高支架的应用，大大提升了回采工作面防灾、抗灾能力。

在防尘方面，回采工作面实行了煤层注水工艺，大大降低了工作面的粉尘浓度，改善了作业环境；在瓦斯治理方面，使用了瓦斯高位抽放，使工作面上隅角的瓦斯得到了很好的控制。

冀中能源邯郸矿业集团有限公司
云驾岭煤矿

一、矿井概况

云驾岭煤矿位于河北省武安市西土山乡境内，介于西湖村与高村之间，南距武安市约5 km，井田南北长约6 km，东西约1.6 km，呈南北近似长条状，有效面积9.5171 km^2。

矿井于1992年12月28日建成投产，设计生产能力为60万t/a。通过对矿井提升、通风、运输系统改造和轻型支架放顶煤工艺的推广应用，生产能力大大提高，2009年矿井核定生产能力为165万t/a，2009年生产原煤163.0万t。2009年末矿井保有储量：地质储量为9395.9万t，工业储量为4406.9万t，剩余可采储量为1423.4万t。

矿井开拓方式为一对立井（主、副井）和主石门开拓，通风方式为中央边界式，风井位于井田西部边界附近，主、副井进风，风井抽风。工作面采煤方式为走向长壁后退式，采煤方法为轻型支架放顶煤一次采全高，采用上行通风方式。

二、2009年度主要技术经济指标

原煤产量完成163万t，商品煤产量完成147.8万t，精煤产量完成85.0万t；销售收入79904.5万元，实现利润32020万元；原煤生产人员效率7.397 t/工，职工人均年收入48126元。

三、生产经营管理措施及经验

（一）始终坚持科技是第一生产力，不断提高矿井的技术实力

云驾岭煤矿始终坚持科技是第一生产力，积极开展技术革新、技术改造，推广新技术、新工艺，在科技创新方面取得了显著的经济和社会效益。2009年度云驾岭煤矿荣获中国煤炭工业协会、河北省煤炭系统等颁发的奖项共计81项。其中，《矿井交流提升机双馈转子变频调速系统》获中国煤

炭工业协会科技进步一等奖，《安全诚信文化》荣获了河北省企业管理现代化创新成果一等奖、河北省国资委系统思想政治工作优秀研究成果一等奖、中煤政研会思想政治工作创新成果奖。2009年度，该矿完成集团公司、矿科技发展计划项目共26项，用于技术改造等费用2315.26万元，创经济效益6510.38万元。

（二）始终坚持精细化管理，合理控制生产成本

2009年，云驾岭煤矿以制度建设为保障，以预算编制为基础，以成本控制为目的，以内部核算为手段，以网络化管理为平台，将生产、安全、质量标准化、成本管理、班组建设等各项工作全面纳入，层层分解，量化考核，形成了一套“管理理论科学，预算目标明确，责任落实到位，内部控制严谨，管理效果明显”的全面预算管理模式。该矿预算管理有八大体系：组织、目标、责任、价格、结算、调控、考核、仲裁体系，有两个机制：内部控制机制和检查监督机制，有一个平台：预算信息管控平台。云驾岭煤矿全面预算实现了费用计划的在线编制审批、成本日报表、工资日核算、执行过程自动分析等，真正做到了费用核算到头面，工资核算到个人。

（三）始终坚持精煤战略，实现经济效益最大化

该矿贯彻落实集团公司“精煤战略”的工作方针，狠抓出块率和精煤产量，实现企业经济效益最大化。矿采取放震动炮、更换博后筛、安装转载缓冲装置等多种措施，有效地提高了块煤产量。为提高煤炭售价，洗煤厂加大原煤入洗量，2009年洗出精煤85.0万t，其中块煤40.14万t。

冀中能源峰峰集团有限公司薛村矿

一、基本概况

冀中能源峰峰集团有限公司薛村矿位于峰峰矿区北部，南至峰峰新市区14 km，东北至邯郸市24 km；铁路专用线经新坡站至京广线马头站距离25 km，交通便利。

薛村矿采用立井多水平、暗斜井石门延深、水平集中大巷、上山分区开拓方式。矿井开采划分为+30 m、-120 m、-280 m三个水平。全矿共划分为13个采区，目前有3个生产采区，另外两个采区正在开拓准备。回采工作面采用走向长壁采煤法，回采工艺为轻放。轻放工作面采用国产ZF2600-16/24轻放支架采煤，采用MGY150/375型采煤机、SGD-630/220型刮板输送机，顺槽和采区上下山均实现皮带化运输。

二、2009年主要技术经济指标完成情况

原煤产量计划132万t，实际完成138万t，超计划6万t；原煤工效计划2.40 t/工，实际完成5.62 t/工，提高3.22 t/工；总进尺计划20000 m，实际完成20442 m，超计划442 m；原煤成本计划341.23元/t，实际完成337.72元/t，比计划降低3.51元/t。安全上未发生死亡事故，百万吨死亡率为0；利润实际完成1380万元。职工人均收入达到了4.58万元，比去年提高24.2%；矿井综合单产完成5.81万t/月。全矿采煤机械化程度为100%，掘进装载机械化程度为100%，综掘机械化程度为21%。

三、科技创新、管理创新方面的举措

（1）推广使用了大尾梁轻放支架及配套设备，加强工作面支护，提高资源回收率，提高工作面单产效率，2010年工作面单产又创新水平。

（2）推广应用了后溜节煤器，加强放煤管理，提高了煤炭的回收率，同等条件下多回收50%，经济效益显著。

（3）推广应用了快速安装锚杆，提高工效，取得了良好效果。

（4）通过实践摸索，编制了防治煤与瓦斯突出程序化管理程序，使防

突工作步入正轨，并且此程序已在全公司推行。

（5）采取了开采保护层、边掘边抽、高压注水等措施，使采煤掘进工作面瓦斯突出和瓦斯指标超限得到了根治。

（6）全面推广了掘进工作面双风机双电源，保证了掘进工作面正常通风，使得瓦斯积聚以及由此造成的事故得到了彻底治理。

（7）加大瓦斯抽采力度，2009 年抽放率达 60% 以上，对采掘面瓦斯治理、保证安全生产起到了积极作用。

冀中能源峰峰集团有限公司万年矿

一、基本情况

峰峰集团有限公司万年矿位于河北省邯郸市西部、峰峰矿区北部。矿井西部以 F1 号断层为界，南部以 F11 号断层为界与通二矿井田为邻，东部南段以 F15 号断层为界，中段为岩浆岩体，北段以煤层 -750 m 等高线为界，北部以 F1 断层和 -750 m 煤层底板等高线为界。井田南北长约 9.0 km，东西长 1 ~4.0 km，面积为 21.2 km^2。

井田开拓方式为斜井多水平开拓。矿井通风方式为抽出式，采用中央分列和对角混合式通风系统，目前开采深度为 670 m，采用综采开采和轻型综采放顶煤工艺，采煤方法为走向长壁后退式采煤法。

二、2009 年度主要技术经济指标

2009 年，全矿生产原煤 229.99 万 t，完成总进尺 24720 m，完成精煤产量 55 万 t，制造成本完成 258.14 元/t，实现利润 12587 万元，职工人均收入达到了 4.83 万元，比去年增加了 0.52 万元，实现了安全生产年。

三、生产组织和科学管理的具体做法

（1）合理安排和调整生产地区，加强生产衔接准备，保证矿井生产地区正常衔接，实现正规循环，达到稳产和矿井可持续发展。该矿加强北三采区的生产准备和生产组织，保证北三采区年产 150 万 t 以上的生产能力，为稳定生产奠定基础。认真组织南翼地区的生产与衔接，实现南翼保持一组生产地区，形成南翼地区年产 45 万 t 以上的生产能力。另外，保证北一上山采区年产 30 万 t 以上的生产能力。开展矿井深部巷道大地压、高应力、大变形条件下的支护技术研究，积极推广钻锚注三位一体施工技术，提高围岩承载抗变形能力，并在工作中不断改进和完善。积极应用二次支护理论，实施多种形式联合支护，合理让压，加强对巷道断面的控制。实施巷道围岩注浆加固技术，积极对巷道和采面过断层、过破碎带进行超前注浆加固，控制片帮冒顶和巷道变形，改进现场作业条件，实现安全、高效、快速作业。

（2）贯彻落实“安全第一、预防为主、综合治理”的方针，强化“五个一切”和“以人为本、安全为天、紧严细实全”的安全理念，坚持以安全发展观推进机制，不断创新，扎实推进安全文化建设，强化业务保安管理，着力构建安全生产长效机制。按照“六六”安全文化架构的总体要求，在探索和创新中不断丰富安全文化的内涵，构建完善了以“安全生产目标管理体系”、“安全监督检查与隐患排查体系”、“安全生产岗位责任制体系”、“安全质量标准化管理体系”、“安全教育培训体系”、“安全生产事故应急救援体系”、“安全生产激励体系”、“安全技术管理体系”、“区队自主管理体系”、“安全投入保障体系”为主要内容的万年矿十大安全管理体系，形成了具有万年矿特色的安全文化总体框架。另外，不断建立和完善安全生产长效机制，使每个岗位、每个员工都有法可依，有章可循，规范管理，正规操作。为了做好全年安全检查质量标准化工作，该矿下发了《关于进一步规范管理，突出以人为本，实现全年安全生产的决定》、《安全质量标准化安排意见》等文件。为了规范各级、各岗位员工的安全行为，下发了“进一步规范安全管理，促进正规操作的规定”，对不能规范管理、正规操作的行为，作出了行政处分的规定。为了提升区队自主管理水平，制定了《加强区队自主管理，严格落实安全生产责任制的考评办法》。该矿为突出人本自主管理理念，先后制定完善各种制度40余项。

冀中能源峰峰集团有限公司黄沙矿

一、矿井概况

黄沙矿位于邯郸市西南50 km，峰峰矿区南端，井田内可采煤层均为缓倾斜煤层，埋藏深度为+150~-900 m。顶底板岩性一般为Ⅱ类顶板。根据原煤炭部矿井地质条件分类标准，辛安井田地质条件被定为三类矿井。

二、建设安全高效矿井指标完成情况及具体做法

（一）安全生产

2009年黄沙矿依据《安全生产法》、《煤矿安全生产规程》和国务院446号令的要求，建立健全和完善了煤矿安全生产的29项安全生产保障制度。截止到2009年12月31日，该矿实现连续安全生产992天，矿井质量标准化保持了一级水平。

（二）经济效益

2009年原煤产量完成88万t，平均综合单产达到8.33万t/(个·月)，总进尺完成11360 m，实现利润2亿元以上。2010年在一通三防、防治水、机电防护、机电设备更新等方面共投入安全资金15397万元，从而推进了安全高效矿井建设。2009年人均收入51524元，比2008年人均提高11890元，增幅为30%。

（三）采掘机械化程度

（1）采用综采放顶煤工艺，一矿一面生产，工作面主要设备有综放液压支架、双滚筒采煤机、刮板输送机，运煤巷使用带式输送机，机械化程度达到了100%。

（2）煤巷掘进全部采用综掘机，岩巷炮掘采用斜侧式铲煤机，并配合可伸缩皮带装运，掘进装载机械化程度达到了100%。

（3）煤巷掘进全部使用综掘机，综掘机械化程度达到48.7%。

（四）采煤方法及采出率

（1）煤矿水平接替，采区和工作面开采程序符合有关规定。

煤矿水平接替：目前黄沙矿主要生产地区为-500水平，-500水平南

翼开拓延伸工程已全部完工，已投入采区生产准备；－500 水平北翼开拓工程正在施工，矿井水平接替正常。

（2）采煤方法：采煤方法为走向长壁后退式，采煤工艺为轻型综采放顶煤开采。主采煤层为 2 号大煤，平均厚度为 5.0 m，符合《煤矿安全规程》规定。

（3）矿井采区采出率：2009 年采出率为 83.8%。

（五）信息化管理

该矿调度、生产、经营管理实现了计算机网络化管理，通过集团公司网络平台，实现了信息相互传递；生产指挥中心安装了屏显数控，对井下原煤生产、运输、提升、排水等系统运行情况进行全程监控。

（六）矿井劳动定员管理

矿设有劳动定额定员专职管理机构，严格定额定员管理，对每一盘区水平、作业场所均制定了出勤定员标准；各单位严格按照定额定员组织生产，在生产区域显要位置悬挂当班定员出勤牌板，一目了然，井口设有专人把关，凡是超员的班组，严禁入井；井上下安装了员工考勤机，实时监控升入井人数。

冀中能源峰峰集团有限公司大淑村矿

一、基本概况

大淑村矿井田隶属冀中能源峰峰集团有限公司，行政区划属武安市，位于峰峰矿区东北部，南与薛村矿毗邻，矿井南距峰峰集团公司13 km，东距邯郸市22 km，北距武安市16 km。邯峰公路由大淑村井田门口通过，交通便利，运输畅通。井田走向长7 km，倾斜宽2.5 km，面积约14.5 km^2。2003年正式投产，设计生产能力0.9 Mt/a，2006年核定生产能力1.25 Mt/a。

本井田为立井、单水平、分区上下山开采开拓方式，水平标高 -450 m。主副井分别采用塔式多绳摩擦提升机。采用走向长壁采煤法，回采工作面回采工艺有轻放和高档普采两种。

二、2009年主要技术经济指标完成情况

全矿全年实现安全生产无事故，百万吨死亡率为零；原煤产量计划113万t，实际完成121万t，超计划8万t；全员效率5.725 t/工。原煤成本277.07元/t，年度利润7650万元。采煤机械化程度100%，掘进装载机械化程度98%。矿井综合单产完成64680 t/(个·月)。

三、在建设安全高效矿井方面的举措

（一）成立机构、健全制度、制定目标

从建矿之初，大淑村矿就提出了建设安全高效矿井的奋斗目标，并制定了安全高效矿井发展规划，健全了组织领导机构，统一组织协调矿井安全高效建设工作，制定了安全高效采掘区队和创水平奖励办法。坚持以安全发展观为指导，构建安全管理长效机制，提出“抓住一通三防，安全就有保障”等安全理念，多措并举抓安全，以安全促安全高效矿井建设。

（二）科技创新、管理创新

大淑村矿制定了科技兴企战略，引进并推广使用了大尾梁轻放支架、大功率综采机，全方位推广使用自行研制的后溜子节煤器，在大采煤工作面安装使用中双链前后刮板输送机和皮带变频器，以实现采掘高产高效。向节约

成本要效益，积极推进内部市场化管理，从管理上建立成本就是工资的运行体系，逐步划小核算主体，把各项经营指标分解到区队、班组和个人，使每名职工的劳动成果都与成本相连，实行微机化管理，进而实现各区科、班组、工序岗位经营成果与工资收入的“日清日结”，形成人人搞节约、人人讲成本的管理机制。

（三）依靠企业文化建设，促进安全工作

大淑村矿将企业文化建设作为引领安全工作的重要手段，更新理念，创新制度，以法治企，科学管理。从基层单位的细微管理入手，按照“全方位、全系统、全过程、全部门、全员系统安全管理”原则，全面开展了整章建制，相继修订完善了50多项企业安全管理制度，并实施了职业安全健康管理、6S管理、精细化管理、准军事化管理、编码管理，采用了集体升入井、手指口述、现场安全确认、材料成本连式管理等方法，形成了多渠道、全方位、全过程、多层次的标准体系、制度体系、考核体系以及科学和谐的运转体系。以上工作环环相扣，使安全管理工作步入了有法可依的运行轨道，实现了安全规章法制化，组织管理军事化，操作行为规范化，管理手段现代化。

（四）劳动定员管理

严格定额定员管理，对每一采区、作业场所均制定了出勤定员标准，各单位严格按照定额定员组织生产，在副井口、井下各生产区域显要位置悬挂当班定员出勤牌板，实行了“限员挂牌”制度。井口设有专人把关，凡是超员的班组，严禁入井。劳动定员管理明确专人负责，落实责任，并纳入了月度绩效考核内容管理，使该矿劳动组织管理步入正规化、规范化，有效地促进了企业的发展。

冀中能源峰峰集团有限公司新三矿

一、基本情况

新三矿于1995年11月5日建成投产，年设计生产能力为45万t，经过技术改造，目前核定年生产能力为95万t，煤种是主焦煤，矿井属于单井单面生产。在册员工635人，下设五个基层单位，人员高度精干、高效。新三矿交通便利，公路、铁路四通八达，煤炭外运条件好。现在的生产水平为-390水平，现有三采区、四采区、五采区、六采区、七采区。目前开采深度为618 m，采用轻型综采放顶煤开采工艺，采煤方法为走向长壁后退式采煤法。

二、2009年度主要技术经济指标完成情况

2009年，该矿各项工作取得了显著成绩。实现了安全生产年，原煤产量76万t，综合单产80856 t/(个·月)，原煤工效6.013 t/工，利润3499万元，人均收入5.3万元，职工人均收入比上年增加了13%。

三、2009年管理创新、科技创新的一系列措施和做法

（一）科学安排，创新管理，矿井综合管理水平得到提升

新三矿以“安全第一、预防为主、综合治理、全面掌控”为指导思想，在HOPE管理模式（即全面岗位系统化管理）的基础上，将管理创新不断推向新的高度，以打造“九力”、迈向“五精”企业为契机，将安全文化建设融汇于企业文化的建设之中，贯穿于安全生产的管控之中。该矿从自身实际情况出发，坚持以人为本，紧紧围绕“安全高效，做精做新”的战略目标，用企业文化管企业、聚人心、塑精神、促发展，形成了“井下安全、井上稳定、环境优美、员工富裕”的目标愿景，推动了企业各项工作快速健康发展。强化业务保安管理，着力构建安全生产长效机制，全面执行“412”安全掌控体系（即全过程安全确认、全方位风险评估、全面正规循环、全员学习，班组建设，24 h员工思想掌控，24 h现场掌控）和“12345”绩效考核体系、“666+3”现场管控监督体系。在探索和创新中不

断丰富安全文化的内涵，构建并完善了以“安全生产目标管理体系”、“安全监督检查与隐患排查体系”等为主要内容的新三矿十大安全管理体系，实现了安全一流、管理一流、效益一流、文明一流、效率一流的现代化矿井。

（二）创新技术管理，争创科技优势，建设安全高效矿井

（1）创新技术管理，争创技术领先优势。加强生产设计管理，提高了设计质量、会审质量和成图效率，缩短了设计周期，满足了生产需要。

（2）狠抓生产组织，安全高效矿井建设取得新突破。回采工作面运料道推广使用了无级绳牵引普轨卡车，掘进工作面使用了EBZ135型掘进机，采用了SSJ800/2×40可缩皮带运输，简化了运输环节，提高运输安全性，提高效率。

（3）强化生产辅助管理，有力推进了安全高效生产。主、副井及主副暗斜井经过技术改造，实现了自动化控制，并在8月份实现了北翼8部带式输送机的集中控制，无人值守运输。强化了综合防尘治理，使用了光控自动喷雾净化装置和风水喷雾，使作业环境得到了进一步改善。

（4）合理安排和调整生产地区，加强生产衔接准备，保证矿井生产地区正常衔接，实现稳产和矿井可持续发展。

（5）开展矿井深部巷道大地压、高应力、大变形条件下的支护技术研究，积极推广切眼大断面桁架锚索一次掘进成巷技术，提高支护强度，提高围岩承载抗变形能力，并在工作中不断改进和完善。

冀中能源峰峰集团有限公司羊渠河矿

一、基本概况

羊渠河矿由羊一矿和羊二矿两个矿井合并而成，于1956年开工建设，1959年建成投产，羊一矿设计能力为90万t/a，羊二矿设计能力为45万t/a。1964年将两个矿井合并为羊渠河矿，1972年达到设计生产能力为135万t/a，1977—1991年产量一直保持在170万t/a以上，1992年以后产量递减，1995年产量为137万t/a。2002年4月，羊一矿已注销生产能力，只剩羊二坑口45万t/a的生产能力。

为增加矿井储量，将位于羊渠河矿井田深部的羊东井田作为羊渠河矿的延深扩大区，1998年本着“依托羊二，开发羊东”的思路开始建设和生产系统改造，其生产能力为90万t/a。经过边生产边开发，羊东扩大区已于2009年通过河北省综合验收。

井田开拓方式为中央并列式竖井，水平石门分层运输大巷，暗斜井延深多水平，采区前进，区内后退，双翼或单翼开采。采煤方法为走向长壁后退式，采煤工艺为轻型综采放顶煤开采和高档普采。

二、2009年矿井的主要技术经济指标完成情况

全年实现了安全生产，百万吨死亡率为0。全矿原煤产量为113万t，原煤生产人员效率为5.014t/工。实现利润187万元，职工工资人均收入4.6586万元，同比增加10122元，增幅27.76%。采煤机械化程度达到100%，综采机械化程度达到67.21%，掘进机械化程度达到100%，综掘机械化程度达到17.27%。

三、具体做法

（一）始终坚持安全为天，把安全作为天字号第一工程

明确责任，规范管理，不断完善安全生产长效机制。预防为主，科学管理，强化矿井重大隐患排查治理。严格检查，狠抓现场，提高安全管理水平。提升质量，创建精品，不断改善井下生产作业环境。教培并重，注重实

效，员工的安全意识和操作技能明显增强。加大投入，重奖重罚，激发全矿干部职工搞好安全生产的积极性。多措并举，营造氛围，深入扎实开展各种形式的安全活动。

（二）依靠科技进步，促进安全高效发展

始终依靠科技进步，加大科技投入，大力发展采煤机械化，根据地区条件，实施轻型放顶煤和高档普采采煤工艺，现有轻放采煤队和高档普采采煤队各一个，采煤机械化程度保持了100%，2009年创出了轻放工作面单产6.75万t的成绩，综采机械化程度达到67.21%。在掘进上，推行柔模泵沿空留巷新技术，降低了巷道掘进率，掘进装载机械化程度达到100%。2009年在全岩、大断面、大倾角、锚网索支护的困难条件下，实现了月进150.5 m，掘进机械化程度保持了100%的水平。

（三）坚持以人为本，打造精细化高效队伍

羊渠河矿在实施精细化管理过程中，采取多样式、多形式、人人参与、全员参与准军事化训练等措施，利用集体升入井、手指口述法、安全确认等动态管理手段，锻造了一支思想进步、训练有素、作风顽强、纪律严明、素质过硬的团队。

（四）在生产组织上，严格按照定编、定员、定额的“三定”原则进行

首先，在定员定岗上，依据劳动定额标准，对凡是能够计算和考核工作量的班组或工种、岗位，制定出劳动定员标准；其次，严格控制采掘工作面个（头）数和人数；再次，为强化井下出勤管理，该矿在井口设立了考勤机，由专人负责监督检查。

冀中能源峰峰集团有限公司梧桐庄矿

一、基本概况

梧桐庄矿井位于河北省邯郸市峰峰矿区东南部，磁县西部，漳河、岳城水库以北，北距邯郸市 60 km，东南距河南省安阳市 45 km。京广线和 107 国道从矿井东部 15 km 处穿过，交通便利。井田南北长约 11.5 km，东西宽 0 ~5 km，井田面积 39.6 km^2。

二、2009 年矿井主要技术经济指标

2009 年矿井采煤由 1.5 组综采工作面进行，综采一队为主采煤队，担负矿井主要采煤任务，综采二队为辅助采煤队，兼管回采工作面的安装、拆除工作。原煤产量 300 万 t，矿井总进尺 21608 m，原煤生产人员效率 15.4 t/工，实现利润 50785 万元，人均年收入 52686 元，采区回收率 83%，百万吨死亡率 0。

三、安全高效矿井建设管理

（一）优化矿井开拓部署，奠定安全高效基础

梧桐庄矿地质条件复杂，地质构造以褶曲和断层为主，陷落柱较多；地面有大小 13 个村庄，村庄压煤占矿井储量的 57%。梧桐庄矿不断地对矿井设计方案进行优化，科学地提出了矿井开拓大巷由岩巷优化为煤巷，结合井下褶曲和断层构造布置大储量采区的方案，对矿井初步设计的 16 个采区优化为 7 个，采煤工作面走向长度由 1000 m 延长到 3000 m，为创建安全高效矿井奠定了坚实的基础。

（二）依靠科技进步，保障安全高效发展

近几年来，梧桐庄矿不断引进先进技术，积极探索和实践新的生产工艺，依靠技术进步，有效地保障了矿井安全生产。在煤巷支护方面，从回采巷道到采区准备巷道，再到矿井开拓巷道，全部推广锚杆支护技术，有效提高了巷道的支护效果和掘进速度，锚网支护占矿井支护的 98%。矿井岩巷采用中深孔爆破快速掘进技术，大大提高了岩巷单进水平。工作面采用顶板

锚注加固技术，成功地解决了大仰斜开采的技术难题。另外，变频技术在机电设备中的广泛应用，保证了设备的安全运行并节省了能源；大型潜水泵软启动技术实现了缓慢启动和停泵，提高了设备的运行性能。利用地面可控源音频大地电磁法、瞬变电磁法等先进电磁法物探手段，查明了采区断层、陷落柱的含水性及含水深度和范围；利用矿井地面注浆站对陷落柱和工作面底板注水泥、粉煤灰，进行加固，矿井涌水量已由最大时的17.5 m^3/min大幅减少至目前的5.0 m^3/min；305工作面回风顺槽成功安装了运人卡轨车，这样既能安全运输设备和物料，又能运送井下作业人员。

（三）坚持程序化管理，实现矿井安全高效有序发展

梧桐庄矿坚持程序化管理，每项工作都有其特定的操作程序，做到部门之间既有制约、又有协作，上下级之间、部门之间工作关系以管理程序为依据，矿井管理模式由垂直管理模式向扁平化管理模式过渡。如矿井防治水管理“十步骤”：①采区综合补充勘探及水文地质条件评价；②采区设计及防治水设计；③采区准备巷道掘进及异常地段的超前探水；④工作面设计及防治水设计；⑤工作面巷道掘进及异常地段超前探水；⑥工作面底板综合探测；⑦工作面底板注浆加固改造；⑧工作面开采安全性评价及突水抢险救援预案；⑨工作面回采期间的水文地质观测；⑩工作面采后总结等防治水工作。“十步骤”中的每一步骤都环环相扣，保证了防治水工作的实效性。

内蒙古平庄能源股份有限公司
老公营子煤矿

一、基本情况

老公营子煤矿位于赤峰市东 40 km，井田南北长约 2.7 km，东西宽约 2.24 km，井田面积约 6.05 km^2。煤层地质储量约 195 Mt，可采储量 112 Mt，矿井设计生产能力为 1.2 Mt/a，服务 67 a。井田内共赋存有 11 个煤组，18 个可采煤层，最大可采煤层总厚度为 72.42 m，可采煤层平均可采总厚度为 27.51 m，煤系地层平均厚为 550 m 左右，煤质为褐煤。该矿井瓦斯等级经鉴定为低瓦斯矿井。

该矿井开采方式为倾斜长壁近水平或缓倾斜煤层单一综采，开拓方式为立井多水平开拓。设两个开采水平，一水平标高为 +160 m；二水平标高为 +50 m；另设辅助水平标高为 +256 m。主井为多绳摩擦式 9 t 箕斗提升，副井为多绳摩擦式单层罐笼提升，主运输方式为皮带运输，通风方式为中央并列抽出式。

二、2009 年指标完成情况

2009 年老公营子煤矿生产原煤 118.14 万 t，完成掘进进尺 7483 m，实现利润 10477 万元，全年无死亡，原煤工效达到 11.02 t/工，矿井综合单产达到 122440 t/（个·月），员工平均收入 58430 元/人。采区回采率完成 81.2%，采煤机械化程度达到 100%，掘进装载机械化程度达到 98.92%，综掘机械化程度达到 72.24%，各项指标均已达到特级安全高效矿井标准。

三、实现安全高效矿井的措施

（1）明确责任分工，界定责任范围。对生产工艺流程全面进行梳理、整合、优化，对影响效率、效益的环节进行调整，清晰科室、区队、班组、岗位的责任边界，全面细致地修订岗位责任制、安全责任制和岗位工作标准。

（2）建立全方位的闭环考核体系，对工作流程的各个环节、各道工序进行拆分、量化，严格地监督和控制，建立一级考核一级、一级对一级负责的层级管理机制，实行责任追溯和责任追究制度，奖优罚劣，促进执行力的提高。

（3）大力开展岗位练兵、技术比武活动，激励员工在实践中提升技能。该矿形成“技术培训、岗位练兵、技术比武、考核升级”四位一体的运行机制，积极倡导教绝招、传名技、带高徒，使高技术、高技能、新经验转化为员工共享的财富和现实的生产力。

（4）强化系统和流程管理。优化劳动组织，科学配置人力资源，落实岗位责任制，提高工作质量和工作效率。优化生产系统，重点解决系统中的瓶颈问题，使系统和环节能力相匹配。改进工艺流程，淘汰落后工艺，加快先进技术和先进工艺的推广。

（5）从技术管理入手，实行技术创新。积极解决影响生产环节的突出问题，创新生产工艺，加强技术攻关改造，先后对掘进生产工艺、支护设计进行创新优化，对主运输和辅助运输系统进行了改造。一系列技术改造创新项目，使工艺更加先进合理，系统运转更加顺畅高效。

（6）推进高产高效采煤队和快速高效掘进队建设。从技术管理入手，实行技术创新，优化设计，使采场的技术参数更科学合理，使系统运转更顺畅高效；推行正规循环作业、强制检修和预防检修制度，提高设备的保养水平和检修质量，把中断影响降到最低程度。

（7）在安全管理上引入激励机制，拿出月度工资总额的30%用于安全和质量标准化的奖励，重奖重罚。推行安全结构工资制和管理人员安全风险抵押制，以区队、班组为基础，实行连带责任制；签署工作联保互保、互相监督、互相提示的安全协议，对“三违”人员、事故责任班组、区队互保人员加大连带处罚力度。

铁法煤业（集团）有限责任公司大平煤矿

一、矿井概况

大平煤矿地处沈阳市康平县境内，隶属铁法煤业（集团）责任有限公司。矿井井田南北长 8.7 km，东西宽 3.6 km，面积约 28.61 km^2，保有工业储量 268411 kt。1993 年开工建设，2002 年 9 月试生产，2004 年 10 月正式投产，设计生产能力 240 万 t/a，核定生产能力 405 万 t/a。煤层走向大体呈北西方向，岩层倾斜平缓，一般在 7°～9°，向井田边缘地层倾角增大，最大可达 23°。矿井开拓方式为立井单水平上下山开拓，井下开拓水平为 -535 m水平，工作面采用走向长壁式综采放顶煤采煤法进行开采。

二、2009 年各项指标完成情况

原煤产量完成 405 万 t；掘进进尺完成 5158 m；原煤工效为 17.632 t/工，比计划提高 1.568 t/工；企业利润达到盈利 6.173 亿元，同比增盈 0.502 亿元。安全生产方面，杜绝了重伤以上人身事故和重大非伤列级事故，实现了安全生产。人均收入达到 58449 元，同比提高 7756 元。

三、生产组织和科学管理方面取得的经验及做法

（一）科研管理

一是年初完善了科技体制及相关规章制度；二是严格制定并考核科技投入及完成情况，为水体下特厚煤层综放开采论证、完成选煤厂远程控制改造、副井提升系统改造和软岩巷道支护等项目提供了资金保障；三是积极进行新技术的推广与革新。

（二）精心组织，合理安排，原煤生产井然有序

一是科学组织原煤生产。首先，综采队合理采放工艺，精采细放，资源回收率提高了 10%，多回收煤炭 100 多万吨；其次，依靠科学手段，超前做好 N1S2 两顺维护工作，综维队采取“综合补强”等办法，解决了采场“关门”现象，确保了工作面安全推进。

二是狠抓接续工作。优化设计，科学布局，克服 S2S9 工程量大、战线

长、环节多、构造复杂等困难，及早动手，精心组织，应用了掘进转载机和“无极绳绞车”，提高了工作效率；实行“三班四倒”工作制，提高了单进水平，创出了极软岩矿井圆棚支护月进尺 380 m 的历史单进最好水平。

三是大力推进科技创新。科技人员通力合作，完成了矿井电力、皮带和排水等集控系统的升级改造，井下中央变电所、南北翼变电所和中央主排水泵房、采区皮带等全部实现了矿调度远程集中控制，提高了矿井自动化、数字化水平。

（三）强化管理，标本兼治，安全基础更加牢固

一是突出重点，狠抓防治水工作。建立和完善了矿井防治水预测预报系统，实现了对井下涌水量、排水量和水文变化的自动监测；组织施工了矿井防水闸门；积极与科研院所合作，进行了矿井防治水综合技术研究，并开展了全员防水知识普及教育，实现了水库下安全开采。

二是推行安全精细化管理。进一步加强了“三项制度”的落实，信息中心开发的“安全管理系统”，实现了干部走动式巡查和隐患管理的信息化和闭环控制，增强了现场管理的科学性、主动性和自觉性，确保了安全生产。

三是不断夯实安全基础工作。将“五精管理”与质量标准化有机结合，并且赋予了标准化新的内涵，矿井质量标准化实现了质的飞跃，保持了行业一流水平。

铁法煤业（集团）有限责任公司
小 康 煤 矿

一、矿井概况

小康煤矿是铁煤集团公司八个生产矿井之一，井田位于三台子煤田东侧，地处辽宁省康平县境内，距康平县城 13 km，距法库县城 18 km，距铁煤集团公司所在地调兵山 35 km，有矿区铁路与国铁交轨，交通运输比较方便。

矿井于 1990 年 11 月 15 日正式投产，设计井型为年产 150 万 t，2008 年核定生产能力为 260 万 t/a，采用立井单水平上、下山开拓，矿井煤炭运输各区段都是采用带式输送机运输，辅助运输为一吨矿车。

二、安全高效矿井建设情况

2009 年实际完成原煤产量 260 万 t，最高日产 11304 t，平均月产 230496 t，原煤生产人员效率 12.17 t/工，实现了安全高效。

2009 年，在保证安全、技术、装备等投入的前提下，尽最大可能地节约开支，实现利润 9336 万元，全矿职工平均收入 47166 元，高于本企业上年度 40391 元的 16.98%。

按照集团公司和矿文件所提出的指导思想和奋斗目标，以对职工高度负责的精神，正确处理了安全与改革、发展和稳定的关系，广泛开展安全月等阶段性安全生产活动；在采掘工作面实行挂牌管理，限定同时进入工作地点的人数；并根据各煤矿企业事故教训，深入开展职工安全思想教育，胜利实现安全生产零亡人。

坚持高标准安全质量标准化建设，狠抓现场管理，实现作业施工现场标准化动态达标。坚持从严治矿，落实三项制度，继续保持健康稳定的安全生产局面。全面加强企业管理，广泛开展精细管理推进年活动，深化“3+1”岗位价值精细管理，实现了企业经济效益大幅增长。加强企业文化建设，搞好各级班子建设，为矿井“三个发展”提供理念引领和组织保证。该矿被中煤政研会命名为全煤企业文化示范矿。

加大了对职工安全技术培训的力度，努力提高职工的安全技术素质。要求全矿所有特种作业人员均持有三级培训中心下发的技术资格证和操作资格证，其他一般工人均持四级培训中心下发的安全资格证上岗，大大提高了职工的本职、本岗工作的业务水平，提高了他们的操作安全认识。要求各级安全、生产管理人员均持有二级培训中心培训合格下发的安全资格证上岗，并在本矿内对全矿所有生产管理人员进行不定期的考核，提高了业务水平和管理水平。

围绕提升矿井现代化管理水平，加强了企业信息化建设，建立了稳定的信息管理平台，内容包括小康矿调度指挥信息系统、S500 森透力昂煤矿监测监控系统、小康矿安全监察系统、井上下考勤系统、人员定位系统、小康矿销售管理系统、工资结算系统、皮带集中控制系统、选煤集中控制系统、GE2004 档案管理系统、作业规程管理系统等，几乎囊括了矿内各单位、各部门所有的报表和技术文件等大量数据。通过信息平台的建设，使小康矿的管理水平提高到了新的层次，特别是调度指挥系统的建立和完善，使矿调度能全程监控生产各个环节，更好地实现了矿调度协调指挥全矿生产的作用。矿各单位日常办公使用“铁煤集团办公自动化系统”，实现了矿内各单位、各部门间无纸化办公。

铁法煤业（集团）有限责任公司大隆矿

一、矿井概况

铁煤集团公司大隆矿位于铁法煤田中西部，地处辽宁省调兵山市晓明镇。1966年9月1日破土动工，1972年末简易投产，年设计能力90万t。1989年进行改扩建，1993年扩建后移交生产，年设计生产能力180万t。2006年核定能力为295万t，2009年产量为255万t。

大隆矿开拓方式为立井双水平分区式开拓，第一水平标高－375 m，第二水平标高－550 m，延伸第二水平采用暗斜井延深。大隆矿有4个井筒，在井田中央有主井、副井、中央风井，在井田北侧边界处有一边界北风井。采煤方法为长壁后退式，采空区管理为自然垮落法，所采煤层顺序为由上而下开采；矿井通风方式为中央并列与中央边界混合式通风，通风方法为抽出式；矿井主运输全部采用带式输送机运输，辅助运输采用电机车及小绞车运输。

二、2009年各项指标完成情况

2009年矿井没发生亡人事故，百万吨死亡率为0。利润完成了10536万元。掘进进尺完成了14277 m，同比多掘4189 m。综采机械化程度为100%，掘进装载机械化程度为100%，其中综掘机械化程度为77.4%。矿井采掘关系正常，现生产水平剩余可采储量4486.8万t，下水平于2005年11月开工，下水平可采储量5290万t。矿井2009年回采工作面多为中厚煤层，采区回采率：中厚煤层为80.65%，厚煤层为79.25%，符合要求。2009年矿井生产原煤255万t，其中综采产量221.79万t，矿井全年采用一套综采生产，综采单产为228182 t/(个·月)，原煤生产人员效率为12.005 t/工。

三、2009年的主要工作

（1）科学组织，合理布局，确保采场正常接续。经过科学组织，合理调控，在加快掘进进度、提高掘进质量的同时，调整队伍布局，重点抓了综采工作面的安装、拆除工作，全年安拆工作面9次。在掘进工作方面，主要抓了采煤工作面的掘进工作，保证了采掘接续的平衡发展。下水平开拓工程自2005年末开工以来，累计掘进13696 m，为以后的采场、采区和水平接续提供了可靠的保证，打下了良好的基础。

（2）夯实基础，全员参与，确保安全生产目标的实现。大力实施精细化安全管理工作，狠抓现场的安全管理，增强了员工的标准化操作意识，提高了安全操作水平，保证了矿井的安全生产。

（3）大力推进科技创新。紧密结合煤炭生产实际情况，进一步把科技创新工作摆在企业发展的重要位置，促进各项工作的健康发展。如在综采工作面的安拆过程中，不断总结经验和不足，将电动起吊间的基础架改为液压升降梁，将原撤出三角区的木棚支护改为支架支护。通过安撤设备的改进，大大减轻了工人的劳动强度，实现安全、快速的工作面安拆工程。

（4）加强煤质管理。从采场设计开始实行合理布局，在生产实际中重点加强了工作面伪顶管理，减少岩石混入，保证煤质稳定。矿井维修及采掘进工作面劣质煤通过主井单提入洗或直接落地，实现了煤岩分运、煤水分流。将地存末煤分为多个热值区间，分别装路车销售，发往特定用户。加大入洗量，提高洗产品量，加快煤泥干燥系统施工，提高煤泥发热量。

铁法煤业（集团）有限责任公司小青矿

一、基本情况

铁煤集团小青矿位于铁法煤田的东缘，行政区划属辽宁省调兵山市晓明镇，井田南北走向平均长为 8.20 km，东西倾斜平均宽为 4.29 km，井田面积为 35.19 km^2。小青矿交通十分便利，矿区铁路及公路横贯井田南部，矿工业广场距大青编组站西端 1 km，大青编组站铁路通达铁岭，与长大线铁路接轨，通往全国各地。

小青矿是国家“五五”期间的重点建设项目，矿井由沈阳煤矿设计院设计，1975 年 5 月 1 日开工建设，1984 年 12 月 15 日投产。矿井原设计生产能力为 120 万 t/a，服务年限 90 a，经过技术改造，核定生产能力为 250 万 t/a。

小青矿地质储量 19772.5 万 t，可采储量为 14155.1 万 t，煤种为烟煤，煤质牌号以长焰煤为主，深部有部分气煤。小青矿煤炭适宜作动力用煤和民用煤。

矿井采煤系统装备有一套大功率综采设备和一个自动化刨煤机设备，掘进系统装备有 4 套综掘设备。小青矿矿井开拓方式为立井，分水平集中运输大巷开采。设计各采区内均采用单一走向长壁布置工作面。采用综合机械化采煤，自然陷落法管理顶板，工作面采用后退式开采。

二、2009 年主要技术经济指标完成情况

原煤产量全年计划 250 万 t，实际完成 250 万 t。掘进进尺全年计划 13500 m，实际完成 13821 m，其中综掘进尺 11830 m，综掘程度达到 85.59%。采煤机械化程度达到 100%，掘进装载机械化程度为 100%。全员工效达到了 13.612 t/工。经济效益显著，实现利润 436 万元。矿井质量标准化达到了部级标准；百万吨死亡率为 0，全年无亡人事故。

三、生产组织和科学管理方面取得的经验和具体做法

（1）长远规划，合理安排，确保采掘正常接续。为矿井长远打算，定

期编制十年、五年和三年规划，对矿井总体发展趋势和接续情况进行详细安排，为全矿采掘正常接续打下了坚实的基础。

（2）以人为本，提高效率，调整作业方式。采掘等一线单位员工采用“四班三倒”的作业方式，彻底改变传统的“三班倒”的作业方式，使得员工在得到很好的休息的同时，提高了工作效率。

（3）安全第一，均衡稳产，完善正规循环。随着采掘工作科技含量的逐渐提高，施工工艺也相对变得复杂；随着工序的增加，影响安全生产的因素也随之增加。为保证安全生产，小青矿将“安全确认”和“三三整理”管理方式融入到作业循环中，使得稳产中达到高产。

（4）安拆工作注入更多科技元素，缩短安拆时间，提高效率。由于小青矿块段小、储量小的采煤工作面逐渐增多，导致工作面安拆频繁。该矿在过去安拆工作经验的基础上，根据现场实际情况研制了安装大车、机械手、撤除平台、装车平台等，使安拆变得非常容易，同时优化了施工工艺，真正实现了优质、高效、安全。

（5）改革创新，沿空留巷效果显著。沿空留巷工艺缩短了掘进时间，保证了采掘接续，同时改变了传统的采煤工作面通风方式，从根本上解决了采煤工作面后三角点瓦斯超限的问题，保证了安全生产。

（6）加强现场管理，狠抓工程质量，确保工作面动态达标。该矿在采、掘、维等单位实行质量日检、旬检制度，从而保证了采煤、掘进、维修等工作面的工程质量，确保了安全生产。

铁法煤业（集团）有限责任公司
大明煤矿

一、矿井概况

大明煤矿始建于1958年，是铁法矿区最早开发建设的矿井。该矿一矿两井（斜井、立井），多水平开采，块段小、断层多、坡度大，赋存条件复杂，搬家倒面频繁，随着矿井开采不断延深，安全管理难度越来越大。

大明煤矿斜井采用斜井多水平开拓方式，年核定生产能力为150万t。大明煤矿立井处于残复采阶段，对工业广场煤柱及一些边缘剩余块段进行回收，可采储量258万t，年核定生产能力为60万t。开拓方式为竖井集中运输大巷、采区石门、上下山开拓，现有东翼、南二两个生产系统。采煤方法为走向长壁、全部陷落法，运输方式为材料运输利用1t矿车，生产采区利用皮带运输煤炭。通风方式为中央并列分区式，瓦斯绝对涌出量为6.44 m^3/min，相对涌出量为14.24 m^3/t，煤炭自然发火期为3~6个月。

二、2009年主要技术经济指标

截至2009年12月31日，该矿实现连续安全生产1805天。原煤产量：111万t；掘进进尺：13466 m；员工年人均收入：39980元；全员工效：5.278 t/工。

三、生产组织和科学管理方面的具体做法

一是实行精细化安全管理。

（1）通过强化班前会主题教育、开展安全心理拓展训练、心理减负、开发应用人体生物节律与测试系统、建立现场培训基地等形式，不断增强安全思想教育的实效性。

（2）以准军事化为切入点，以“三项制度”（手指口述、安全确认、三三整理）为核心，强力推行岗位描述、隐患“四预”、个人防护装备、防灾避灾等13种安全行为养成。

（3）针对两井生产、有近70000 m巷道的实际，按照量化考核“实证化”、隐患整改“闭环化”的原则，实行“干部走动式管理”。按照工作现场安全级别，划分4个等级的管理区域，细化干部走动路线，实现全覆盖。巡查人员携带C卡，现场记录所发现的问题，并经作业人员签字认定。走动巡查问题在内部网站公布并由专人负责整改验收，走动巡查成效与安全奖励挂钩，形成激励约束机制，提高现场管控力。

（4）健全安全诚信激励约束机制。建立全员安全诚信档案，并作为评选星级员工、诚信员工的依据。实行跟班干部、班组长“三违”积分制，积分达到临界状态，进行戒勉谈话，突破警戒线，则调离岗位。实行安监人员“三违”、隐患工分制，将具体监察的地点、排查隐患、查处“三违”情况与安监员工奖金挂钩。实行“五大员”责任津贴制，月考核、月兑现，奖罚对等。

二是实行精细化生产经营管理。

（1）从设计入手，依靠综采、综掘机械化装备，提升员工标准化操作水平，提高单产单进水平。应用大角度旋转开采、不等长工作面回采、过旧巷开采、掘煤柱填矸石等生产新工艺，精采细采，提高煤炭回收率。

（2）重点控制井下毛煤外在灰分、水分的混入，严格井下采、掘、运生产过程中各个环节的煤质管理，实现煤岩分运、煤水分流。通过科学洗选，推行采制化精细管理，提升效益水平。

（3）实行全员目标成本控制。将商品煤成本中的材料费、电力、修理费及其他支出作为目标成本管理对象，指标分解落实到各职能科室和基层单位，确保完成目标成本计划。

（4）建立了全面安全管理、全过程质量控制、全员目标成本考核和岗位价值核算，采用“3+1”岗位价值精细管理模式。通过科学的岗位评价，合理划分岗位构成，将价值核算落实到岗位。根据各岗位月份考核结果，及时发现和调整岗位定额及材料使用周期目录，并将两级机关管理人员服务质量、工作绩效纳入岗位价值考核。

铁法煤业（集团）有限责任公司晓南矿

一、矿井概况

晓南煤矿是铁法煤业（集团）有限责任公司所属的大型现代化矿井之一，位于铁法煤田的东南部，地处辽宁省北部调兵山市区境内辽河北畔，东距铁岭市 35 km，南距沈阳市 110 km。晓南煤矿南北走向长 5.47 km，东西宽 4.2 km，面积为 23 km^2。

矿井设计生产能力 150 万 t/a，矿井核定生产能力 210 万 t/a，煤炭洗选加工能力 100 万 t/a。煤炭开采主要为走向长壁和倾斜长壁综合机械化采煤法，顶板管理为自然垮落法。

二、2009 年主要技术经济指标完成情况

2009 年矿井无重伤以上人身事故和重大非伤亡列级事故，百万吨死亡率为零。2009 年矿井销售净盈利 4067 万元，职工收入实现 6.23 万元，比 2008 年 5.41 万元增收 0.82 万元，增幅 15.2%。矿井水平接续正常，采区、工作面开采符合国家要求；采煤方法符合《煤矿安全规程》规定；矿井采区薄煤层回采率达到 89%，中厚煤层回采率达到 86.08%，符合国家规定。综采机械化程度为 100%，掘进装载机械化程度达到 100%，综掘机械化程度为 82.18%。坚持以安全生产为基础，严格按照井下采煤工作面定员不超过 29 人、掘进工作面不超过 9 人、采区不超过 100 人的规定执行。

三、依靠科学技术，使企业不断发展壮大

强化计算机网络化管理，实现矿井安全检测监控。晓南矿计算机应用起步早、范围广、硬件配置高，全矿所有科室、区队全部配备微机、打印机，并联入国际互联网。应用 OA 系统，所有的文件通过网络上传、下达，实现电子办公，人事、财务、供应、销售等应用不同的信息系统，所有报表都由专门数据库处理，并实现各系统的资源共享。选煤自动化集中控制、井口绞车自动控制、调度模拟盘信息系统、入井人员无线定位系统等微机控制系统在矿井生产中发挥着重要作用。

长期以来，晓南矿始终坚持以创建具有国际先进水平的大型现代化矿井为目标，以提高矿井经济效益为中心，以安全为重点，走“科技兴矿”之路。用现代开采体系作指导，从创建井下集中生产格局做起，瞄准国内外采掘技术装备发展前沿，组织工程技术人员联合高校和科研院所技术力量，大搞科技攻关，发展采掘机械化和支护新技术，改造矿井运输、提升、选煤系统等生产环节，提高技术装备档次，发展自动化，同时改造通风安全保障系统，从源头上防止矿井重大恶性事故和灾害的发生，为安全生产提供可靠技术保障。至今，该矿井已稳健步入集约化生产、健康、可持续发展之路，呈现出了无限的生机和活力。

抚顺矿业集团有限责任公司老虎台矿

一、基本情况

老虎台矿位于抚顺煤田中部，井田走向长4950 m，南北宽2000 m，面积约10 km^2。属特厚煤层，煤层平均厚度为55 m，最大埋藏深度1200 m。至2009年末，矿井地质储量6073.55万t，可采储量4139.75万t。矿井采用斜竖井混合开拓方式，采煤方法为倾斜分层下行走向长壁综合机械化放顶煤开采。

老虎台矿是开采于1907年的百年老矿，并受着保城限界、资源枯竭、机械化程度飞速提高人员富余等多方面因素影响，老虎台矿在克服重重困难的同时通过调整思路、更新观念，从减少井下生产人员、精采细收、科学管理等方面入手，使得安全高效各项技术经济指标稳中有升。

二、安全高效矿井建设情况

（一）安全生产

（1）建立健全了上至矿长、下至每名员工的各级安全生产责任制、安全目标管理、安全投入保障等安全管理制度，形成了比较完整的安全保障运行机制。

（2）加强了“一通三防”管理，认真落实了“通风可靠、抽采达标、监控有效、管理到位”十六字方针，有效遏制了“一通三防”事故的发生。

（3）安全生产竞赛提高了全矿员工抓安全的积极性。结合矿井实际，制定了带班队长、班组长和员工安全生产竞赛方案，每月达到要求的，会得到一定的安全奖，特殊时间段还将翻番得奖，使安全生产同每位员工的经济利益有机地联系在一起。

（二）经济效益

在保证安全生产各项必要投入的前提下，经济效益稳步提升，实现利润14296万元。

（三）矿井安全监测监控

1. 瓦斯监测监控系统

采用KJ2007安全监控系统和KJ136矿井瓦斯抽放监测系统。矿井各种参数监测总数量为254个，其中KJ2007安全监控系统是由KJ2000矿井监控系统升级的产品，监测数量为160个，KJ136瓦斯抽放监测系统监测数量为94个。KJ2007安全监控系统是在原KJ4安全监控系统基础上进行升级改造而建立的，它不仅兼容了最原始的KJ4及KJ2000安全监控系统的所有性能，而且还增加了故障断电等功能，有效地保证了矿井的安全生产。

2. 矿井水监测监控系统

（1）2008年该矿安装了一套由西安煤科分院开发研制的KJ117水压实时监测系统，并于2009年进行增容改进，在井下分水平安设了15个监测站，实现了对井下来水点涌水量24 h实时监测，使用效果很好，为矿井水灾防治工作起到了重要作用。

（2）为确保矿井安全生产，该矿与煤科总院西安分院合作，利用“瞬变电磁法”对地表进行赋水性探测、利用地质雷达对导水裂隙及冒落带进行探测、对现采面及准备面进行了顶板赋水性探测，并形成了探测分析报告，为矿井回采工作面综合防治水工作提供了重要依据。

3. 微震监测系统

该矿从波兰引进了ARAMISM/E微震监测系统；同中国矿业大学（徐州）合作，研制了KDB7和KBD5电磁辐射仪，24 h监测矿井微震事件。

山西国阳新能股份有限公司一矿北丈八井

一、基本概况

山西国阳新能股份有限公司一矿隶属阳泉煤业（集团）有限责任公司，地处山西省阳泉市西北部，井田位于山西省沁水煤田的北部，东西走向长14.5 km，南北倾斜宽9.8 km，井田面积83.6126 km^2。北丈八井主工业场地位于井田东南部，矿井现核定生产能力为750万t/a。矿井相对瓦斯涌出量为19.51 m^3/t，绝对瓦斯涌出量为241.06 m^3/min，为高瓦斯矿井。

本矿井划分为南北两个条带生产，盘区式开采。采用工作面走向长壁采煤法，后退式开采；采用综合机械化放顶煤一次采全高采煤方式和全部垮落法管理顶板。

二、2009年主要技术经济指标

北丈八井全年生产原煤543.32万t,矿井综合单产达到150852 t/(个·月)。原煤生产人员效率达到17.171 t/工，实现利润1800万元，人均收入6.836万元，机械化程度达到100%，百万吨死亡率为0.184。

三、建设安全高效矿井的主要做法

（一）改造矿井运输，提高生产能力

针对北丈八井大巷运输严重制约生产的实际情况，大胆进行运输工艺与生产的配套改革，不断改造运输薄弱环节，加快运输向现代化矿井迈进的步伐，在西翼增开了一条皮带巷，这条皮带巷的使用大大缓解了大巷运输压力，解决了运输效率低的问题。小巷运输采用无极绳连续牵引绞车逐步取代对拉绞车，积极推广使用雷达常闭式跑车防护装置，增加了小巷运输的安全性。

（二）以“一通三防”为重点，强化瓦斯管理，杜绝重大事故发生

北丈八井为高瓦斯矿井，强化“一通三防”管理，积极探索瓦斯治理

新技术，是发展煤炭生产、建设安全高效矿井的关键。进一步完善瓦斯抽放系统，加大瓦斯监测系统升级工作，使监测系统更加安全、可靠。积极探索和优化工作面参数，最大限度地发挥瓦斯抽放设备的优势，有效解决工作面瓦斯问题，为实现高产高效提供有力的保证。2008 年推广使用了后高抽，很好地解决了大采长、大走向工作面初采瓦斯问题；并进行了大直径钻孔代替后高抽巷的试验与研究，取得了很好的效果。

（三）改造洗选系统，提高洗选能力

随着科技投入不断增加，生产能力不断攀升，选煤厂只有不断进行改造，提升洗选能力，才能适应生产的需要。为了适应市场需要，提高产品质量和生产精煤，该矿重点围绕达产、达效和达标，实施“三达”工程，对生产工艺和设备进行多项革新、改进。一是粒级煤技改工程；二是 3 号煤分装分运工程；三是 1 号强力皮带改造工程；四是自动注油系统工程；五是强力皮带变频技术的应用；六是设备环节的软着陆；七是跳汰系统改造；八是充分应用新技术、新设备，提高选煤厂现代化水平。特别是装车系统改造项目被山西省鉴定为国内领先水平。

（四）加大科技投入，为安全高效生产保驾护航

一矿始终坚持依靠科技保安全的方针，始终坚持“科技、装备、培训”并重原则，有力促进了安全生产。通过加强机电设备的技术改造，使事故率大大降低，为高产高效提供有力保证。为满足安全及高产高效的要求，近年来，该矿综采综掘设备不断向大功率、高强度、高技术方向发展，装机容量大幅提高。

（五）矿井安全管理在夯基固本中平稳推进

扎实推进生产安全专项治理整顿，狠抓质量标准化建设。该矿以打造本质安全型矿井为目标，重点在本煤层预抽、通风系统改造、大小巷运输管理、临近采空区巷道支护、机电设备检修维护等五个方面进行大胆探索、有益尝试，为全矿安全工作平稳推进铺平了道路。

阳煤集团寿阳开元矿业有限责任公司

一、基本情况

开元公司矿区位于山西省寿阳县城西北 14 km，行政区划属寿阳县平舒乡及南燕竹乡管辖，隶属阳泉煤业集团公司，属于国有煤炭企业。矿区地理坐标为东经 112°58′00″～112°59′24″，北纬 37°55′06″～37°58′35″。矿区交通便利，307 国道从矿区南部穿过，连接太旧高速公路出入口；全长 20.5 km 的煤炭铁路专用线与晋煤外运大动脉——石太线寿阳车站连通。

开元公司采用斜井开拓方式，共有主、副两个斜井，主井用于原煤的运输及行人，副井用于运输各种材料设备。开元公司现开采的煤层为 3 号及 9 号煤，共有采煤队 2 个、掘进队 5 个。2009 年，开元公司井下各工作面为综采和综采放顶煤工作面，采用综合机械化（放顶煤）一次采全高的采煤方法。

二、2009 年主要技术经济指标

2009 年公司实际完成产量 299.87 万 t，矿井百万吨死亡率为零，实现利润 5831.35 万元，职工收入为 5.3253 万元，高于本企业上年度 15.4%，矿井原煤生产人员效率达到 13.802 t/工，综合单产为 12.7556 万 t/(个·月)。采区回采率：中厚煤层为 86.7%，厚煤层为 77.6%。采煤机械化程度为 100%，掘进装载机械化程度为 100%，综掘机械化程度为 83.37%。所有技术经济指标均达到了特级安全高效矿井标准。

三、建设安全高效矿井的主要做法

（一）落实基数增长，强化经营管理，经营业绩显著提升

按照集团公司基数增长和业绩考核办法，公司把各项指标分解到责任领导和部门，保证了六大业绩指标及其他生产经营指标的圆满完成。在节约型企业建设方面，公司严格执行逐月资金计划会审和上月资金执行情况分析制度，严肃了资金管理；强化工程管理，控制专项资金使用，规范了各项工程的立项；大力开展回收修旧工作，全年共回收价值 598 万元，废旧物资变现

60 万元；从紧缩资金和降低成本两方面采取措施，积极应对经济形势变化。

在岗位价值精细管理和现场成本管理的基础上，结合实际推行“1 +3”精益管理模式，优化管理流程和生产流程，达到了降低成本和提高效益的目的，提升了公司的核心竞争力。

（二）加快科研及技术革新，推进精益管理

2009 年开元公司组织实施并申报评审的科技项目共 64 项，科技创新、科技进步项目的组织实施为企业的快速发展和 2009 年产量进尺任务的完成起到了积极的作用，同时也为企业创造了极大的经济效益和社会效益，根据项目效益概算，2009 年全年共创经济效益 326. 8 万元。

（三）建立安全长效机制，努力打造本质安全高效型企业

为了实现安全生产，公司构建安全长效机制，形成全方位管理、全过程控制和全员性参与的安全管理格局。强化现场安全质量管理，消除临时突击达标观念，保证了井下作业场所质量标准化工作动态达标。认真落实各级安全生产责任制，切实贯彻干部走动管理、队干跟班、安全监察、“手指口述”、个人安全技能账户、安全抵押和安全奖惩考核等制度，并作为一项长效措施严格执行，形成了“人人、事事、时时、处处”都要安全的管理格局。党群工作部紧紧围绕安全生产，从宣传教育、调节思维、行为养成等 12 个方面入手进行安全教育，不断提高员工的安全认识，锻炼行为养成，规范操作行为。全体职工牢固树立“六个一切”的安全定位理念，瞄准“六个零”的安全奋斗目标，确认五种安全基本理念，努力打造本质安全高效型企业。

阳泉煤业集团三矿煤业有限责任公司

一、矿井概况

阳煤集团三矿成立于1950年，位于山西省阳泉市的西部，距阳泉市中心7.5 km，井田面积27.37 km^2，西邻太（原）旧（关）高速公路西出入口，石（家庄）太（原）铁路和307国道横穿矿区，有着极为便利的交通条件。

2009年末该矿有地质储量19802.1万t，可采储量11340.9万t，主要开采上石炭系太原组与下二迭系山西组两个煤系的煤层，可采煤层3层，主采3号、15号两个煤层。开拓方式为斜井、立井综合开拓，采煤方法为走向长壁后退式综采放顶煤采煤法，顶板管理采用全部垮落法。

二、2009年主要技术经济指标

2009年竖井积极进行安全高效矿井建设，优化采区设计，立足老矿挖潜，矿井全年完成原煤产量346.94万t，职工人均收入68234元，实现利润935万元，百万吨死亡率为0.288。

三、建设安全高效矿井的主要做法

（一）加强劳动组织管理

根据集团公司的定员标准，本着精干高效、先进合理、安全生产、节约挖潜、有利于理顺核算体系、完善经济责任制考核的原则，对采、掘、机、运、通五大生产系统进行了合理的定员。为使人力资源配置更加优化、更加科学化，在岗位设置上，坚持提倡一专多能、兼岗操作的用工形式，减少岗位作业人员浪费。在劳动分工方面，实行综合作业、巡回作业的方式，使生产队组工作量达到满负荷。在工作制设置上，根据各生产单位的生产运输条件，除采用劳动法规要求的“三八”制、“四六”制外，还针对生产和运输战线长的特殊情况，在部分生产队组推行“二九一六”工作制，减少了因路途远而产生的无效劳动时间，减少了员工劳动强度，最大限度地提高了劳动效率。

（二）实现计算机网络化管理

随着信息化技术的飞速发展，信息化技术在煤矿安全、生产、经营管理过程中的应用越来越广泛，目前该矿已经形成覆盖全矿各个单位及井下作业地点的信息化管理网络。

目前共有联网电脑600台，包括中心机房2个、调度机房4个、服务器20台，全部采用千兆网连接，百兆到桌面。企业应用软件系统包括井下定位系统、稽核系统、安全生产信息系统、安全隐患信息反馈系统、成本管理系统、OA办公系统、安全培训考试系统、干部绩效管理系统、考核系统、合同审计管理系统、领导任务交办系统、综合自动化平台、物资供应管理系统等等，大大方便了企业管理，提高了网络办公效率。通过信息化技术的应用，逐步实现了信息化促进工业自动化目标，提高了现代企业管理水平，同时也提高了煤矿安全、生产、经营管理水平。

（三）提升矿井安全监控水平

该矿现有3套安全监控系统，其中竖井区采用KJ90NB矿用以太环网监控系统，裕公区采用KJ4N监控系统，地面抽放泵站采用KJ101N监控系统。目前，全矿共敷设主传输线45 km、光纤9 km、传感器线62 km，井上下共安设分站71台（套），瓦斯传感器163枚，开停、馈电传感器83枚，风速、温度、一氧化碳等其他传感器38枚。监控（测）系统覆盖了全矿所有的采、掘、开、回收队组及地面抽放泵站、选煤厂、主扇风机房，对生产环境及各主要生产设备运行状态进行实时数据采集、传输、显示、统计和控制。

阳煤集团新景矿煤业有限责任公司

一、基本概况

山西新景矿煤业有限责任公司位于山西省阳泉市西部，井田位于山西省沁水煤田的北部，隶属于阳煤集团管辖，属于煤与瓦斯突出矿井。矿井井田东西走向长约 9.0 km，南北倾斜宽约 7.5 km，面积为 64.7477 km^2。2008 年，山西省煤炭工业局对该公司最终核定生产能力为 7.5 Mt/a。公司实行二级管理，在册员工 6986 名。

新景公司采用主斜井—副立井综合开拓方式，井下采用集中运输，分区开拓。采用采区前进式、工作面后退式、倾斜长壁采煤方法，全部垮落法管理顶板。其中，3 号煤、8 号煤为单一煤层，布置了综采工作面进行开采；15 号煤为中厚煤层，布置了综放工作面进行开采。

二、2009 年主要技术经济指标

新景公司 2009 年原煤产量实际完成 623.07 万 t，较去年同期增长了 71 万 t；实际总进尺完成 42008 m，较去年同期减少了 1528 m；综合电力消耗 20.8 （kW·h）/t，较去年同期降低了 0.48（kW·h）/t；回采效率 46.37 t/工；掘进效率 0.23 t/工；回采面单产实际完成 12.3094 万 t；掘进面单进完成 162.05 m；回采率实际完成 82.4%；原煤选块率实际完成 4.43%；员工人均收入达到 54424 元，较去年同期增长了 13.5%。

三、建设安全高效矿井的主要做法

（一）安全管理力度加大

从严落实安全生产责任，狠抓了安全质量标准化工作，完善了无人值守配电室和井下安全展厅等“亮点”工程。实施“日标”工程，加大质量标准化定级验收，矿井质量标准化评比多次名列公司前列。成立运输、通风、机电 3 个安监小分队，提高了安全管理水平。全年安全费用投入 3239 万元，更新改造了通风、机电、运输等设备设施。完善安全管理制度，从严落实安全账户和安全风险抵押政策，加大安全问责力度。

（二）环节管理明显提高

该矿坚持把“一通三防”放在安全工作的重中之重，充实了通风队伍，完善了“三大系统”，进一步遏制无计划停风。建立井下局扇变频调速系统，继续推进防尘工作，扎实抓好防突措施落实。加强机电管理，坚持设备包机制和强制检修制度，提高了开机率。优化采区和工作面设计，准确提供地测资料，精心组织矿压观测。加强物资供应管理，确保设备、配件、材料及时到位。

（三）科技创新效果显著

该矿完成了全矿供水计量自动监测监控系统，对人员定位系统进行了改造，安装了主扇风机及压风机在线监控监测系统，开通了井下小灵通，安装了巷道顶板离层自动监测系统，完成制图软件更新工作，开发了网上规程审批系统。另外，完成了“矿井安全生产三维可视化系统”科技研究项目，组织进行了15号煤层奥灰水带压开采探测研究，申报了“巷道贯通预警系统”和“井下各类钻孔窥视技术的应用”科技项目。

（四）员工培训扎实开展

逐月开展员工安全技能考核，增强了员工的安全意识，提高了员工的安全技能。重视员工的技能鉴定，鉴定技师15人，高、中、初级工2035人，圆满完成了鉴定考核任务。严格新工人入矿安全培训，要求达到了持证上岗。加大对电钳工专业班的培训力度，提高了培训质量和效果。全年完成了培训计划的117.36%，井下培训基地接受了公司内外3100余人的学习。“学练比”活动又传佳讯，有30人进入公司前六名。

山西国阳新能股份有限公司二矿

一、矿井概况

山西国阳新能股份有限公司二矿建矿于1951年5月，隶属阳泉煤业（集团）有限责任公司。矿井坐落于太行山西麓、阳泉市西南6 km处，石太铁路、307国道和太旧高速公路横穿矿区工业广场，地理位置优越，交通便利。井田走向长8.0 km，倾向长7.5 km，面积60.0603 km^2，截止到2009年年底，矿井地质储量762957 kt，可采储量439821 kt，矿井服务年限38.8 a。

井田有5层主要可采煤层，自上而下依次为3号、8号、9号、12号和15号煤，目前只开采3号、8号、15号煤层，各煤层均为无烟煤。矿井绝对瓦斯涌出量460.5 m^3/min，相对瓦斯涌出量35.72 m^3/t，属高瓦斯矿井。

矿井采用主斜井、副立井与水平石门大巷混合开拓，采用走向长壁后退式综合机械化放顶煤开采，全部垮落法管理顶板。

东主斜井装备的DX－GX－1200型钢绳芯强力胶带提升机、西主斜井装备的GDS－1000型钢丝绳牵引带式输送机，担负着矿井主提升任务；大巷主运输采用ZK14－6/550、ZK10－6/550型14 t、20 t架线式电机车牵引3 t、4 t底卸式矿车，辅助运输采用10 t架线式电机车牵引1 t固定式矿车。

2009年年底全矿职工在册9527人，采用直线职能制管理，建立生产经营指挥系统，实行矿、井（区）、队三级管理体制。该矿有2个生产井区、1个工程区、4个辅助车间、2个服务单位和11个机关科室，拥有5个综采队、11个掘进队和一个810万t洗选能力的现代化选煤厂。

二、2009年主要技术经济指标

2009年，矿井产量完成734.8万t，掘进进尺完成42528 m。员工人均年收入5.6939万元，同比增幅15.11%。矿井原煤生产人员效率16.085 t/工，综合单产完成121808 t/(个·月)。矿井杜绝了重伤及重伤以上事故，全矿实现安全年。

三、建设安全高效矿井的经验及做法

2009 年，二矿全面推行精益生产和精益管理，严格按照基数增长制的要求，紧紧围绕安全高效目标，优化设计，统筹规划，合理部署，科学决策，各项工作全面协调发展。积极组织开展科技攻关和技术改造，充分发挥先进技术、先进装备的优势，细化作业现场管理，生产水平不断提高。继续强化煤质管理，全方位完善管控体系，多措并举确保煤质指标。加强资金和工程费用管理，坚持专项资金、项目工程会审制度和“三重一大”集体决策制度，有效控制了非生产性支出和“十项”费用支出。实施“两定两限”成本管理办法，实现现场成本动态督查。采取切实有效措施，积极应对全球经济形势变化，全面完成了矿井各项生产经营指标。

继续加大安全质量标准化建设力度，完善安全质量标准化检查验收管理考核办法，实行动态与静态相结合的检查验收方式，执行排名末位淘汰的考核制度，确保各专业全部实现动态达标，保证“十二化”达标工作的稳步推进。井口文化长廊、井底车场的全面改造和美化亮化，除尘风机和随机跟踪喷雾装置的推广使用，进一步提升了矿井的形象和品位。为切实提高从业人员的安全意识和安全操作技能，二矿全年举办全员脱产培训、新工人培训、安全技术培训、成建制准军事化培训、干部安全培训和安全专项培训等各类培训班共计 295 期，培训规模、管理力度和培训效果均得到提升和加强。针对各操作岗位特点，二矿组织编写了“安全生产三字经”，并印制成册，发放给每个员工，有效地指导员工正规操作。

晋城无烟煤矿业集团有限责任公司
凤凰山矿

一、矿井概况

凤凰山矿为晋城煤业集团下属主力生产矿井之一，于1965年开始动工新建，1970年建成投产，原设计生产能力150万t/a。随着采掘机械化程度的不断提高，1986年开始改扩建，1991年12月改扩建结束，改扩建后矿井生产能力达到400万t/a，地面有洗选能力达到400万t的选煤厂一座。

回采工作面采用长壁式采煤方法，其中3号煤采用分层综合机械化采煤方法，9号、15号煤为一次采全高综合机械化采煤方法。

采煤工作面所用的主要设备型号为采煤机：MG250－600/AWD、MG250－600/WDI；刮板运输机：SGZ－764/400、SGB－730/400；转载机：SGB－764/132；液压支架：Bcb4000－17/35、ZZa4000－12/23、ZZ8000－17/32、ZZa4000－10/21。掘进工作面所用的主要设备型号为掘进机：EBH－120；转载机：QZP－160；锚杆钻机：MQT－120A、MQT－130A。

二、2009年矿井主要技术经济指标完成情况

2009年该矿共生产原煤305万t，其中，综采一队产量为90.7426万t，综采二队产量76.325万t，综采三队产量75.4738万t，掘进煤62.6254万t，掘进进尺完成33590 m。原煤工效为8.026 t/工，矿井综合单产为73811 t/(个·月)，采煤机械化程度为100%，掘进装载机械化程度为95.7%，百万吨死亡率为零，矿井安全质量标准化工作继续保持企业一级的优异成绩。

三、依靠科技进步，加快企业发展

2009年该矿进一步完善技术创新管理制度，努力营造良好的学技术环境，积极组织技术攻关，着力解决制约矿井发展的技术“瓶颈”，取得了一大批技术含量高的科技成果。无极绳连续牵引绞车取代调度绞车，优化了矿井的井下运输系统，提高了辅助运输的安全系数；回采工作面巷道瓦斯抽放

技术的成功应用，彻底解决了 9 号煤回采工作面上隅角瓦斯浓度偏高的难题；再生顶板下回采工艺的研究彻底解决了该矿最后一个 3 号煤正规工作面回采问题；15 号煤放顶的设计研究与应用从根源上解决了顶板坚硬、难垮落、步距过大这一难题；采掘工作面防尘系统的改进优化了井下职工作业环境。以上这些技术革新与科技成果在该矿的应用，为矿井安全生产、提升经济效益发挥了巨大的作用，为老矿闯新路奠定了坚实的基础。在 2009 年年底，提前着手准备 154307 沿空留巷 Y 型通风技术应用，为了 2010 年矿井高产高效技术创新工作创造了良好的先决条件。

提高能源利用率，降低综合能耗，对企业的可持续发展有着至关重要的意义，也是落实科学发展观的重要举措。在过去的一年里，该矿依托技术进步与管理创新，在节能降耗方面取得了较好的成绩。通过改造锅炉燃烧系统，使 5 台锅炉一个采暖期可节煤 5400 t；通过副井提升机变频器的改造，每年可节电 1.2×10^5 kW · h；通过供水管网改造，每天可节水 700 m^3。在管理方面，进一步完善管理体系，制定专项节能降耗管理制度，明确目标，分解指标，重点减少各环节的跑、冒、滴、漏现象，取得了较好的效果。

晋城无烟煤矿业集团有限责任公司
成 庄 矿

一、基本情况

成庄矿位于山西省晋城市泽州县境内，井田内地质构造较复杂，煤质优良，其中可采煤层3层，3号煤为主要开采煤层，平均厚度6.44 m，可采储量3.76亿t。该矿煤具有热稳定性好、发热量高等特性，素有“香煤”和“兰花炭”的美誉。

成庄矿作为高瓦斯矿井，矿井建有合理的通风系统、抽放系统和监测监控系统，能够满足安全生产需要。2009年矿井瓦斯绝对涌出量292.05 m^3/min，相对瓦斯涌出量16.74 m^3/t。

矿井为斜井石门开拓方式，现生产盘区包括二、三、四、五盘区。矿井主要采煤方法为走向长壁综采放顶煤，巷道支护方式以锚杆锚索支护为主。

二、2009年主要技术经济指标完成情况

原煤产量829.9万t；掘进进尺43644 m；销售收入370319.35万元；实现利润147672.51万元；人均收入72518元；原煤工效16.363 t/工；百万吨死亡率为零。

三、安全高效矿井建设的具体做法

（一）以打造本质安全型矿井为着力点，优化系统，强化管理

安全工作平稳有序。坚持以各级安全责任制落实为主线，以阶段性工作安排落实为保障，促进了安全工作的有效开展；坚持“抓安全必须抓重点”方针，紧抓瓦斯、承压水、顶板、辅动、机电等安全管理的重点和难点；坚持推行“五个机制一个办法”，实施全员绩效评价考核激励机制，着力构建了“安全监管、业务保安、自主管理”三位一体的监管体系；坚持狠抓三项基础工作不放松，安全质量标准化工作成效明显。以开展“隐患治理年”活动为契机，深入开展隐患排查。坚持推行“手指口述”确认法，强化事

故案例学习，实现了安全教育与现场操作的有机结合，截止到目前，该矿已实现连续 7 a 多安全无事故。

系统能力稳步提升。把千万吨安全保障能力建设作为创建本质安全型矿井的核心内容，制定了《矿井千万吨安全保障能力建设实施方案》，2009 年年底矿各生产系统已基本改造完毕，使矿井安全保障能力稳步提升，为打造本质安全型矿井奠定了坚实基础。

生产组织高效有序。一是抓抽、掘、采衔接，坚持“年度衔接以季度衔接为支撑，季度衔接以阶段性纪要落实为保障”，持续优化调整，保证衔接合理，实现原煤产量 829.8986 万 t。二是抓进尺，积极争取资金支持，充分发挥队伍作用，完成进尺 43644 m。三是抓抽放，形成了区域抽放、模块抽放、迈步抽放和采空区抽放相结合的抽放模式。四是抓工序管理，大力推行正规循环作业。五是抓地质研究。六是抓生产服务，围绕生产大局，扎实开展工作。七是抓队伍建设，充分激发基层区队的能动性。八是抓煤质管理，按照“两提高、两降低”的思路，实现了可控范围内品种最优、效益最大。

（二）以实施精细化管理为着力点，强基固本，持续改进，强化经营

精细管理体系更加完善。形成了以部门职责、技术规范、专业制度、岗位标准为主体，以规章制度监督监察机制和工作绩效考核评价机制为落脚点，“三个层次、四大板块”的精细化管理体系。

全面预算管理持续深化。通过完善制度体系、细化定额指标、构建信息系统，逐步实现了预算管理的制度化、定额化和信息化。响亮提出“人人都是核算员、岗位就是利润源”的预算管理理念，不断推动全面预算管理向“创新创效”的更高层次迈进。

信息化建设快速推进。该矿进行了八大信息系统的运行工作，并开发了 110 视频监控、全面预算管理、档案管理和物业管理等应用系统，开设了网上“员工论坛”，建立了环保网、培训网等网站，矿井信息化管理水平全面提升。

晋城无烟煤矿业集团有限责任公司
寺　河　矿

一、矿井概况

晋煤集团寺河矿位于山西省晋城市西偏北，跨沁水、阳城、泽州三县。地理坐标为北纬35°30′51″～35°36′11″，东经112°27′07″～112°40′54″，井田面积75.163 km^2。矿井工业场地位于沁水县嘉峰镇嘉峰村与殷庄村之间，紧邻侯月铁路嘉峰车站，交通便利。寺河矿是“国家煤炭工业‘九五’计划和2010年远景目标”中重点建设的八大矿井之一，设计能力为年产400万t，1996年12月开工建设，2002年11月8日正式投产，经过技术改造，2006年矿井生产能力复核为1080万t/a。矿井采用斜井开拓方式和倾向长壁大采高自然冒落后退式采煤法，最大采高已达到6.2 m，采用全部垮落法管理顶板。

二、2009年主要技术经济指标

2009年寺河矿实现原煤产量1078万t，较同期相比增加5万t；商品煤外运1047万t，较同期相比增加40万t；实现商品煤销售收入54.22亿元，较同期相比增加9.67亿元；实现经营利润18.6亿元，较同期相比增加5.31亿元；人均工资达到8.02万元，同比增幅为29.5%。

三、安全高效矿井建设情况

（一）坚持安全第一，不断提升安全管理水平

寺河矿始终把安全工作作为重中之重来抓，安全生产整体上保持了平稳运行的态势，为其他各项工作的顺利开展创造了基础条件。

（二）抓好生产衔接，促进生产经营平稳发展

一是以生产衔接为主线，抓好抽掘采衔接，做到大采高工作面搬家不停产，为全年各项生产任务的完成奠定了坚实的基础。二是不断总结经验，进一步完善了大采高工作面过断层、陷落柱、大倾角和动压区的开采工艺，为

大采高工作面过复杂地质条件积累了宝贵的经验。三是针对矿井支护工艺复杂、顶板管理难度大、掘进工作滞后、生产衔接紧张的问题，积极研究，不断优化施工工艺，提高掘进单进水平，确保矿井“抽、掘、采”衔接平衡。四是夯实基础工作，精心组织生产，特别是进一步强化了设备的动态管理和预防性检修，用设备的高可靠性和长周期性的正常运转以及强有力的生产准备工作，确保了全年稳产高产和均衡生产的良好势头。五是掌握市场动态，积极实施煤炭品种结构、煤质指标和产、储、销关系的“三个调整”，洗选及外运工作始终保持了平稳高位运行的态势。六是树立大成本的观念，恪守质级相符的原则，加强经营管理，矿井净资产收益率、总资产报酬率、成本费用利润率以及资产保值增值率都创造了新的水平，经济增长的质量和效益有了质的突破。

（三）依靠科技进步，大力提升科技创新水平

一是积极开展长壁工作面一次大采高采煤技术与工艺的研究攻关，相继解决了瓦斯、大块炭以及片帮严重等问题，成功地使工作面采高达到6.2 m，创造了国内综采采高的最高纪录。二是与科研院所合作研究巷道的留设，通过不断总结留巷经验，留巷成功率达到95%以上，使矿井衔接紧张的局面得到了有效的缓解。三是继续深化瓦斯综合治理技术的研究攻关，寺河矿井地面压裂抽放、煤层顺层抽放、采空区抽放和千米钻机的成功应用在瓦斯治理中起到了决定性的作用。另外，大采高工作面“三进两回”通风方式日趋成熟，通风系统不断优化，“一井一面”的供风模式正在形成。

山西长平煤业有限责任公司

一、基本情况

山西长平煤业有限责任公司（以下简称长平公司）位于山西省高平市寺庄镇境内，地处全国最大的无烟煤基地沁水煤田的东缘，太行山西缘南段，井田南距高平市 17 km，北距长治市 45 km。矿井于 2000 年建矿，2003 年 10 月正式投产，设计能力为 120 万 t，核定能力为 210 万 t。井田南北长 7.7 km，东西长 9 km，井田面积 43.5 km^2。井田内含两层可采煤层，自上而下分别是：3 号煤，平均厚度 5.58 m；15 号煤，平均厚度 4.32 m。截止到 2009 年年底地质储量为 31061.2 万 t，可采储量 20861 万 t。

长平公司矿井开拓方式为立井单水平开拓，采用走向长壁综合机械化放顶煤开采方法。井田内工业广场布置有 2 个立井，主立井担负煤炭提升及回风任务，副立井担负材料设备、人员升降及进风任务；井底车场水平标高为 +630 m。井下沿 3 号煤层布置一组（两条）大巷，一条带式输送机大巷兼作进风巷，一条辅助运输大巷兼作回风巷。

二、安全高效矿井指标完成情况

2009 年长平公司共生产原煤 209.7 万 t，掘进进尺 21600 m，百万吨死亡率为 0，原煤生产人员效率达 12.13 t/工，矿井安全质量标准化达到了国家级标准，人均工资 6.96 万元，其中，综采一队全年累计生产原煤 197.75 万 t，最高月产达 19.54 万 t。以上各项指标均达到特级安全高效矿井标准要求。

三、安全高效矿井建设的具体做法

（一）安全生产保障制度建设

长平公司建立健全了各级人员和单位、部门安全生产责任制；建立健全了安全生产管理制度；建立和制定了各工种操作规程。

（二）安全生产长效运行机制建设

（1）每年 1 号文件为安全 1 号文件，制定全年的安全管理大政方针，明确奋斗目标和主要措施。

（2）实行安全目标责任制度，每年年初层层签订安全生产责任书，并实行安全风险抵押制度，把安全的责任分解到每个基层单位、每个职工。

（3）强化预防手段，每年年初研究制定“矿井灾害预防和处理计划”，并安排落实安技措资金和安技措项目实施计划。

（4）公司安全生产委员会每季度组织召开一次安全专题会议，部署、落实安全工作。

（5）每天早上，由总经理组织公司部室领导及生产系统各业务部门负责人的碰头会，传达安全信息，处理安全问题。

（6）充分发挥企业安全文化的引领作用。

（7）强化现场管理，加大隐患排查，建立煤矿三级事故隐患排查治理管控体系。

（8）加大安全质量标准化创新工程建设，通过制定严格的安全质量标准化管理考核办法，以科学的激励机制、动态的管理机制、严格的考核机制，使安全质量标准化工作再创新水平。

（9）加强安全“红线”管理，严格落实公司的《安全红线管理规定》，进一步完善公司安全红线实施细则，加强作业现场的动态监管和考核，对违反安全红线的行为，严肃追究有关人员的安全责任。

（10）提高职工安全执行能力。要求各单位都要强化员工的安全执行能力建设，倡导“说了算、定了干、落实责任抓兑现”的安全执行文化，努力建设一支安全职业化团队。

晋城无烟煤矿业集团有限责任公司 古书院矿

一、矿井概况

晋城煤业集团古书院矿是一座现代化特大型矿井，始建于1958年，1960年简易投产，设计能力为90万t/a，后经过两次改扩建，设计能力达到300万t/a，同时建成了一座年入洗能力为300万t的选煤厂。2005年矿井核定生产能力为330万t/a。古书院矿位于山西省东南部，属沁水煤田，行政隶属晋城市管辖，位于晋城市城北。

古书院矿共有3个综采队，4个综掘队，1个开拓队。全部采用综合机械化采煤工艺、走（倾）向长壁式采煤方法。矿井开采水平分683和610两个水平，水平分东西两翼开采。683水平采用2.5t底卸式矿车架线式电机车运输，610水平采用长距离皮带集中运输。

二、2009年度主要技术经济指标

2009年该矿原煤产量完成310.28万t，完成掘进进尺38058m，矿井采区回采率81%，原煤生产百万吨死亡率为零。原煤生产人员效率完成8.072t/工，人员工资为55737元，销售收入完成113188.30万元，利润总额完成5037.54万元。

三、在生产组织和科学管理方面取得的经验及具体做法

（一）制订行之有效的安全高效矿井实施办法

2009年，该矿根据上级有关文件精神，借鉴全国煤炭生产优秀企业的管理经验，结合该矿实际，进一步推行《古书院矿安全高效矿井达标实施管理办法》，让全矿职工清楚建设安全高效矿井的意义所在；在管理制度上下功夫，明确责任，制定激励政策，调动全矿职工的积极性，把全矿职工都动员起来投入到安全高效矿井建设中去。

（二）依靠科技革新推进生产

针对普通综采单产低的问题，该矿积极改进工艺，引进先进的大功率机电设备。该矿在前几年试验的基础上，现在全部采用了大功率电牵引采煤机，大大提高了综采工作面的单产，2010 年开采 15 号煤层又引进全自动化综采设备，实现了无人工作面生产。该矿连续七年保持了两个百万吨回采队组。

（三）强化管理，确保任务指标完成

狠抓协调管理，及时协调解决采掘面安装过程中存在的问题，生产管理部坚持每天下午召集有关职能科室和辅助区队召开安装协调会，有力地促进生产，确保采掘衔接。

加强机电管理，制定了严格的机电设备管理考核办法，对设备、配件的入库、出库、入井作出了明确的规定；加强设备检修，注重技术改造，利用节假日停产检修时间，狠抓机电设备检修工作；加强机电人员培训，持续开展向青年岗位技术能手学习活动，组织形式多样的机电比武活动，提高机电人员技术素质。

（四）加强人力资源管理，使人力资源分配更加科学

调整劳动组织，科学合理地组织生产，提高工时利用率。加强培训工作，开展劳动竞赛，通过职工素质的提高促进生产效率的提高。加大培训力度，对重点岗位、重点人员进行脱产培训，为生产的正常进行提供有力的技术人才保障。

（五）建设本质安全型矿井，强化、精细化安全管理

根据《安全生产法》、《煤矿安全规程》、《晋城煤业集团安全生产管理条例》等法规的要求，2009 年年初，矿和区队、区队和班组、班组和个人，层层签订了安全目标责任书，做到了上至矿长、下至员工，人人头上有指标，有责任。

晋城沁秀煤业有限公司岳城煤矿

一、基本情况

岳城煤矿位于沁水县东南部，寺河井田东区和北区的交界处，行政隶属沁水县郑村乡。矿井工业广场位于晋城市沁水县郑村镇赵庄村西北侧1.2 km处，距晋城市约60 km，距沁水县城约50 km，距寺河矿约15 km。

本井田含煤系为上石炭统太原组和下二叠系山西组，主要可采煤层为3号、9号、15号煤3层。目前开采3号煤层，3号煤层位于山西组下部，为本区主要可采煤层之一，3号煤层厚度5.04～7.16 m，平均6.11 m。顶板主要是泥岩、粉砂质泥岩、粉砂岩，局部为细、中粒砂岩；底板主要是粉砂岩、泥岩，局部为细粒砂岩。3号煤层厚度大且稳定，结构简单，为高变质程度的无烟煤、低硫，为全区稳定可采煤层。

二、2009年度主要技术经济指标

2009年岳城煤矿共生产原煤89.7万t，掘进进尺8176 m，百万吨死亡率为0，原煤生产人员效率达5.01 t/工，矿井安全质量标准化达到了国家二级标准，人均工资5.607万元，各项指标均达到安全高效矿井建设中二级标准的要求。其中，综采队全年累计生产原煤74.3万t，最高月产达81605 t。

三、在安全高效矿井建设中采取的措施、做法

（一）强化矿井技术改造工作，进一步合理完善矿井生产系统，提高各系统安全可靠水平

一是优化通风系统，对1301（上）综采工作面尾巷进行刷大后架棚支护，增大工作面的通风断面，减少风阻。同时推广采用密闭新材料、新技术，提高密闭质量，减少漏风率，增大综采工作面有效风量。二是优化井下辅助运输系统，在主要运输线上铺设标准轨道2500余米，同时在主要运输大巷安装无极绳绞车，减少运输事故率，彻底解决运料难问题。三是改革支护工艺，掘进工作面采用“锚杆+锚索+W钢带+金属网”支护，大大提高了支护的安全可靠程度。四是对监控和人员定位系统、视频监控系统进行

更新改造，提高矿井监测监控调度能力。通过对配套生产各系统的优化技术改造，使矿井生产各系统更为合理完善、安全高效可靠。

（二）突出重点，加强矿井“一通三防”力度

一是完善矿井通风系统，合理进行风量分配，减小矿井通风阻力，确保矿井有效风量，同时进一步加强瓦斯监测监控，确保矿井瓦斯得到有效监测。二是加强防尘防火管理，通过在集中大巷安装防尘设施、综掘工作面利用除尘风机、回采工作面进行本煤层注水等措施，从源头上降低了粉尘浓度，给员工创造了良好的工作环境。同时加大了机电设备的防爆检查频率，完善了机电设备的各种保护，从源头上消除各种隐患的存在。

（三）深入持久地开展安全质量标准化工作，努力做到精细化管理，标准化、规范化作业，强化安全基础管理

强化安全基础管理，实施精细化安全管理，做到现场操作标准化、规范化。抓制度建设和管理，保证安全生产工作的有效开展。在全矿范围内推行白国周式班组管理法，营造了学习白国周式先进管理理念的氛围。抓员工培训，完善员工培训教育体系，提高员工素质。

晋城无烟煤矿业集团有限责任公司 寺河矿二号井

一、基本情况

寺河矿二号井位于寺河井田东部，矿井设计能力为90万t/a，是一座独立合法生产矿井。目前所采煤层为9号煤层，平均厚度为1.6 m，属中厚煤层，该煤层为三类不易自燃煤层，为低灰～中高灰、低硫～高硫、特低磷、特高热值煤，可作为优质的氮肥用煤。矿井属于高瓦斯矿井。矿井开拓方式采用主斜井、副立井综合开拓方式。在工业广场布置3个井筒，分别是主斜井、副立井、回风立井。

回采工作面均采用走向长壁后退式综合机械化采煤，采用一次采全高顶板全部垮落采煤法。掘进采用综掘、一次成巷的掘进作业方式，采用锚杆支护。

二、2009年主要技术经济指标完成情况

（1）安全生产：2009年百万吨死亡率为0。

（2）经济效益：2009年在保证安全生产各项投入的前提下实现利润16824.48万元。

（3）采掘机械化程度：2009年采煤机械化程度为100%，掘进装载机械化程度为97%，综掘机械化程度为75%。

（4）采出率：采区和工作面开采程序符合有关规定，采区回收率为83%。

（5）矿井综合单产：2009年矿井综合单产为8.05万t/(个·月)。

（6）矿井实现原煤产量及原煤工效：2009年完成原煤产量89.1万t，原煤工效为8.12 t/工。

三、2009年安全高效矿井建设情况

（一）以强化自主管理为主线，促进安全工作持续稳定发展

一是以安全管理为切入点，狠抓区队安全自主管理能力的提高，通过一

系列制度的出台，推动各基层单位的安全管理由被动型向主动型转变。二是深化岗位“操作安全确认法”，规范职工现场操作行为。

（二）坚持原则，把握主动，生产组织始终打有准备之仗

抓生产重在抓准备。始终坚持“科学、合理、正规、有序”的组织生产原则，早部署、早安排、早动手，确保思想到位、组织到位、措施到位，充分准备，赢得主动。在生产组织的过程中，一方面是控制节奏，均衡生产，不搞突击、不高冒，尤其是确保回采工作面的生产组织正常进行；另一方面加强机电管理，搞好日常检修和维护工作，确保设备正常运转。

（三）加强安全质量标准化建设，提升矿井安全保障能力

该矿按照“强化管理模式，提高全员意识，正确靠近标准”的工作原则，强力推行精细化管理，全力打造“安全、高效、精致、和谐”型矿山，2010年6月，该矿被命名表彰为“国家级煤矿安全质量标准化矿井”。

（四）以改革创新为动力，提高经营管理水平

一方面，坚持以全面预算管理为抓手，进一步加强煤质管理、财务管理、物资采购管理、计划管理等，严格制度，规范操作，堵塞漏洞，增收节支，提高矿井经济效益。另一方面，健全完善创新管理办法，大力鼓励专业技术人员和技术工人立足本职岗位，结合实际开展课题研究与技术攻关，切实解决安全生产、经营管理等方面的难题。

山西潞安环保能源开发股份有限公司 王庄煤矿

一、基本情况

山西潞安环保能源开发股份有限公司王庄煤矿是闻名全国的一座特级安全高效现代化矿井。王庄井田位于沁水煤田东部边缘中段，处于文王山南断层与二岗山北断层之间，总体呈走向北西向、倾向南西的单斜构造，地层倾角一般在2°~6°，最大倾角达16°。井田中褶曲、断层、陷落柱较发育，现回采的3号煤层位于山西组中下部，厚度为6.16~7.96 m，平均厚6.62 m，为稳定可采煤层。

采煤方式为长壁后退式综合机械化低位放顶煤一次采全高全部跨落采煤法，矿井开拓方式为双水平、主井、斜井综合开拓方式。矿井综采工作面主要采用“J”型和“E”型两种通风方式，掘进面主要采用局部通风机压入式通风方式。

二、2009年度主要技术经济指标

一是矿井年产量创造历史性最好水平，2009年产量达到709.2万t；二是综采单产创造历史性最好水平，2009年，综采单产达到32.92万t/(个·月)；三是综掘单进创造历史性最好水平，2009年单进进尺达到12768 m，综掘单进创造全省和全国领先水平；四是安全生产创造历史性最好水平，截止到目前，该矿安全周期已超过2050天；五是煤炭主业利润创造历史性最好水平，2009年达到11.03亿元。

三、创建安全高效矿井的主要做法

（一）以主导技术创新为龙头，提升矿井核心竞争“新优势”

2007年，王庄煤矿以提升矿井自主创新能力为目标，积极开展了“大采高自动化安全高效综合配套技术研究”项目，并顺利通过技术鉴定，整体技术达到国际领先水平，全面建成了全国第一个大采高自动化综放工作面。2008 年，王庄煤矿积极开展了“煤巷掘进自动化关键技术研究与实践”项目，并顺利通过技术鉴定，整体技术达到国际领先水平，全面建成了全国第一个自动化掘进工作面。2009 年，王庄煤矿成立了“煤巷自动化快速掘进自动纠偏与煤岩识别技术研究与实践”专项课题组，在前两年研究的基础上，与佳木斯煤机公司、中国矿业大学联合开展技术攻关，成功对 EBZ－150D 掘进机实现了掘进过程的掘进机姿态自动调整和煤岩自动识别，顺利通过了专家组技术鉴定，整体技术再次达到国际领先水平。

（二）以优化生产布局为基础，开辟矿井集约高效生产“主战场”

通过优化生产布局，有效简化了生产环节，缩短了生产战线，大大降低了通风、供电、运输等费用的消耗，为矿井合理、集中生产创造了条件。与此同时，狠抓采掘衔接，采用单翼条带式布置工作面，将综放工作面全部布置成大、长、厚工作面，进一步减少了工作面搬家倒面的次数，有效提高了矿井采掘衔接的科学性和合理性。

（三）突出技术装备升级和环节系统改造，破除制约集约高效生产的“瓶颈”环节

近年来，在持续的集约高效生产中，王庄煤矿重点突出了技术装备升级和环节系统改造，提升了矿井装备水平，为集约高效生产创造了良好条件。针对制约矿井集约高效生产的“瓶颈”环节，实施了多项环节系统改造。

（四）以建设综采、综掘“王牌队伍”为抓手，全面提升矿井单产、单进新水平

王庄煤矿按照“管理一流、装备一流、队伍精干、作风过硬”的组建原则，打破原来综采综掘队伍的建制，于2009 年全面实施了“王牌队伍”建设工作，科学合理地组建了王牌综采队和王牌掘进队，并且制定了配套的王牌综采队和王牌综掘队建设标准、实施方案、评价考评体系，分阶段进行了组织实施。

山西潞安集团司马煤业有限公司

一、基本情况

司马煤业有限公司是潞安矿业（集团）有限责任公司“十一五”期间重点建设的一座现代化煤炭企业，企业设计生产能力150万t/a，核定生产能力300万t/a，于2003年9月正式开工建设，2006年6月投产，建矿速度创全国同类型矿井之最。与矿井相配套建有一座年处理能力300万t、入选能力300万t的选煤厂。矿井开拓方式为立井开拓，主要采煤方法为倾斜长壁式综采低位放顶煤一次采全高采煤法。

二、2009年主要技术经济指标

目前开采煤层为三号煤层，2009年采区动用储量为345.03万t，采区采出量274.3万t，采区开采损失量为70.73万t，采区回采率为79.5%，完成了“三率”制定指标。无越层开采情况。2009年，司马煤业有限公司生产原煤294.08万t，原煤生产人员效率达到23.674 t/工，原煤生产期末人数为531人，职工人均收入74053元，利润总额7.175亿元，职工人均年收入比上年增长17.3%。

三、创建安全高效矿井的一些具体做法

（一）着力装备更新，力求本质安全

2009年，司马煤业公司进入二采区12010工作面的回采准备工作阶段，根据国家以风定产的相关规定，又迫于二采区瓦斯涌出量增加的压力，公司领导经过认真调查研究决定，更换两台主要通风机为FBCDZ－10－№29型，使得矿井总排风量达到11860 m^3/min，综采工作面配风量达到1300～2650 m^3/min，有效缓解了瓦斯超限带来的安全隐患，保证了公司的安全生产。

2009年，司马煤业公司为了满足不断提升的产能要求，对35 kV变电站两台主变进行了扩容改造，改两台主变型号为SZ11－20000/ 35 ± 3×2.5/6.3kV，主变容量达到20000 kV·A，远远满足公司井上下各个用电单位的用电要求。

2009 年该公司引进山东尤洛卡自动化装备股份有限公司生产的在线监测仪器，对采掘工作面的矿压进行动态观测，把采煤工作面支架承载压强与掘进工作面顶板下沉变化转化为电信号脉冲适时传送到自动化部专用计算机上，由此再向公司领导以及各个相关部门微机终端同步传输，以便决策层及时发现综采工作面老顶周期来压显现及掘进面顶板离层变化，并采取有效防范措施。由此极大地简化了管理程序，提高了顶板管理水平，相对地提高了企业的安全经济效益。

2009 年该公司在 1107 采煤工作面首次采用了由山西潞安机械制造有限责任公司制造的 ZF7000/19.5/38 型综采液压支架，该支架是在原来的 ZF6000 液压支架的基础上加大支架的额定阻力制作而来的，具有高压胶管性能好、各种阀组采用不锈钢材料、前梁、后连杆各设一套喷雾装置、尾梁、插板分别与放煤喷雾联动等特点。目前该支架运行良好，安全可靠，节约了检修时间，提高了生产产量。

（二）依靠技术创新，实现科技大跨越

在过去一年多里，全公司共投入技术开发资金 414 多万元，实现了科技投入和创新成果的重大突破。全年共有“司马煤业建设本质安全型矿井研究”、“司马煤业有限公司 CERP 系统深化研究”等 8 个项目列入集团公司科技计划，各项目均按计划和要求开展了手续办理和相关技术研究，开题率达到 100%。“薄基岩厚表土条件下高压线下采煤技术研究”、“司马煤矿放顶煤开采地表沉陷规律与机理研究”、“小煤柱合理留设技术研究”、“矿区绿色生态调控关键技术研究”等延续科技计划项目均按计划开展了相关技术研究。“矿井安全生产三维可视化系统”和“行走式自动连续换绳装置”两个项目也按计划和要求完成，并通过了集团公司技术中心的竣工验收。

山西潞安环保能源开发股份有限公司
常村煤矿

一、基本情况

山西潞安环保能源开发股份有限公司常村煤矿是我国首次利用世界银行贷款建设的一座现代化矿井，矿井设计生产能力400万t/a，核定能力600万t/a，于1985年7月3日开工，1995年9月26日投产。与矿井相配套建有一座年处理能力400万t，入选能力200万t的选煤厂。常村煤矿采煤采用单一长壁式开采方法，综采机械化程度达到100%，综掘机械化程度达到98.75%。

二、2009年达到的主要技术经济指标

2009年，百万吨死亡率为零，生产原煤598.3万t，原煤生产人员效率达到18.031t/工，原煤生产期末人数1845人，职工人均收入74626元，营业利润9.50亿元，利润总额9.49亿元，综合单产49.9万t/(个·月)。

三、生产组织和科学管理方面取得的经验及做法

（一）采取节能降耗措施，降低生产成本，提高资源利用率

在开展节能减排工作中，从“管理”与“技术”两个方面入手，做了大量工作，加快完善节能降耗规章制度，加大舆论宣传和检查考核力度，强化各主体单位责任落实，严格工作标准，坚持“谁超标、处理谁”，对完不成节能指标的单位及其负责人，公开通报、从重处罚，限期整改，通过大力实施节能减排工作“超标工资补、节约奖工资”，实现了与市场化改革的有机对接。

（二）依靠科技创新、管理创新和机制创新，促进采掘技术完善与发展

在公司领导的关心、指导和支持下，2009年该矿瞄准综合效益最大化的目标，积极推行市场化管理机制，围绕优化煤炭生产工艺流程，致力企业管理的流程的再造与分配制度文化的变革。

（三）多方位采取有效措施，确保供电系统安全可靠

（1）针对该矿 6 kV 高压供电系统在短路保护整定设置上无时间极差，地面保护装置动作速度快于井下保护装置，往往由于 6 kV 终端线路或设备故障造成越级跳闸导致矿井大面积停电事故的现实，为有效遏制矿井供电系统越级跳闸事故的发生，消除因供电系统越级跳闸造成矿井大面积停电、停风事故，提高矿井供电的可靠性，该矿于 2009 年 5 月、10 月先后形成了地面 6 kV 开闭所、井下 N3 采区光纤差动保护系统。

（2）有计划安排井上下变电所检修，避免集中同一时间大面积停电检修

该矿根据变电所服务区域的重要性，有计划安排日常停电进行检修，避免了集中利用五一、国庆、元旦停产时间进行全矿井、多作业地点检修。

（四）坚持深化内部市场化管理改革，生产经营取得显著成果

2009 年，通过全矿上下的共同努力，该矿的内部市场化管理工作在实现科学化、规范化、配套化、立体化方面迈出了更加坚实的步伐，也取得更加显著的运行效果。通过推行内部市场化管理，全年在工资、材料、运输、租赁、电力、水等方面减少支出近 4000 万元。

（五）开展精神文明建设和企业文化建设，构建和谐煤矿、和谐矿区

一年来，在常村煤矿党政的正确领导下，企业文化建设按照“一三一”工作思路，坚持以提高员工素质、提升企业管理水平为目标，统一思想，提高认识，注重创新特色，突出运行质效，企业文化工作取得了长足的发展，有力地促进了该矿的安全生产。

山西襄垣七一新发煤业有限公司

一、矿井简介

山西襄垣七一新发煤业有限公司前身为山西襄垣县七一煤矿，2009 年山西襄垣县七一煤矿与襄垣县上河煤矿整合在一起，成立了“山西襄垣七一新发煤业有限公司”。矿井现生产能力为 90 万 t/a。公司位于山西襄垣县城西北 8 km，地处襄垣县善福乡七里街大河村。该矿采煤方法为走向长壁综采轻型放顶煤采煤法，采煤机械化程度达到 100%，掘进方式为综掘和炮掘相结合，掘进机械化程度达到 80%，2008 年、2009 年度被中国煤炭工业协会验收为国家一级安全高效矿井。

二、2009 年主要技术经济指标情况

2009 年，该矿共生产原煤 88.85 万 t，有一个综采工作面、一个综掘工作面、一个炮掘工作面。其中，综采工作面（单个）生产原煤 82.4751 万 t，平均月产量 82475 t，最高月产量 93154 t，矿井综合单产 92877 t。全年掘进进尺 4250 m，平均月进尺 423 m，最高月进尺 545 m。2009 年，本矿共实现年工业总产值 64232.05 万元，销售收入 64211 万元，利税总额为 42253 万元。原煤生产期末人数为 635 人，人均工资为 4.35 万元，采区回收率达到 75.5%。

三、矿井建设经验介绍

（一）加大安全投入，夯实安全基础

（1）投资 1800 万元增添了一套轻型放顶煤支架及配套设备，增加了 12 架过渡液压支架，改善了安全作业条件，实现了工作面搬迁不停产，大大提高了全年安全生产效率，使工作面的回采率达到了 93% 以上。

（2）建立了地面固定瓦斯抽放泵站，完善矿井瓦斯综合抽放系统的建设，使高瓦斯矿井的瓦斯管理有了可靠的技术保障，控制并降低了瓦斯灾害对该矿安全生产的威胁。

（3）加强矿井水害、地质安全管理工作，安装了矿井水文实时监测系

统，购进了先进的探放水及物探设备，对矿井的涌水排水情况和采掘工作面前方的地质及水文情况进行有效的监测、探测，为该矿防治水工作提供了更好的安全技术保障。

（4）在井下安设临时救生舱。该矿与煤炭科学研究总院沈阳研究院签订合同，购入了4套L－12型移动式救生舱，完善了矿井应急避险系统，大大增强了矿井防灾抗灾能力，有效保障了井下工人的生命安全。

（二）加强安全管理，落实安全责任

（1）完善安全生产组织机构。该矿后勤机关科室设立了行政办公室、劳资科、供应科、销售科、保卫科、财务科、工会等，生产系统成立了安全指挥中心，设有生技科、安全技术科、通风科、机电科、督查科、信息科、防治水科、安全监控室、隐患处置队、探放水队、运输队、运回队、炮掘队、综掘队、开拓队、综采队等单位。矿安全指挥中心行使全矿安全指挥和安全管理职责，平时广泛收集安全信息，直接进行隐患处置，将隐患消除在萌芽状态，确保安全。

（2）安全生产责任制落实到位。在年初矿长与副矿长、副矿长与主管科队长、科队长与职工层层签订了安全生产责任状，并将安全生产指标层层分解到了各科队、班组、岗位，形成了“个个单位有指标，人人肩上有责任”的良好安全局面，大大提高了该矿干部职工的安全责任意识，真正实现安全生产。

山西亚美大宁能源有限公司

一、基本情况

山西亚美大宁能源有限公司成立于2000年5月，是我国第一家中外合作开发、建设、经营的年产400万t的大型现代化井工煤炭企业。公司位于山西省晋城市阳城县町店镇大宁村，是陕、豫两省的通行要冲，运输优势极其明显。井田面积38.8225 km^2，煤炭地质储量2.33亿t，可采储量1.81亿t。

大宁煤矿采用混合开拓方式，现有6个井筒，3个进风斜井，1个进风立井，2个回风立井，回风立井装备有折返式全封闭梯子间。矿井的采掘工作面现分布在3个采区和2个开拓大巷，一采区布置有一个回采工作面，二采区布置有一个综掘工作面，三采区布置有两个连采工作面，西大巷开拓布置一个综掘工作面，南大巷开拓布置一个综掘工作面。采煤方法为综合机械化一次采全高走向长壁开采法。

采掘系统：综采工作面配备JOY7LS6采煤机1台、LA－0530 PF4刮板输送机1台、LAC4001·PF4转载机1台、WB1418破碎机1台、S300乳化液泵站3台、S200喷雾泵站1台；连采机掘进工作面配备一套连续采煤设备，包括12CM27－10E连续采煤机1台、10SC32B梭车2台、ST－3.5S装载机1台、BF－14B－54－7C给料破碎机1台、HDDR锚杆钻机2台；综掘机掘进工作面配备2台EBJ－120TP型综掘机、SGW－40T型煤溜若干部及其他国产设备等。通风系统：采用混合式通风方式，矿井总进风量649 m^3/s，总回风量681 m^3/s，中央回风立井装备2台BDK－10－№40型对旋轴流通风机，采区回风立井装备2台BDK－8－№31型对旋轴流通风机。瓦斯抽放系统：地面建有永久瓦斯抽放泵站，日抽放纯瓦斯5.0×10^5 m^3，瓦斯抽出率达80%以上。井下采用世界领先的VLD－1000系统深孔定向千米钻机实施本煤层管道抽放，抽放钻孔基本覆盖了目前所有的采掘工作面；地面瓦斯预抽采用多分支水平井排采瓦斯，井下地面的完美结合，有效解决了制约矿井安全生产的瓦斯难题。

二、2009 年度主要技术经济指标

百万吨死亡率：0；原煤产量：398 万 t；掘进总进尺：23203 m；原煤生产人员效率：15.99 t/工；原煤吨煤成本：161.79 元/t；销售收入：23.48 亿元；实现利润：11.75 亿元；上交利税：18.49 亿元；职工人均收入：8.2 万元。

三、主要的经验和做法

（1）积极打造特色安全文化。通过导入“以人为本，关爱生命”、“管生产必须管安全，管安全必须管技术，管技术必须管发展”的安全理念，牢固构筑“安全第一，预防为主”的思想防线和只认制度不认人的安全监察防线，逐步形成独特的安全管理模式。

（2）推行三级事故隐患排查管控体系，开展岗位危险因素辨识。通过推行矿级、区队、班组三级隐患排查管理控制体系，明确每位员工、每一级管理人员在隐患排查治理工作中的职责，对作业现场逐级排查治理；通过开展岗位危险因素辨识，及时消除作业环境的不安全因素。

（3）深入开展安全质量标准化建设，提升矿井整体标准化水平。明确提出“安全零事故，质量零缺陷”和“向质量要安全，向安全要效益”的两个安全质量标准化建设的基本目标，不断采取强有力的措施，确保质量标准化达标建设工作深入持久地开展下去。

（4）积极开展岗位作业操作标准化、工程质量精细化管理，消除作业过程的不安全因素。

（5）积极推进安全生产问责制，层层落实安全生产责任制，严厉惩治违章违纪行为。

（6）完善劳动定员管理制度，科学合理地安排劳动组织，充分发挥每个员工的工作能动性。

（7）公司通过多种途径，努力提高职工的福利待遇，做好职工的后勤保障，消除职工的后顾之忧。

山西兰花集团东峰煤矿有限公司

一、基本概况

山西兰花集团东峰煤矿有限公司位于山西省高平市原村乡下董峰村，隶属于山西兰花煤炭实业集团有限公司，是山西兰花集团北岩煤矿的接替井。它背靠陈山，前望丹河，南临中原，北通幽燕，得天独厚的区位优势，便捷的交通运输，深厚的文化底蕴，优质的煤炭资源，为矿山的生产经营提供了优越的条件。

东峰煤矿井田属沁水煤田野川精查勘探区，井田位于太行山南段西侧，井田面积15.5058 km^2，地质储量20514万t，可采储量11001.7万t，批准开采3号、9号、15号煤层。矿井所产的无烟煤具有发热量高、低硫、中灰、含碳量高等显著特点，是优质的化工及动力用煤，可广泛用于化工、冶金、建材、电力等行业，具有较高的市场经济价值。

矿井采用斜井开拓方式，回采工作面顺槽采用“E”型布置，采用中型综采放顶煤回采工艺，掘进采用机掘工艺，井下供电系统采用双回路供电，井下运输系统全部采用胶带运输，采用数字化监控系统对井下瓦斯、产量、人员等进行实时监控监测，先进的技术设备为建设安全高效型矿井提供了必要的条件。

二、2009年安全高效矿井建设情况

经济效益显著。2009年面对金融危机的负面影响，东峰煤矿全体职工坚定信心，应对挑战，精心组织安全生产经营，各项指标均创历史记录，生产原煤59.9万t，完成计划的108.57%，掘进进尺3329 m，完成计划的105%，实现利润11700万元，完成计划的121%，销售收入34981.61万元，完成计划的121.46%。生产成本、材料成本等，与上年相比均有所下降，其他各项能耗指标也大大降低，三项费用所占销售收入的比例也更趋合理。

安全生产长周期不断延长。东峰煤矿始终把安全工作作为“一号工程”来抓，始终坚持“继承发扬、借鉴吸取、自我创新”的原则，加强安全管理的探索与创新，扎实开展安全质量标准化工作、“一通三防”工作，不断

创新安全管理的品牌，安全信息市场化管理、隐患排查治理闭合管理等等的实施，为安全管理奠定了基础，提升了安全保障水平。截止到2009年底，安全生产长周期5332天，创造了全国同类煤矿最好成绩。

基础管理水平持续提高。管理出效益，东峰煤矿把加强管理作为提升企业素质和品位的工作来抓，一是持续加强全面预算化管理、内部市场化管理、信息化管理“三大管理”，加强精细化管理；二是不断加强员工队伍素质的培养，打造了一支精于管理的员工队伍；三是不断加强管理的创新，使得生产成本、材料成本等逐年降低。

环保节能工作卓有成效。安全是企业的生命工程。而环保是企业的生存工程。东峰煤矿舍得在环保节能方面加投入、下功夫，更换了所有高耗能、高污染设备，同时不断强化环保节能管理，出台了一系列环境保护、节能减排制度，使企业的环保工作更趋可持续发展的道路，取得了多个亮点，成效卓著。

科学决策推动跨越发展。东峰煤矿年产60万t矿井于2008年正式投产，2009年下半年借资源整合重组之机，开始着手120万t/a扩能项目建设工作，截止到年底已取得采矿许可证，生产能力核定工作也已完成，为东峰煤矿下一步的跨越发展打下了坚实的基础。

民主管理持续加强。通过职代会、联席会、合理化建议等形式，加大了员工参与企业改革和企业重大决策的力度，拓宽了员工参与企业管理的渠道，充分调动和发挥了广大员工的积极性和创造性，推动了企业的各项工作顺利进行。

国投昔阳能源有限责任公司黄岩汇煤矿

一、基本情况

国投昔阳能源有限责任公司黄岩汇煤矿设计生产能力90万t/a，核定能力90万t/a，曾获得“一级安全质量标准化矿井”、“质量标准化示范矿井”荣誉称号，被国家安全生产监督管理总局、国家煤矿安全监察局命名为“国家级质量标准化矿井”。黄岩汇煤矿井田位于沁水煤田东部边缘，行政区划隶属昔阳县乐平镇管辖。矿井工业场地位于山西省昔阳县县城西南约3.0 km的巴洲村附近，与巴洲村隔巴洲河相对。

本井田地质构造属中等类型，主采煤层15号煤层平均厚度为5.00 m，赋存平缓稳定，储量丰富，煤质好，水文地质条件较简单，煤层不易自燃，煤尘无爆炸危险性，适合于综合机械化开采和建设大中型的安全高效矿井。

黄岩汇煤矿采用一个综采队、两个综掘队进行生产作业。

提升系统：副井地面安装了2JK－3.5×1.7/30E型双滚筒缠绕式提升机；主井安装了RJHY30－25/521架空乘人装置，用来提升人员，安装了C1079强力带式输送机，负责整个矿井的煤炭运输任务。

通风系统：采用“两进一回”的抽出式通风方式，总进风量8590 m^3/min，总回风量为8682 m^3/min。在回风斜井安装了两台FBCDZ－8－NO26B型轴流式通风机（一台工作、一台备用），配了2×355 kW高压防爆电机。

排水系统：矿井排水采用中央集中式排水，在主斜井井底＋680水平建中央水泵房及水仓集中排水。

运输系统：工作面皮带顺槽采用1.0 m皮带运输，回风顺槽采用22 kW绞车辅助运输；轨道上山采用55 kW绞车牵引矿车串车运输，一采轨道下山选用XK5－6/90－KBT型电瓶车牵引矿车运输。

瓦斯抽放系统：安装两台（一用一备）ZWY－85/110井下移动抽放瓦斯泵站，系统额定流量$Q=85\ m^3/min$，配备隔爆型三相异步电动机，功率为110 kW。

井下主要开拓巷：主斜井471 m；副斜井（卧底）425 m；回风斜井（原井筒）400 m；井底车场（扩刷）73.1 m；南轨大巷（扩刷）60.5 m。

二、2009 年主要技术经济指标完成情况

2009 年完成原煤总产量 89.8 万 t，原煤工效达到 6.6 t/工，实现利润 8620 万元，人均工资突破 5.22 万元。其中，8 月份创高产达 125050 t，6 月份月进度 1088.7 m，创建矿以来最好水平。

三、2009 年安全高效矿井建设取得的经验和具体做法

（1）加强领导，力保衔接。领导高度重视与全员参与双管齐下，加大安全投入，紧紧围绕衔接工作面，打破常规思维，精心组织，强化现场管理，保证了采掘正常衔接。

（2）优化施工组织设计，调整采掘方案。根据巷道的服务年限不同，运用不同的支护技术参数，不但降低了员工的劳动强度，而且提高了掘进进度，同时依托外援的技术力量开展了矿山压力的技术研究。

（3）加强了质量标准化管理，使安全质量标准化水平跃上了新台阶。安全质量是矿井员工生命安全的“命脉”和基础，是实现矿井安全生产的基本条件，该矿在矿井质量标准化基础上始终坚持抓基础质量和动态施工质量的建设。

（4）建立健全各种规章制度，完善各职能机构。该矿制定了领导值班制度、现场跟班制度、安全奖惩制度、事故追究制度等，同时各级领导狠抓各项制度的落实，加大安全监察力度，重罚三违人员，及时排除重大隐患，保证了矿井的正常高效运转。

山西和顺天池能源有限责任公司

一、矿井概况

天池煤矿为兖矿集团对外开发矿井，位于山西省和顺县，设计能力为120万t/a，2006年11月投产。井田面积18.7016 km^2，矿井地质储量为111.68 Mt，矿井可采储量67.04 Mt，服务年限为40 a。矿井为高瓦斯矿井，绝对瓦斯涌出量为59.13 m^3/min，相对瓦斯涌出量为27.41 m^3/t；绝对二氧化碳涌出量9.07 m^3/min，相对二氧化碳涌出量为4.2 m^3/t。煤尘具有爆炸危险性，自燃倾向性等级为Ⅲ级，属于不易自燃煤层，没有发生过冲击地压和煤与瓦斯突出。

矿井为立井与斜井联合开采。主井为斜井，铺设皮带，担负全矿井的煤炭运输；副井为斜井，铺设轨道，担负矿井的辅助运输和运送人员任务。主、副井均为进风井，另外还有一个专用进风斜井，回风井为立井。为方便人员上下井，降低副斜井的风速，提高矿井安全系数，2009年增设了一条行人斜井，用于安设猴车乘人与配风，形成了“四进一回”通风系统。矿井为单水平开拓，区段式开采，采区内设有采区上（下）山，为采区的运煤、辅助运输、人员上下、通风等服务。每个采煤工作面主要布置4条巷道，分别为进风顺槽、回风顺槽、瓦斯尾巷、高抽巷。采用采区前进式、采煤工作面后退式走向长壁综采放顶煤开采。

二、2009年矿井主要技术经济指标

原煤总产量：102.26万t；工业总产值：29000万元；原煤生产人员效率：7.98 t/工；回采工效：36.826 t/工；掘进进尺：10120 m；利润：1366万元；安全：实现全年安全生产。

三、在安全高效矿井建设方面的主要工作

（一）强化基础建设，严格监督管理，安全形势持续稳定

针对复杂的安全形势和现场条件，树牢“四个不变、四个防止”思想，严格落实“一个决定，两个办法”，以开展三项行动、打非治违抓责任活动

为载体，细化措施，严格管理。

（二）克服现场困难，精细组织措施，生产局面保持平稳

面对困难局面，认真拟定生产组织和接续计划，明确责任，细化措施，分阶段实施，按计划推进。针对201面南段陷落柱、断层较多，生产组织难度大的实际，相关领导及专业技术人员积极深入现场，认真研究制定“三保五严六强化”措施，精细化生产过程的每个环节管理，确保了安全生产。

（三）突出降本提效，优化经营管理，经济运行质量不断提升

牢固树立“过紧日子、过苦日子”的思想，坚持以经济效益为中心，以打好降本降耗“攻坚仗”为抓手，全面加强经营管理。

（四）深化“三零”工程，精心组织发运，创效能力不断增强

坚持“质量决定生存，质量就是效益”的理念，将“三零”工程作为一把手工程来实施，健全完善长效机制，加强生产源头、煤流运输、地面洗选管理，采取煤质化验“三同时、三认可”制度，使得毛煤万吨含杂率保持在80 kg以下，商品煤低位发热量保持在20934 kJ以上、灰分控制在30%以内，块煤合格率达到100%。加强营销系统建设，实施完成煤场道路硬化、地销系统升级改造等六大工程，使得煤场标准化水平进一步提升。

（五）统筹各项工作，凝聚发展合力，三个文明建设协调发展

扎实开展学习实践活动，提升了科学发展能力。认真落实“降成本、保工资”政策，完善绩效工资分配制度，保证了职工收入。加强党建和反腐倡廉工作，开展“小金库”专项治理，强化“两个特殊时期”的信访稳定工作，统筹综合治理、计划生育、民主管理、扶贫帮困等工作，三个文明建设协调发展。

山西玉和泰煤业有限公司

一、矿井概况

山西玉和泰煤业有限公司位于山西省临汾市安泽县唐城镇境内，批准开采山西组2号和3号煤层，井田面积5.8525 km^2，现保有地质储量15400万t，可采储量1320万t，始建于1996年，1999年10月建成投产，核定年生产能力60万t/a。采煤方法为走向长壁后退式采煤法，全部垮落法管理顶板。玉和泰煤业有限公司投产后，经过近几年的技术改造和采煤方法改革，不断采用新材料、新工艺、新设备、新技术，大胆实践集约化生产的新路子，成功地实现了安全高效集中生产，连续多年评为省一级质量标准化矿井，2008年度被评为行业二级安全高效矿井，2009年在山西省煤炭资源重组整合中成为单独保留的地方主体矿井，经营方式为自主经营，连续多年无死亡事故发生。

二、2009年主要技术经济指标

2009年该公司全矿职工420人，原煤生产人员297人，生产原煤58万t，平均日产原煤2058 t，其中2号薄煤层采面年产量24.25万t，3号煤层采面年产量28.02万t，原煤工效为9.35 t/工，矿井综合单产3.2028万t/(个·月)，人均年收入5.75万元，比2008年增25%，实现利润1.088亿元。

三、安全高效矿井建设的主要工作

（一）强化质量标准化，为安全保驾护航

多年来，山西玉和泰煤业有限公司始终把安全工作放在首位，强化制度落实，严格现场管理，狠抓安全质量标准化建设等，有效地促进了安全生产。特别是在2009年，该公司不仅壮大了安全质量检查队伍，还加大了检查力度，狠抓质量标准化。一方面坚持“逢五”质量标准化检查和不定期检查相结合，确保各掘进面一次成巷和采煤工作面一次动态达标，保证了二级标准化矿井的实现；另一方面，本着“质量搞不好，就是给安全制造隐

患”的原则，给各领导干部、安全员划分责任区，做到责任落实到人头，让每个玉和泰人都树立起责任心，从而杜绝了轻伤以上人身事故和重大非人身事故的发生，确保了安全高效矿井建设的健康发展，为安全高效矿井建设的开展创造了稳定的安全环境。

（二）引进先进设备，提高技术力量

在科技飞速发展的今天，玉和泰煤业不断提高自身装备，先后从太原煤科院、佳木斯煤矿机械有限公司购置了EBZ－220、EBZ－200等大型综掘设备，并成立技术小组，向太原煤科院等知名厂家专家请教学习，提出改革、改进、改造等技术建议。更值得一提的是，2008年8月，玉和泰煤业升级安装了KJ－70N瓦斯综合监控系统、产量监控系统、人员定位系统，实现了数据采集离散化、生产管理信息化、办公管理自动化。具体地说，矿井按规定安装了瓦斯、CO、风速、负压、温度传感器、风门开关传感器、设备开停传感器、馈电传感器、烟雾传感器、风筒传感器，且保持其正常运行，从而大大提高了先进技术和装备在矿井的实用性和针对性，为矿井生产和发展提供强有力的支撑。

（三）加强技术培训，提高团队素质

一方面玉和泰煤业不断吸收煤炭院校大中专毕业生，通过“事业留人”“感情留人”“待遇留人”等做法，让一批有志青年安于岗位，乐于奉献。另一方面采取“送出去”和“请进来”等方式，为职工创造各种学习条件，有计划地对职工进行技术培训；有计划地对矿各工种定期考核，提高职工的职业素质；鼓励职工自学成才，对参加函授、自学考试等成人教育并获得国家承认学历的职工予以报销学费；对获得技术职称的职工提高经济待遇，从而形成人人学习的良好氛围。

兖州煤业股份有限公司东滩煤矿

一、基本情况

兖州煤业股份有限公司东滩煤矿位于山东省济宁市境内，跨邹城、兖州、曲阜三县市。井田面积为 59.9606 km^2，可采煤层有 2、3、6、$15_上$、$16_上$、17、$18_上$ 2 共 7 层，矿井采用一对竖井、两个水平、石门贯穿的开拓方式，第一水平标高为 -660 m，第二水平标高为 -745 m，通风方式为两翼对角抽出式，矿井设计生产能力 400 万 t/a，核定生产能力 750 万 t/a。

二、2009 年主要技术经济指标完成情况

原煤产量 747.61 万 t，矿井综合单产达到 31.6175 万 t/(个·月)。安全方面百万吨死亡率为 0。综采机械化程度 100%，综掘机械化程度 77.95%，掘进装载机械化程度 100%。原煤生产人员效率为 19.351 t/工。职工人均收入 6.8819 万元/人。

三、2009 年安全高效矿井建设的主要做法

（一）强化“四个到位”，层层落实工作责任

一是组织领导到位。成立了以矿长、党委书记任组长的安全高效矿井建设领导小组，下设 9 个专业组。二是责任落实到位。按照专业分工，各专业组务实高效、扎实有序地抓好各项工作。三是宣传发动到位。四是配套体系到位。大力开展以技术开发、技术转让、技术咨询、技术服务为内容的“四技”活动，全面构筑产、学、研一体化的科技进步机制。

（二）实施三个创新，推动矿井科学发展

（1）机制创新。修订完善安全管理、生产管理、经营管理、全面精细化管理机制性文件，形成矿井科学发展长效机制。建立矿井内部人才流动调配机制，促进人才跨岗位、跨专业有序流动，工资分配向采掘一线和重点岗位适当倾斜，引导人才向生产一线和基层单位流动。

（2）管理创新。一是创新安全管理模式。总结矿井安全管理经验，研究制定了《安全累积考核奖励办法》、《安全抵押考核兑现制度》等 19 项安

全管理制度。二是创新生产管理。采取有保有压、肥瘦配采的方式，以600万t自动化、信息化工作面为支撑，超前抓好综合协调、设备管理等工作，实现了困难条件下的均衡稳产。三是创新开采方式。采用调斜布置停采线、刀把式开采等生产工艺，实施精采细放，综放、综采工作面平均回采率分别达到87.31%和99.22%，分别超过考核指标7.31和4.22个百分点，累计多回收煤炭50余万吨。四是创新质量管理。针对地质条件复杂、夹矸厚、断层多等不利因素，制定《特殊煤质运输、洗选应急方案》，确保恶劣条件下的洗选生产，商品煤合格率保持100%，矸石含煤率降到3.9%以下，精煤万吨含杂率控制在0.65 kg，创出质量管理新水平。

（3）科技创新。大力实施自主创新和技术革新，并且产生了巨大的经济效益和社会效益，共获上级奖励39项次，其中获中国煤炭工业科技进步奖4项，山东省科技进步奖7项，山东省软科学奖1项、技术创新优秀成果奖16项，获实用新型专利2项。

（三）强化安全基础管理，推动矿井安全发展

一是强化教育培训，安全履责能力全面提升。二是强化责任落实，安全工作执行力全面提升。层层签订安全责任书，完善安全管理机制。三是强化科技保安，安全技术支撑力全面提升。投入安全生产费用6010万元，开发粉尘在线监测与信息管理系统，开展通风系统优化研究、极近距离煤层无煤柱开采自然发火防治技术研究，矿井防火抗灾能力进一步增强。四是强化隐患治理，安全风险预控力全面提升。落实“五级”隐患排查责任制，组织各类检查432次，排查安全隐患1123条，整改率100%。五是强化双基建设，安全基础保障力全面提升。

兖州煤业股份有限公司南屯煤矿

一、矿井概况

南屯煤矿位于山东省邹城市西部北宿镇、太平镇和中心店镇境内，井田东西长 10.5 km，南北宽 6.2 km，面积 51.69 km^2，截止到2009 年底矿井可采储量为 12094.0 万 t。

矿井煤层倾角 3°~15°，平均为 7°，主采煤层为 $3_{上}$、$3_{下}$、$16_{上}$、17 煤。矿井开拓方式为竖井贯穿石门开拓，主要开采水平有 -350 水平和 -432 水平。$3_{上}$ 煤层采用综合机械化放顶煤一次采全高全部跨落法开采，$3_{下}$ 煤层采用综合机械化开采方式，16、17 煤层采用普采开采。

二、2009 年主要技术经济指标

2009 年，矿井原煤产量完成 375.55 万 t；全矿人均工资达到 65331 元/a，比 2008 年增长 15.03%；综采机械化程度 95.20%，综掘机械化程度 64.3%，掘进装载机械化程度 100%；采区采出率薄煤层为 97.15%，中厚煤层为 83.75%，厚煤层为 76.45%；矿井综合单产为 12.0897 万 t/(个·月)，实际工效 15.411 t/工。

三、2009 年安全高效矿井建设的主要做法

（一）强化预控管理，安全形势持续稳定

全矿认真贯彻集团公司“一个决定、三个办法”，坚持以严治矿，强化预控管理，创建本安环境。拓展“四自”预控安全文化，规范运作 1356 模式，矿、区队、班组、个人 4 个层次子文化系统融合互促，形成了自上而下、层层联保、全面覆盖的预控体系。先后开展了“五反”、“九查整治”、“严细预控”、“三反三查”主题教育活动，营造了强势安全氛围。积极参加全国职业安全健康知识竞赛活动，获优秀奖。强化井上下安全质量标准化建设，精心打造优质工程 40 个。投入资金 3000 多万元，完成安全生产费用工程 260 项。中央风井、十一采区运输系统、35 kV 变电所、井下无线通讯、综合信息化等工程相继实施。

（二）加强现场管理，搞好煤炭资源回收

该矿坚持把立足当前和着眼长远结合起来，进行厚薄煤层配采，加强边角煤回收，精采精放细掘，找煤扩量，经济开采，在确保安全的前提下，最大限度提高生产水平。开展安全快掘竞赛，推行岩巷深孔爆破半机械化掘进工艺，创出岩巷月进212 m，是建矿以来的最好水平。实施旋转开采、梯形开采、边采边加、边采边撤支架等措施，最大限度地多回收煤炭资源。

（三）加强科学管理，发展活力不断增强

认真加强内部管理，用改革和创新的办法解决难题，为矿井发展增添了新的活力。该矿获中国煤炭工业协会优秀管理成果1项、省煤炭行业协会优秀管理成果4项、集团公司优秀管理成果26项。洗煤工艺QC小组作为煤炭系统唯一代表，在全国第31次质量管理小组代表大会上做成果展示。推行卓越绩效考核、管理人员动态考核、杰出员工管理和竞师学技活动，完善岗位竞聘流动机制。扎实开展节能减排，余热余压利用项目获国家节能技术改造财政资金奖励，污水处理厂被集团公司评为首批环保节能示范车间。

（四）坚持科学发展，整体工作协调推进

以科学发展观统领全局，唱响“一家人、一盘棋、一条心”主旋律，使得矿井呈现出融洽、温馨、和谐、全面协调发展的崭新局面。高质量承办集团公司的“庆七一、正气歌”文艺演出、“与共和国同行，好书伴我成长”地企演讲比赛、邹城市第一届“平安杯”乒乓球比赛；职工医院成为第一批符合省药品使用质量管理规范的医疗单位；保卫科被授予省公安厅“先进护卫队”称号。

兖州煤业股份有限公司济宁二号煤矿

一、基本情况

济宁二号煤矿隶属于兖州煤业股份有限公司，交通运输极为便利。济宁二号煤矿井田地质构造条件复杂，断层发育。矿井目前开采煤层为$3_{上}$、$3_{下}$煤层，$3_{上}$、$3_{下}$煤层顶板为中等稳定～稳定顶板，底板以粉砂岩、泥岩为主，属中硬底板。$3_{上}$煤层硬度为2.16，$3_{下}$煤层硬度为1.91。$3_{上}$煤层平均厚度为1.98 m，$3_{下}$煤层平均厚度为4.28 m。井田内煤系地层走向总体趋势近南北，向西倾斜，倾角平缓，煤层倾角一般为2°～10°。3煤层直接充水含水层为3煤层顶底板砂岩和三灰，富水性为中等～极弱。

矿井采用立井开拓，主、副、风井均布置在工业广场区内，采用中央并列抽出式通风。主要水平大巷分区开拓，沿煤层布置，采用采区前进式、工作面后退式开采。厚煤层采用综采放顶煤开采，中厚煤层采用普通综采，全部冒落法管理顶板。矿井“全煤巷”开拓布局方式简化了生产系统，降低了万吨掘进率。

二、2009年主要技术经济指标完成情况

2009年百万吨死亡率为0，在保证安全生产各项投入的前提下实现利润25913万元。2009年采煤机械化程度为100%，掘进装载机械化程度为100%，综掘机械化程度为85.57%。2009年矿井综合单产为12.8589万t/(个·月)，矿井综合单产主要受煤层厚度与地质条件的影响。2009年完成原煤产量359.09万t，原煤工效为15.697 t/工。

三、2009年采取的措施、做法和经验

（一）加强组织领导，营造实施建设安全高效矿井的氛围

继续加强对安全高效矿井建设的组织领导，明确责任，多点启动，成立了以矿长为组长的安全高效矿井建设实施领导小组，定期召开平衡协调会，分两条线开展工作，一条线抓安全生产，一条线抓后勤服务，推举“工作提速”，讲究工作实效。各级领导深入现场，及时解决现场出现的各种困难

和问题，对工程质量、生产接续、设备配套等关键环节的问题，集中时间，集中精力，认真加以解决。同时进一步加大宣传教育力度，宣传安全高效矿井建设的重大现实意义。

（二）依靠科技进步，改造完善系统装备

注重依靠科技进步，突出强化系统装备完善与改造，以提高系统的稳定性和可靠性为重点，强化对供电、提升、皮带运输系统的技术改造、装备配套和更新，狠抓了煤流、提升运输系统设备检修与维护。

（三）强化生产组织，深入扎实地开展安全高效矿井建设

深入扎实地开展了生产创水平活动，围绕安全高效矿井建设工作，各级干部切实转变工作作风，做到了“五到现场”，即矿领导轮流办公到现场、专业组工作到现场、区队干部管理到现场、生产服务跟踪到现场、包保措施到现场，有力地保证了安全高效矿井建设工作的顺利实施。针对采煤队在生产中遇到的各种问题和困难，矿组织各专业组现场解决，并由辅助区队提前处理，大大提高了重点队的开机率。

（四）狠抓生产接续，保证矿井生产形势的稳定

全矿以提高单进水平为突破口，开展掘进“上纲要、创水平”活动，全年完成掘进进尺 24337 m。积极组织南翼 -740 西部开拓会战，并取得明显效果。立足于创建万米掘进队，积极开展安全高效掘进竞赛活动，通过合理缩小工作面轨顺巷道断面、优化支护参数和方式，掘进效率提高了 30% 以上。针对矿剩余采场情况和全年生产需要，把原来南北两翼均衡生产调整为相对集中于南翼 -740 水平生产，采场布局优化完成后，该矿将在较长一段时期内保持年产原煤（400 ~ 450）万 t 的水平。

兖州煤业股份有限公司济宁三号煤矿

一、矿井概况

济宁三号煤矿为设计年产500万t的特大型现代化煤矿，2000年12月28日实现正式投产。矿区地势平坦，地理位置优越，交通畅通，运输便利。地质储量8.8亿t，工业储量8亿t，可采储量5.3亿t，其中3层煤4亿t，占可采储量的74.7%。矿井为立井开拓，主、副、风井均布置在同一工广区内。井田分为两个水平开采，第一水平为-518 m水平，集中开采东部煤田；第二水平-880 m设在西区，主要开采西部煤田。大巷沿煤层倾斜方向布置，贯穿整个井田的倾斜巷道，在大巷南北两侧直接布置条带式回采工作面，采用采区前进式、工作面后退式开采。

二、2009年主要技术经济指标

2009年，矿井原煤产量620.05万t，原煤生产人员效率27.428 t/工。在保证安全生产各项投入的前提下，实现利润100773万元；职工人均收入59912元，增幅为15.3%。百万吨死亡率为0，安全质量标准化达到一级标准。综采机械化程度为100%；掘进装载机械化程度为100%；综掘机械化程度为82.66%。矿井采区厚煤层回收率为79.51%；中厚煤层回收率为89.89%。

三、创建安全高效矿井所采取的措施、做法

（一）突出预控管理，安全形势健康稳定

实施了“831”安全教育方法，分时段、有针对性地开展算安全“五笔账”教育、安全警示教育、安全主题教育。开展了定期轮岗培训、区队自主培训、现场抽考等多种形式培训，全年培训人员10476人次。完善了安全生产行政问责办法、经济量化考核办法，细化了人身和非人身事故惩处标准。实施安全超前问责，将“三违”行为、隐患苗头纳入事故分析处理程序，实现了责任追究防线前移。形成了区队班组建设“566”模式，区队班组自管自治水平进一步提高。推广应用了综放工作面胶顺超前液压支架、综

掘机红外线挡人装置和水电闭锁联动装置、新型斜巷跑车防护装置、井下人机定位系统、无线通讯系统等安全新装备、新技术，作业现场安全可靠性进一步增强。

（二）精心组织，煤炭生产稳产高效

优化工作面设计，优化采区通风系统，安装架空乘人装置，为生产提供了系统保障。引进应用了岩巷快速掘进作业线，淘汰普掘作业落后工艺，普掘进尺效率提高了1.3倍，单头作业人员减少5人。引进了新型WC40Y框架式支架搬运车应用于工作面安撤，运输效率和安全系数大大提高。创新应用工作面皮带转弯装置。优化$3_{上}$煤工作面生产工序环节，实现薄煤层工作面月产均超过15万t的较高水平。集中力量组织掘进会战，掘进单进水平明显提高。

（三）严控紧缩成本，经营管理成效明显

实施堵源头、控过程、重效果成本闭环管理，逐级逐项分解指标，落实矿分管领导、专业副总、职能部门、区队、班组“五级”经营责任，推行预算编制、审批、执行、预警、分析、考核全面预算流程，严格联挂考核，全年兑现经营奖励134万元，有效保证了经营制度落实，较好地完成了成本考核目标。

（四）实施科技兴矿战略，自主创新能力明显增强

加强科技项目管理，强化人才队伍建设，加大资金保障，完善激励政策，矿井科技工作取得明显成效。召开了第四届科技大会，列支109万元专项资金，表彰奖励了119项优秀科技成果、52项管理成果和创新先进单位、先进个人，进一步调动了广大干部职工的创新积极性。

兖州煤业股份有限公司兴隆庄煤矿

一、基本情况

兴隆庄煤矿是国家“六五”期间自行设计和建造的第一座年产300万t的大型现代化矿井，与其相配套的有中美联合设计的年入洗量300万t的现代化洗煤厂和全国第一家煤泥热电厂。矿井于1981年12月21日正式投产，2006年矿井核定能力为660万t。

矿井采用走向长壁或倾斜长壁采煤法，采用小煤柱护巷技术开采。自1992年6月兴隆庄煤矿在华东地区首次试验综放开采技术成功以来，经过不断发展完善和创新实践，1995年矿井全面推广应用了综采放顶煤一次采全高回采工艺，并先后成功实施了国家“九五”、“十五”科技攻关项目，使综放工作面装备水平、矿井单产水平、回采工效得到了大幅度提高。

二、2009年矿井主要技术经济指标完成情况

矿井原煤产量完成659.67万t；掘进进尺完成23528 m；原煤生产人员效率18.268 t/工；安全生产3044天（截至2009年12月31日），实现安全生产8周年；安全质量标准化动态保持了一级水平；矿井职工人均收入69446元，比2008年增长9118元，增长15.11%；矿区绿化覆盖率43.67%，污水处理、外排均达到国家标准；矿井采煤机械化程度100%，掘进装载机械化程度100%，综掘机械化程度78.43%；采区回采率达到80.57%。

三、2009年安全高效矿井建设的主要做法

（一）强化严细管理，取得安全工作新业绩

一是深化安全教育培训，全员安全素质明显提升。“兴隆鼎”安全文化体系研究项目通过了国家安监总局验收评审。二是深化安全制度建设，安全执行力明显提升。认真贯彻公司“一个决定，三个办法”，扎实开展安全生产“三项行动”，加强安全生产“三项建设”。三是深化现场安全管理，安全预控力明显提升。严格落实安全费用计划，全年完成安全技措项目206

项，投入资金5359万元，更新维护了主要系统安全防护设备设施，矿井安全可靠程度得到了有效保障。

（二）精心组织生产，开创煤炭生产新局面

一是煤炭产量超额完成。针对工作面布置不规则、集中增减、边采边撤，生产系统复杂，影响生产时间长，工作面开采仰角大、夹矸层厚、断层多、落差大及沿空开采等困难贯穿全年的实际，坚持“正规循环、均衡生产”的原则，超前制定生产组织方案，认真落实激励政策，突出支护状态控制，强化设备检修维护，科学调控工作面推进速度。

二是掘进工作扎实推进。针对地质条件复杂，不规则工作面布置增多，掘进施工难度大，掘进接续紧张，搬家移面频繁，生产准备工作任务重等不利因素的制约，超前制定施工方案，合理调整支护方式，优化支护参数，推广应用新技术、新工艺、新装备，全力推进7304、10302顺槽等重点掘进工程施工，全年掘进进尺超过23528 m，超计划14.8%。开展安全高效掘进会战，全部28个掘进头次达到公司嘉奖水平。

三是生产接续保障有力。围绕生产接续和重点工程，各级管理干部严抓紧盯重点区域和重点部位，生产业务科室加强了技术指导与协调服务，辅助单位加强了采掘外围辅助和各项临时性生产准备工作，全年安全优质地完成了5个采煤工作面、46个掘进头的安撤准备工作，完成了副井井筒治理工程和284项机电、综机检修工作。其中综采装修队在安装任务重、工序环节复杂等困难条件下，完成了工作面三安两撤及15大项生产准备辅助性工作。

兖州煤业股份有限公司鲍店煤矿

一、基本情况

鲍店煤矿于1986年6月投产，现核定年产640万t，井田设主副立井及南北风井，现主采山西组$3_{上}$、3和$3_{下}$煤，水文地质和其他开采条件简单，生产、通风、排水、防灭火、供电、安全监测监控等系统完善，为全面综采（综放）现代化矿井。

二、2009年度主要技术经济指标完成情况

（1）安全保障能力不断增强。百万吨死亡率为0，截至2009年12月31日，矿井累计安全生产3428天，安全产煤5712万t。先后荣获“全国煤炭工业安全高效矿井”、“山东煤矿安全程度评估6A级矿井”、“山东煤炭工业局安全质量标准化一级矿井”、“安全生产双基建设先进单位”、“山东省煤炭工业局一通三防、防治水、瓦斯治理示范矿井”等称号。

（2）经济效益显著提高。2009年，原煤产量573.98万t；创造效益81035万元；矿井综合单产267856 t/（个·月）；全员效率实际完成16.26 t/工；职工收入比2008年度增长15.1%。

（3）采掘综合机械化水平进一步提升。采掘关系正常，2009年掘进进尺实际完成26416 m，其中开拓巷道4737 m，准备巷道和回采巷道21679 m，万吨掘进率为46.02 m/万t。综掘单进实现656.55 m，综掘一区全年实现掘进进尺14542 m，连续5a突破综掘万米大关。

三、2009年重点开展的工作

（一）全面落实安全生产责任制，深入推进安全质量标准化建设

一是进一步明确安全生产责任主体及责任范围，逐级签订安全目标责任书，做到安全责任落实、目标落实、考核到位，实现了安全生产统一管理、逐级负责、全面监督。二是深入推进安全质量标准化建设。修订完善井上下质量标准化管理标准，积极开展各项质量竞赛活动，强化质量监督检查，严格考核兑现，积极开展标准化示范点创建活动。三是严格安全奖惩。累计安

全抵押兑现3209万元，安全效益奖励1.16亿元，安全罚款66万元。

（二）认真贯彻“安全第一，预防为主，综合治理”方针

一是创新开展“方圆”安全文化建设，用“方圆融通、安全永恒”核心理念引领全员思想，大力实施亲情化安全教育、事故案例警示教育和现身说法教育，筑牢安全思想防线。二是突出安全自主管理，实施“区队自治、班组自管、个人自保”，积极推行“三位一体”、“手指口述”安全确认、“一长两员”星级竞赛等制度，规范职工作业行为。三是深化推行以脱产、自主、准军事化培训为主的“三三”联动培训机制，投入700余万元建成综合模拟巷道、综采仿真工作面、主井仿真提升系统，教育培训的实效性不断增强。四是全面推进岗位危险源辨识工作，严格隐患“五级排查”和“七落实”制度，开展通讯、供风、防尘供水“三条生命线”的排查工作以及机电管理安全专项整治工作，实行动态监督、过程控制、闭环管理，有效消除现场安全隐患。五是加大安全资金投入。2009年累计完成维简资金1208万元，安全生产费用7084万元，技改资金4134万元，大力实施技术创新表彰奖励。

（三）突出经营创效，严控成本

一是制定完善经营管理制度，进行分类管理、分段考核，实现经营管理过程控制。二是实行总额承包、联挂考核以及经营管理问责制，大力推进对标管理，深入开展班组经济核算，严格考核兑现。三是大力开展修旧利废活动，累计回收复用材料价值1400余万元。四是加大煤炭洗选组织，洗选矸石带煤率由4%降到目前的2%左右，精煤产率提高5%。

兖矿集团有限公司杨村煤矿

一、矿井概况

兖矿集团有限公司杨村煤矿是省属国有煤炭企业，位于山东省济宁市高新区王因镇境内，兖州市的西南方。矿井主、副井距济宁市区约 20 km，距兖州市约 10 km。矿井采用立井单水平开拓，采用煤层分组采区上下山联合布置的开拓方式，在工业广场布置一对主、副井，南北翼各设一个风井。薄煤层采用走向长壁后退式采煤方法，全部垮落法管理顶板；厚煤层采用倾向（走向）长壁全部垮落法综采放顶煤一次采全高采煤法。

二、2009 年度各项技术经济指标完成情况

2009 年原煤产量完成 96. 42 万 t，掘进进尺完成 11178 m，原煤生产人员效率 6. 197 t/工。销售收入完成 4. 94 亿元，实现利润总额 4397 万元，职工人均年收入 49971 元。

三、依靠科技创新，改进生产工艺，提高装备水平

（1）313 工作面梯形开采技术应用。313 工作面开采属于梯形开采，需要边生产边增加支架及前、后部运输机溜槽等设备，积累了边生产边增加支架的经验，多回收煤炭 16. 3 万 t，增加经济效益 8000 多万元，为边角煤回采增添了一项新技术，对煤炭资源的回收具有重大意义。

（2）大力推进含硫化铁结核薄煤层机械化开采工艺研究。杨村煤矿在 17 层煤工作面进行含硫化铁硬结核体薄煤层机械化开采成套技术与装备研究项目，取得较好的经济效益和社会效益。最高日产 2784 t，最高工效 23. 2 t/工，年产达到 60 万 t 生产水平，总体配套合理、装备性能良好、应用技术先进，实现了安全、高效、可靠的目标，并获兖矿集团首批创新团队称号。该生产工艺，改变了兖州矿区 30 多年来薄煤层“打眼放炮、大锨攉煤”的生产方式，对于实现资源平衡开采、缓解生产接续矛盾、充分回收煤炭资源、延长矿井生产寿命、实现企业可持续发展具有十分重要的意义，同时为其他矿区含矸薄煤层高效开采提供了借鉴，对我国煤炭工业发展具有重大影

响。

（3）提高开采上限技术研究。为缓解生产接续紧张的局面，实现资源平衡开采、资源充分回收，杨村煤矿积极开展提高开采上限技术研究。其中厚煤层 313 工作面防水煤柱由 80 m 变为 47 m，采出煤量 49.6 万 t；2708 工作面防水煤柱由 30 m 提高至 14 m，采出煤量 8.1 万 t，全年防水煤柱内共采出煤量 57.7 万 t，延长矿井生产寿命，实现企业可持续发展。

（4）薄煤层顺槽排矸关键装备与工艺研究。采用的 P－30B 履带式耙装机及皮带机尾移设速度快、施工环节少，减少了施工时间，提高了作业循环次数和单进水平，节约了材料消耗和劳动用工费用，年可节约材料 3.36 万元、节省劳动用工时间 480 h、节约劳动用工费用 4.896 万元，每年多出掘进煤 4996 t，创造效益 299.8 万元。

兖矿集团有限公司北宿煤矿

一、基本概况

兖矿集团有限公司北宿煤矿地处孔孟之乡、礼仪之邦的山东省邹城市境内，1976年12月26日建成投产，设计生产能力75万t/a，改扩建后核定生产能力100万t/a。

矿井采用走向长壁后退式采煤方法，全部垮落法管理顶板；三班生产，边采边准备的循环方式；采煤工作面支护采用支撑掩护式液压支架支护顶板，巷道支护采用锚网喷联合支护、喷射砂浆支护、锚网支护。

二、2009年矿井主要技术经济指标

2009年原煤产量完成95.47万t，平均单产4.1478万t/月，掘进进尺完成18205 m，掘进率190.69 m/万t，原煤生产人员效率3.015 t/工，实现利润1233.2万元，职工年人均收入4.7万元。采煤机械化程度达到87.5%，掘进装载机械化程度达到100%，综掘机械化程度达到25.36%。薄煤层采区回收率达86.9%。2009年杜绝了重伤及以上人身事故，百万吨死亡率为0，实现了安全生产年。

三、2009年安全高效矿井建设的主要工作

（1）矿成立安全高效矿井建设领导小组，利用生产协调会、专业计划会、总结分析会，集中解决生产过程中存在的问题，协调相关单位的生产工作。同时，各相关专业部门紧密结合现场，及时对生产区队进行业务指导，实地处理生产中遇到的实际困难。采煤区队组织党员先锋队，以劳动模范、技术标兵等精干技术力量为带头兵，发挥“传帮带”的互补作用，营造“比、学、赶、帮、超”的良好局面，激发干部职工抓安全、保目标的积极主动性，为安全高效矿井创建活动的顺利开展奠定了坚实的基础。

（2）坚持“管理、装备、培训”三个并重原则，认真落实“四五级联动”安全培训措施，不断优化培训体系建设，大大提升了职工队伍的整体技术技能和安全素质。

（3）坚持“公开、公平、公正”的原则，健全完善灵活的用人机制，加强职业技能鉴定工作，营造一个良好的用人环境，真正做到人尽其才、才尽其用，达到人力资源最佳配置，提高了职工队伍适应不同岗位的工作能力。

（4）始终坚持“安全第一，预防为主，综合治理”的安全方针，提出了首季安全生产季、4 月 25 日实现跨年度连续安全生产三周年、上半年安全生产、年底实现安全生产年等阶段性安全奋斗目标，党政工团齐抓共管，根据安全生产实际开展各种形式的安全教育活动。狠抓安全质量标准化建设、“双基”建设和安全程度评估工作，实现了井上下安全质量标准化同步发展、动态达标，矿井安全生产环境有了进一步改善，整体形象显著提高。

（5）根据“优化采场布局、优化劳动组织”的工作思路，合理编排生产任务，及时调整采掘接续，优化生产布局，优化人员结构和劳动定员工作，有效提高劳动效率。同时大力实施科技创新，推广应用薄煤层炮采工作面液压支架、大功率刮板输送机，优化半煤岩巷道断面布置，制定了小断面半煤岩巷分打分运成套装备的研究与应用方案。2009 年 9 月，组织召开了生产技术推先创新表彰大会，对 2009 年涌现出的 79 项生产技术推先创新项目进行了奖励，落实奖励资金 23 万元，进一步激发广大工程技术人员的工作积极性。

（6）加大了矿井关键环节的技术改造力度，确保生产系统的稳定运行，强化经营管理机制，确保后勤保障，狠抓营销“三零工程”建设，巩固煤炭销售市场，加强环保节能工作的落实，实现绿色、环保、和谐发展。

淄博矿业集团有限责任公司岱庄煤矿

一、基本情况

岱庄煤矿是淄博矿业集团有限责任公司在济（宁）北矿区建设的第二对现代化矿井，井田位于济宁煤田的北部，南距济宁市约 6 km，西邻唐口井田，东邻许厂井田，东西走向长约 9 km，南北倾斜宽约 7.2 km，面积约 65 km^2。井田内地势平坦，地面村庄稠密，共有 78 个自然村，村庄下压煤可采储量约占矿井可采储量的 80%，主要可采煤层为 $3_{上}$、16 和 17 煤层，平均总厚 4.99 m，$3_{下}$ 煤层为局部可采。

矿井采用竖井分水平开拓，设计生产能力为 150 万 t/a，核定生产能力为 300 万 t/a；采用长短壁、上下山结合的综合开采体系，即非压煤区采用长壁综采一次采全高采煤方法，村庄下压煤采用宽条带法综采一次采全高采煤方法。

二、2009 年度技术经济指标完成情况

2009 年完成原煤产量 226.99 万 t，掘进总进尺完成 33226 m，开拓进尺完成 3634 m，销售收入 120090 万元，实现利润 23446 万元，原煤生产人员效率 12.53 t/工，全矿职工当年人均收入 5.88 万元，高于上年度 15.7%，百万吨死亡率为 0，采掘机械化程度达 100%。安全质量标准化达到国家一级标准，全矿杜绝了各类事故，实现了安全高效生产。

三、2009 年安全高效矿井建设的主要做法

（一）科学组织合理生产，优化生产布局

针对矿井煤层赋存地质条件复杂、断层发育、煤层厚度变化大、煤质差的特点，坚持“以质定面、以面定头、合理配采”的原则，针对各采场工作面长短和煤层厚薄实际，合理制定配采方案，及时调整生产组织，科学组织合理生产，优化生产布局，确保了生产接续和煤质的稳定，实现了矿井健康发展。

（二）找煤扩量，精采细掘，提高煤炭资源回收率

针对矿井资源可开采储量锐减的现状，始终坚持“惜煤如金、应采尽采、精采细采”的长远发展思路，根据三维地震勘探资料，结合井下巷道实际揭露地质情况，想方设法在边界区、断层区、薄煤区加大找煤扩量力度。通过优化地质构造复杂区域工作面设计、减小预留煤柱，将工作面布置成“楔形”、“刀把形”、“扇形”等不规则形状，利用工作面对接开采、旋转开采及调斜开采等技术，实现工作面安全回采，最大限度地提高了煤炭资源回采率，全年累计找煤扩量 91.3 万 t，为矿井实现可持续发展提供了根本保证。

（三）精细管理，不断深化质量标准化建设

按照高于行业标准的工作思路，进一步修改完善了《岱庄煤矿工程质量精细化管理标准》，不断深化定置管理、编码管理、点线管理。尤其是以精品采煤工作面和精品掘进迎头为标杆，大力推广应用精优作业法、卓越管理法，进一步规范操作流程，切实从源头提高了工作质量。同时，选点树标，分批组织区队管理人员、班组长等进行内部相互参观学习，取长补短，以点带面，全面推进，矿井质量标准化水平有了进一步提高。严格工程质量树优评差和“精品工程”创建，奖罚并举，持续推进。

（四）大力推进科技创新，为安全高效生产提供技术保障

一是加大了资金投入。全年共发放科技奖励 198.7 万元；根据生产需要，全年累计投入科技资金 9798 万元，有力地促进了科技创新项目的发展。二是突破了关键环节。围绕制约矿井发展的“瓶颈”问题，积极与中国矿大、山东科技大学等高校联合开展多项科技项目研究，为矿井安全高效生产提供技术保障。一年来，在全矿干部职工的努力下，科技创新工作取得了可喜成绩。

淄博矿业集团有限责任公司许厂煤矿

一、基本情况

许厂煤矿位于济宁煤田的东北部，属济宁市高新区管辖，是淄矿集团公司在济北矿区建设的第一座大型现代化矿井。矿井于1998年10月份投产，设计生产能力为150万t/a，2009年原煤产量完成319.8万t，矿井核定生产能力为320万t/a。

矿区含煤地层为下二迭统山西组和上石炭统太原组，平均总厚246.33 m，共含煤25层，平均总厚为10.27 m。其主采煤层为$3_{下}$、$16_{上}$、17，平均总厚5.05 m，占可采煤层总厚的85%，主采煤层中又以$3_{下}$煤层厚度较大，均厚3.9 m，且埋藏浅、储量丰富。

二、2009年完成的主要技术经济指标

（一）经济效益稳步增长，职工收入显著提高

2009年以来，以安全生产为重点，以经济效益为中心，全年实现销售收入164425万元，实现营业利润68341万元。

通过提高职工工资基数、井下补贴等措施，提高职工收入水平，职工平均收入达到6.8万元，同比增幅1.06%。

（二）采掘机械化程度走在行业前列

矿现有两个采煤队，均使用综合机械化采煤工艺生产，全年回采产量达到290万t，全部实现了采煤机械化。回采工作面现在采用的装备主要有两套：①液压支架ZY6000/19/40型，采煤机SL－300型，刮板输送机SGZ－800/2×400型；②液压支架ZY7600/25.5/55型，采煤机MG750/1800－WD型，刮板输送机SGZ－1000/1400型。全矿采煤机械化程度保持100%。

矿现有3个综掘队，配备S200、S150、EBZ220、EBZ160、EBZ132综掘机8台；有3个普掘队，配备P60B耙装机作业，掘进装载机械化程度达到96%。

（三）采煤方法选择合理，回采率符合国家规定

矿推广应用一次采全高采煤法，不但提高了工作面回采率，而且提高了

工作效率。2009 年工作面回采率平均达到 95.7%，采区回采率中厚煤层为 78.6%。

（四）矿井综合单产及原煤工效较高

2009 年矿井平均工作面个数 1.87 个，矿井综合单产达到 12.93 万 t/(个·月)。2009 年末原煤生产人数 793 人，全年投入人工 203052 个，原煤生产人员效率达到 15.75 t/工。

三、创建安全高效矿井的经验做法

（一）强力推进“一岗双述”，突出安全第一主题

在不断强化“手指口述”在现场执行的同时，注重发挥典型的示范作用，把生产流程中的危险源处置纳入了“手指口述”的内容，并与复杂生产条件下实现动态达标相结合，促进了动态质量达标向岗位达标和风险预控转变。

（二）以全面推行“岗位描述”为载体，强化上标准岗干标准活的意识

从各区队到机关部室都制定了推进方案，人人编写岗位描述内容，矿上编制《赢在历练》“岗位描述”读本，并大力开展各种岗位工种演练比赛，促进了在实际工作中的执行，取得了显著效果。

（三）深化精品片区创建，推动质量标准化上台阶

持续开展精品片区创建工作，在搞好片区中心建设的同时，加大了外围创建力度，坚持精品片区动态验收，加大奖惩力度，增强了基层区队抓精品创建的责任心。

淄博矿业集团有限责任公司葛亭煤矿

一、基本情况

葛亭煤矿是淄博矿业集团有限责任公司在济北矿区开发建设的第三对现代化矿井。矿井位于山东省济宁市任城区境内，距济宁市区 14 km，铁路、公路和水路四通八达，交通运输十分便利。

葛亭煤矿位于济宁煤田西北部，行政区划属济宁市任城区二十里铺镇及长沟镇管辖。矿井范围南北宽 4 ~5 km，东西长 5 ~6 km，面积 20.8863 km^2。矿井于 1999 年 2 月 26 日开工建设，2001 年元月 10 日正式投入生产，设计生产能力 60 万 t/a，2006 年核定生产能力为 120 万 t/a。葛亭矿井主要开采 3、16 和 17 煤层，截止到 2009 年底矿井地质储量 9539.0 万 t，其中可采储量 1010.92 万 t。

二、2009 年主要技术经济指标完成情况

2009 年度矿井完成原煤产量 120 万 t，矿井综合单产 55519t/(个·月)，原煤生产人员效率达到 5.41 t/工，实现利润 16748 万元，人均年收入 5.61 万元。

三、安全高效矿井建设期间取得的经验

(一) 强化学习理念，提高安全理念

葛亭煤矿始终坚持以理念渗透、管理创新为突破口，大力推进安全文化建设。全矿干部职工总结整理出安全理念 28 条、安全警语 237 条、安全用语 186 条、编写安全事故案例 109 篇，充分利用“三个宣传阵地，五个教育系统”的安全视觉系统，全方位的对干部职工进行安全教育，提高干部职工的安全理念和安全意识。

(二) 夯实基础，提升矿井的安全质量标准化水平

牢固树立“安全为天、质量为本”的思想观念，始终坚持“抓质量就等于抓安全、就等于增效益”的观念，在全矿推行 REC 精细控制管理模式（对每个人、每件事、每一天、每一处进行管理），运用编码、定置、标示、

看板4项技术，高境界定位、高起点规划、高标准打造，创出了“一线六面”的精品工作。目前，全矿所有采煤工作面实现了“七条线、二自动、一整洁、一规范”；掘进工作面实现了“七条线，四齐直”；机电硐室实现了“十统一”；通防专业实现了安全管理信息化、通防设施自动化、安全监测数字化，高标准的施工质量为安全生产打造了坚实的质量基础。

（三）加大科技投入，提高安全技术装备水平

立足加大安全投入和“科技兴安”战略相结合，努力创建本质安全型矿井。2009年以来，先后开展矿井火与瓦斯动态预测预警系统研究，探索研究岩溶陷落柱导富水性赋存条件及煤层安全开采影响评价、断层活化导水机理与防治方法、水害多源信息预测技术，研究井下采掘及大型固定设备自动化监控系统和大倾角下山胶带运输防跑带技术；研究主提升系统超载预警及钢丝绳张力差在线监测技术。开展了急倾斜走向长壁综采放顶煤工作面安全高效开采技术研究，积极研究岩浆岩不规则侵蚀巷道围岩控制、深部大断层高地压大断面硐室支护技术；大力开展16煤半煤岩巷道围岩稳定性与控制技术研究，积极优化巷道支护参数，降低了巷道支护难度，提高了成型质量；开展薄煤层综采技术研究，并到达国际先进水平。

淄博矿业集团山东唐口煤业有限公司

一、矿井概况

唐口矿井是淄博矿业集团在济（宁）北矿区建设的第四对现代化大型矿井，位于山东省济宁市西侧，距济宁市10 km，南接兖新铁路，西临京杭大运河，327、105国道从矿区穿过，公路、铁路交通极为方便。

井田南北长11～12.7 km，东西宽4.5～8 km，面积76.9 km^2，主采山西组3（$3_上$）煤层，最大厚度10.55 m，全区平均厚5.51 m。矿井设计生产能力为300万t/a，核定生产能力为500万t/a，采用立井开拓方式，在同一工业广场内布置主、副、风3个井筒，采中央并列抽出式通风，现生产水平为－990 m水平，主井采用箕斗提升，副井采用罐笼提升，风井为专用回风井，各主要生产系统技术先进，安全可靠，经济合理。

二、2009年度主要技术经济指标

2009年共生产原煤335万t，采煤机械化程度达100%，原煤工效为15.55 t/工，矿井掘进总进尺17843 m，其中开拓进尺5407 m。全年实现利润56119万元，职工人均年收入5.8万元。

三、2009年建设安全高效矿井的主要工作

（一）突出安全主题，落实管理责任

该公司以创建“安全高效型和本质安全型”矿井为目标，从完善各级安全责任制、落实各项管理制度入手，积极推行精细化管理，大力推进安全文化建设工作，狠抓规程、措施及规章制度的现场落实，向着安全发展，和谐发展，文化管理的高层次、高境界迈出扎实的步伐，为矿井的长治久安夯实安全生产的根基。重新修订补充完善了《唐口煤业公司安全生产岗位责任制》，对所有岗位工种和安全管理职能部门的安全生产责任制进行了明确规定，形成了全员、全方位、全过程的安全管理体系。

（二）狠抓生产接续，矿井实现均衡高效生产

该公司始终坚持以“优化开拓布局、合理集中生产”为目标，坚持一

个生产水平组织生产，大力优化采场布局，简化生产环节，促进合理集中生产，多次对多个掘进迎头进行了较大调整，使开拓布局更加合理，现场管理更为方便。

（三）抓重点，求突破，促进安全质量标准化工作全面发展

在“一通三防”方面，完成了矿井安全监测系统的升级，利用安全监测系统和束管微机色谱监测系统，对井下采掘工作面瓦斯和有害气体进行监测；井下所有掘进工作面局部通风全部按“三专两闭锁”进行装备，实现了“双局扇、双电源、自动换机、自动分风”；采取了煤层注水防尘措施；安设了移动瓦斯抽放系统，对回采工作面采空区瓦斯进行抽放。

在顶板管理方面，实行顶板区域化管理，对井下所有作业场所划定责任区域，分工到各区队，由区队每班安排专人进行巡视。

在提升运输方面，实行安全设施挂牌管理、落实责任人，严格实行绞车运行验收许可制度；安装了机车运输“信集闭”系统，不仅保证了电机车的安全畅通，而且提高了机车的运行速度和周转率。

（四）加大投入，推进科技创新，提高安全技术保障能力

坚持不断加大投入，积极推广使用新技术、新装备，不断完善安全质量标准化基础设施。2009 年共投入资金 3000 余万元，用于改善采、掘、机、运、通各系统状况，完善安全设施、设备，有力地促进了安全质量标准化的创新和发展。

淄博矿业集团陕西长武亭南煤业有限责任公司

一、基本情况

陕西长武亭南煤业有限责任公司是淄矿集团公司响应国家西部大开发号召，走出省门自主开发建设的第一个现代化煤炭企业。矿井于2006年9月30日建成投产，累计完成投资5.14亿元，矿井生产能力为300万t/a。截止到2009年末，公司累计生产煤炭747.9万t，上交各类税费6.6亿元，已连续三年被中国煤炭工业协会评为“特级安全高效矿井”。

公司井田面积35.5 km^2，主采侏罗系4号煤层，煤层平均厚度为9.35 m，煤层倾角为2°~7°。煤质为中灰、特低硫、低磷、中高发热量的优质烟煤，煤种类：不黏结煤31号（BN31），普氏硬度$f=2\sim3$。2009年底矿井保有资源储量40000.6万t。

本井田水文地质条件属于中等类型，预计正常涌水量360 m^3/h，最大涌水量560 m^3/h。

公司的采煤方法以放顶煤采煤法为主，回采工作面液压支架采用ZF7500/18/35型低位放顶煤支架，采煤机采用MG400/930－WD型交流电牵引型采煤机，刮板输送机采用SGZ－880/800（中双链）型，采煤机械化程度为100%。

综掘工作面采用S150、S200A、S150JA型综掘机，支护采用MQT－120系列气动锚杆钻机和7655型风钻，物料运输采用无极绳绞车运输，煤炭运输采用DSJ800/2×55－1000带式输送机。综掘巷道全部采用锚网索支护工艺。2009年全公司掘进装载机械化程度达98%，其中综掘机械化程度达63%。

普掘采用光爆法破岩。炮眼施工采用7655型风钻，装岩采用P－90B型耙装机，支护采用MQT系列锚杆机打眼，运输煤矸采用胶带或矿车。采用锚网喷或锚网索支护工艺。

二、2009 年科学管理方面采取的措施及成果

（一）优化配置，建立精干高效的管理机构

截至 2009 年底，公司在册 1390 人，其中管理人员 180 名。实行小机构、大服务，一人多岗，一岗多责，一职多能，机关管理机构设“一部一处三室七科”。公司对采掘单位、生产辅助单位进行优化配置，形成了科学高效的生产管理运作体制。

（二）积极探索，全面实行后勤服务社会化

一是强化职工关心的食堂管理，实行多元参与、竞聘承包的办法，增强承包者的竞争意识，提高服务质量，达到了企业、员工“双满意”。二是按照“四季见绿、三季有花”的原则，与陕西杨凌科秦园艺公司签订绿化、美化合同，目前，绿化、美化面积占矿区面积的 30% 以上。三是搞好医疗卫生防疫服务，每年对井下工作人员进行健康查体，积极搞好食堂、浴室、宿舍、公厕、办公室等公共场所的卫生防疫工作，确保职工身体健康。四是宿舍实行公寓化管理，为广大员工创造良好的生活环境。

（三）全面实施科教兴企发展战略，大力开发人力资源

截止到 2009 年末，公司已有 70 余名员工取得了后继学历教育毕业证书。公司先后招聘采矿、机电、通防等十余个专业的大中专毕业生 447 人，仅 2009 年，公司就招用院校毕业生 176 人。目前，公司在册员工中，中专以上学历 418 人，具有高级职称 7 人，中级职称 19 人，注册安全工程师 9 人，工程硕士研究生 2 人。

新汶矿业集团有限责任公司孙村煤矿

一、基本情况

山东新汶矿业集团孙村煤矿地处山东省新泰市境内，位于新汶煤田东部。矿井采用立井、斜井多水平混合开拓，采煤方法采用走向长壁后退式综合机械化采煤，全部垮落法管理顶板。孙村煤矿是一个具有百年开采历史的老矿井，经过多次技术改造，1962 年 -400 m 水平延深设计确定矿井生产能力为 60 万 t/a，2006 年核定生产能力 140 万 t/a。

矿井已进行了 -75 m、-210 m、-400 m、-600 m、-800 m、-1100 m 等 6 个水平的开采，现主要开采水平为 -1100 m 水平，开采深度已达 1350 m，是目前国内最深的井工开采矿井之一。

二、2009 年矿井主要技术经济指标完成情况

2009 年原煤产量完成 138.16 万 t，掘进总进尺完成 22.587 km，综合单产达到 51399 t/(个·月)，原煤生产人员效率完成 8.102 t/工，综合机械化程度 100%，综掘机械化程度 52.4%。2009 年实现了安全生产，百万吨死亡率为零，实现了连续生产 3 周年。2009 年实现利润 10502 万元，人均工资 5.0452 万元，同比增加 14.2%。

三、矿井生产组织和科学管理方面的经验

（一）优化创新环境，为矿井安全高效建设增添活力

（1）建立健全了创新体系。建立并完善以矿总工程师为首、各专业副总和基层技术人员为一体的三级创新管理保障体系，矿领导每人负责一个大的创新项目，设专题进行研究，实现人人创新无空白，达到管理和创新相互推动、相互促进。

（2）完善创新考核奖惩机制。实行科技创新考核奖励周期，并按照成果与收益相结合的原则，提高科技创新奖励标准。

（3）针对现场动态发生的问题，在各专业、基层单位营造自主创新环境，积极协调，为技术人员创新提供人力、物力、材料、场地，调动基层单

位搞创新的积极性。

（4）完善人才保障和激励机制。对于矿上需要的人才，采用高薪聘请或公开招聘的形式进行吸纳，打破用工形式及身份界限，给有能力的科技人才提供舞台施展才华。

（二）依靠科技进步，解决生产难题，为矿井安全高效建设提供有力的技术支持

（1）大力推广应用以综采综掘为代表的新装备，实现采煤工艺的重大改革。针对矿井开采水平多、生产环节多、地质构造和煤层结构复杂、开采难度大的现实，通过充分论证、科学决策，大力推广应用以综采综掘为主的机械化生产，全面提高生产装备水平，为安全高效矿井建设奠定了良好的基础。

（2）坚定不移地走矿井“科技治灾”之路。坚持通过多种形式、多种渠道，不断开拓和加大技术创新的领域与力量，对影响矿井安全的重点项目，组织工程技术人员与有关科研院所进行联合攻关，确保矿井持续稳定安全生产。

（3）优化开拓布局，简化生产系统

从矿井整体到局部，紧紧围绕优化开拓布局、简化生产系统、解决深部地压增大等问题，全面进行优化设计，减少采区个数，提高矿井生产能力，实现合理集中生产。

（4）加大巷道支护改革，改善了巷道支护效果

随着矿井的不断延深，地压增大，矿压显现也日趋明显，巷道受采动压力影响变形量不断增加。为此，该矿加强深部开拓部署、矿压控制、大变形围岩支护等关键难题的综合技术研究，从根本上改善了巷道支护面貌。

新汶矿业集团有限责任公司翟镇煤矿

一、矿井概况

翟镇煤矿隶属新汶矿业集团公司，由济南煤矿设计院和新汶矿务局设计处共同设计。矿井于1993年12月建成投产，设计年生产能力120万t，近年来通过对矿井生产系统的技术升级改造，生产能力逐步提高，2009年核定生产能力为190万t。截止到2009年末，矿井总资源量10319.5万t，可采储量2417万t。

翟镇井田位于山东省新泰市翟镇境内，交通便利。翟镇矿由一对立井开拓，井口标高180.7 m，井田面积13.58 km^2，现开采水平 -400 m。矿井采用立井、斜井混合，集中大巷、采区石门开拓方式，采煤方法为走向长壁后退式，掘进方法为炮掘和机掘，主要提升运输系统采用立井提升，矿井通风方式为中央边界抽出式。

二、2009年主要技术经济指标

2009年，矿井生产原煤产量188.39万t，完成掘进总进尺23100 m，实现利润12158万元，职工人均年收入4.52万元，达到煤炭行业人均年收入的1.51倍，综合单产90800 t/(个·月)，原煤生产人员效率为7.402 t/工。全部实现综采机械化开采，综采机械化程度达到100%，掘进装载机械化程度达到100%，综掘机械化程度54.5%。采区回收率达到90.6%，工作面回收率达到95%。百万吨死亡率为0，全年实现了安全生产。

三、2009年建设安全高效矿井的主要做法

（一）提升机械化装备水平，实现矿井安全高效开采

（1）成功应用了ZCZ7600/16/32型超前支架，解决了劳动强度大、顶板控制难、安全系数低的难题，减轻了工人劳动强度，增加了现场施工安全系数。

（2）在掘进顺槽成功试验应用了“掘锚支”一体机，实现掘进、打眼、锚固、支护一体化施工，大大简化了施工程序，节约了施工时间，施工工序

更为紧凑合理，保证了矿井的持续稳定。

（3）改造了3部“双驱”电牵引单轨吊机车，敷设单轨吊线路6000余米，在三采区投用了“双驱”单轨吊机车和灵活方便的单轨吊小型起吊梁，减少了换装次数，提高了运输效率，全部实现单轨吊系统网络化，实现了运输提升安全最大化。

（4）改进快速短壁注水工艺。利用与迎头爆破掏槽眼直径相匹配的注水器进行快速注水，对出水流量进行合理控制，做到适量注水。通过改进技术，提高了掘进效率，解决了迎头积水以及煤壁片帮等带来的安全生产难题。

（5）完成了“井下清仓机器人研制与应用”项目。该设备可对垂直煤壁和缩口锥形壁上凝结煤进行清洁，实现清仓远距离控制，代替施工人员进入煤仓，将施工人员从有害物质、繁重劳动和安全隐患中解放出来。

（二）优化系统设计，实现矿井持续有效发展

（1）优化施工设计，坚持先煤后岩、先锚带网后锚网喷、先一次后二次支护、先不规则矩形后半圆拱断面的原则，杜绝无效进尺，减少了辅助工程量。通过优化11105E轨道巷设计方案，减少全岩工程量50 m，联络巷工程量130 m。

（2）抓好工作面撤除切眼优化。3405面外部块段化提前在上面距外部联络巷40 m处补上面撤除切眼，沿中间巷位置向外补轨道副巷与轨道巷贯通，实现上面“零”撤除准备、下面连续生产，保证了工作面的安全高效生产。

新汶矿业集团有限责任公司华恒矿业公司

一、矿井概况

华恒矿业有限公司前身为新汶矿业集团汶南煤矿，始建于1958年，1971年简易投产，设计生产能力为45万t/a，经1978年、1990年两次技术改造，矿井生产能力达到120万t/a。矿井位于新汶矿区最东部，北距新泰市10.3 km，主井口标高为+189.27 m。矿井开采上限为+175 m，开采下限为-1050 m，2009年底保有地质储量12602.3万t，可采储量2960.3万t。矿井开拓方式为立井-斜井分水平集中运输大巷阶段石门联合开拓，矿井采煤方法为走向长壁后退式采煤法，掘进方法为炮掘和机掘，主运采用皮带运输，矿井通风方式为混合式。

二、2009年主要技术经济指标

2009年，矿井生产原煤产量111.78万t，完成掘进总进尺19898 m，实现利润23653万元，职工人均年收入3.2225万元，比上年提高12.6%，综合单产44955 t/(个·月)，原煤生产人员效率3.643 t/工。实现薄煤层机械化开采，机械化程度达到100%，掘进装载机械化程度达到100%，综掘机械化程度达到26.89%。采区回收率达到89.6%，工作面回收率达到99%。全年实现了安全生产，百万吨死亡率为0。

三、2009年建设安全高效矿井的主要做法

（一）发挥机械化优势，实现矿井安全高效

针对矿井地质条件复杂的实际，华恒矿业有限公司加大投入、上装备，充分发挥了机械化优势，实现了矿井安全高效。①上综采。华恒矿业有限公司共4个采煤工作面，其中3个采用综采工艺，1个采用高档普采矸石充填工艺。2010年计划在41304西工作面（目前为高档普采）选用ZY3200/09/21型挡炮式液压支架开采，全部实现综采工艺。②半煤岩巷道采用综掘机

械化掘进，现综掘机累计达到 4 台，掘进生产效率、安全系数大幅提高。③应用了单轨吊运输系统，提高了运输效率，减轻了职工劳动强度，改善了工作环境。

（二）加强数字化管理，提升生产效率

华恒矿业有限公司确定了数字化矿井建设方案，在千兆以太网建设、自动化控制中心、系统整合等方面进行改善和优化。安装了地面集控室，建立了千兆网平台，实现了 8 个自动化子系统的整合工作，实现了矿井主运、主排、供电三大系统井下主要安全生产环节和装备运行状况的实时监测和集中、远程控制，有效地提高了矿井生产自动化和管理现代化水平，实现了全矿井的统一管理与数据共享。目前数字化管理正在向采区延伸。

（三）优化设计，实现技术持续创新

（1）优化设计、创新工作面布置，从技术源头上为安全高效生产奠定基础。采煤工作面布置全部采用单巷布置，面长由原来的 150 m 提高到 220 m，一个采区减少了一个区段，减少了工作面的掘进工程量，提高了采煤工作面单产。

（2）加大技术创新，实施采煤新工艺。在采煤工作面实施矸石泥浆充填沿空留巷，自 2009 年实施以来，共留巷 600 多米，减少了掘进工作量，提高了单产；实现无煤柱开采，减少了煤炭损失，提高了煤炭回收率。

（四）大力推行巷道支护新工艺，实现快速掘进

在积极发展掘进机械化的同时，大力推广液压式临时支护新工艺，临时支护时间由原来使用吊环式前探梁的 40 min 缩短至 5 min，提高了单进水平，降低了劳动强度，缩短了劳动时间，大大提高了安全生产系数。

新汶矿业集团有限责任公司协庄煤矿

一、基本情况

协庄煤矿于1962年12月25日投产，是我国自行设计、自行施工、自行安装的第一座大型现代化矿井，投产时是山东省最大的煤矿，被誉为“鲁煤第一峰”。

矿井原设计能力为120万t/a，1989年改扩建后，设计能力为180万t/a，－850 m延深水平设计能力为120万t/a。协庄煤矿是典型的老矿井，矿井开拓方式为主斜副立多水平开拓，共划分为4个水平：第一水平（－50 m水平）已结束开采，第二水平（－300 m水平）已进入后组煤层的开采，第三水平（－550 m水平）以下和第四水平（－850 m水平）为矿井目前的主要生产水平。目前，－1100 m水平正在开拓施工中，矿井各煤层工作面均采用综合机械化采煤工艺，全部垮落法管理顶板。

二、2009年主要技术经济指标

2009年，该矿完成原煤产量189.32万t，总进尺31.461 km，平均采煤工作面个数为2.96个，采煤机械化程度达100%，安全事故发生次数为零，实现了连续8周年安全生产。当年实现利润15597万元，职工年收入4.65万元，同比增加3.5%。

三、矿井生产组织与科学管理经验

（一）安全高效建设

一是以稳产高效为基本原则，大力实施科技兴矿、管理创新战略，增强企业自主创新能力，简化生产系统，提高装备水平，优化劳动组织，提高单产单进水平和资源回收利用率，打造“稳产高效型”现代化矿井。

二是抓好矿井生产接续，按照可持续发展和稳定接续的总体要求，坚持大规划、小建设，抓好当前，兼顾长远，精排3 a、细排5 a、规划10 a的方针，科学编制矿井开拓方案，保证稳定的生产接续和采场准备。

三是优化内部劳动组织，按照“用最先进的装备、最简约的系统、最优秀的队伍和最佳的设计”的建设现代化矿井的思路，优化生产劳动组织，落实企业用人标准，建立人员退出机制。

四是强化机电设备“生命”管理，坚持机电事故分析处理制度，加大员工教育培训力度，提升岗位工的正规操作能力、维修工的保养能力和事故防范能力。

（二）安全管理方面

近年来，协庄煤矿始终坚持“安全第一，预防为主”的安全生产方针，严格遵守国家关于煤炭安全生产的法律法规及其他要求，不断加大安全投资力度，不断探索和实施新的安全管理模式，以创建本质安全型矿井为目标，着力推进矿井安全生产管理建设。先后实施了“矿井安全管理全息动态监控方法”、“2S”安全管理模式、岗位联责联保、链式管理法等模式，取得了极大的成功。强抓全员安全宣传教育、理念渗透和技能培训，自上而下双向拓展“正向引导教育”，增强主动管理意识，提高员工安全行为和文明素养。

（三）科技创新方面

以“更新设计理念，优化生产系统”为切入点，成立了10个技术开发研究室和16个课题研究小组。实施“科技兴安”战略，突出抓好本质安全型矿井技术研究。开展了“创建创新型部室，正当创新型人才”的大型创新活动，激发了全体部室员工的创新热情，每年举办一次年度科技大会，对当年完成优秀科技项目的人员进行表彰，并评选出年度科技标兵给予表彰。

新汶矿业集团山东良庄矿业有限责任公司

一、矿井概况

良庄矿井位于新汶煤田中部。矿井煤系中共含煤19层，可采煤层为二、四、六、十一、十三、十五几个煤层，合计总厚度8.90 m，其中主采煤层为二、四、十一层等。矿井为低瓦斯矿井，除十三层煤为三类不易自燃外，其余煤层均为二类自燃倾向煤层。矿井为斜井多水平中央石门贯穿各煤层的开拓方式，采煤方法均采用走向长壁后退式综合机械化采煤法，全部垮落法管理顶板。矿井于1954—1957年建井，1957年7月1日投产，当时设计生产能力为30万t/a，1962年核定能力为45万t/a，1976—1983年改扩建后核定能力为120万t/a，2006年核定生产能力为110万t/a，2009年实际生产原煤104.60万t。

截止到2009年底，地质储量为6021.5万t，工业储量为4951.3万t，可采量为2243.7万t。矿井服务年限为14.5 a。

采煤工作面采用综采工艺，现开采的中厚煤层（二、四、十一层），采用综采工艺。掘进采用综掘和炮掘工艺，现半煤巷多采用综掘工艺，部分为炮掘工艺，全岩巷道全部采用炮掘工艺。现全矿共有4个综掘工作面，3个炮掘工作面。

二、2009年矿井技术经济指标完成情况

2009年该矿实现了安全生产，百万吨死亡率为0。2009年该矿人均工资5.2221万元，同比增幅12.5%。良庄矿业目前主要开采煤层为二、四、十一层，为中厚煤层，全部实现综合机械化开采，机械化程度达到100%，掘进装载机械化程度达到100%，综掘机械化程度达到51.7%。2009年，该矿采区回收率计划为80.2%，实际采区动用储量115.56万t，采出104.6万t，采区回收率达到90.3%，高出计划10.1个百分点，工作面回采率计划95%，实际工作面回收率达到97.6%，高出计划2.6个百分点。该矿

2009 年综合单产 97392 t/(个·月)。截止到 2009 年底，原煤生产人员 713 人，原煤生产人员效率为 7.294 t/工。

三、矿井安全生产管理

以稳产高效为保障，大力实施科技兴矿、管理创新战略，增强企业自主创新能力，简化生产系统，提高装备水平，优化劳动组织，提高单产单进水平和资源回收利用率，打造“稳产高效型”现代化矿井。①坚持科技强企战略。按照“技术领先、安全开采、科学开采、经济开采”的思路，从技术源头抓起，从设计理念突破，从系统优化入手，高度重视技术设计和系统优化，力求“安全、简约、高效”，提高集约化生产水平；坚持设备升级改造和自动化控制相结合，先进性和实用性相结合，通过机械化、自动化和信息化建设，推动生产系统改造、调度监控和信息办公水平不断升级。②抓好矿井生产接续，按照可持续发展和稳定接续的总体要求，坚持大规划、小建设，抓好当前，兼顾长远，精排三年、细排五年、规划十年，科学编制矿井开拓方案，保证正常稳定的生产接续和采场准备，推进合理开采、节约开采、绿色开采。③优化内部劳动组织，按照“用最先进的装备、最简约的系统、最优的队伍和最佳的设计”的建设现代化矿井的思路，优化生产劳动组织，落实企业用人标准，建立人员退出机制。采用先进的开采技术、生产工艺和技术装备，简化生产系统，减少用人环节，实行限员挂牌管理，最大限度地减少现场作业人员数量，依靠装备、技术和管理实现组织优化。④强化机电设备生命管理，坚持机电事故分析处理制度，加大员工教育培训力度，提升岗位工的正规操作能力、维修工的保养能力和事故防范能力，营造重视设备、爱护设备、保养设备、开好设备的良好氛围，深化向机电事故为零进军活动，竭力避免影响生产安全的各类非人身事故出现。

肥城曹庄煤矿有限公司

一、基本情况

曹庄煤矿于1958年12月破土动工，于1964年12月26日移交生产。矿井设计能力60万t，服务年限64a，经过技术改造，2009年生产能力核定为120万t/a。曹庄煤矿开拓方式为立井、多水平、中央贯穿石门、上下山分区式开拓，大巷水平有－120m水平（第一水平，基本结束）、－280m水平（第二水平，现生产水平）、－480m水平（第三水平，开拓延伸水平）。采煤方法主要采用单一走向长壁后退式开采，全部垮落法处理采空区。

二、2009年主要技术经济指标

2009年原煤产量119.5万t，掘进总进尺25597m，均创历史最好水平；杜绝了重伤及以上人身事故和重大侥幸事故，截至2010年11月19日，已实现安全生产3201天。职工年人均收入4.382万元。2009年全矿两个高档普采区队，最高月产达到了8.92万t，单面最高月产5.9万t，原煤生产人员效率达到了5.06t/工，全年实现利润5643.87万元。

三、在生产组织和科学管理方面的经验和具体做法

（1）矿领导非常重视安全高效工作，不断提高认识，开拓思路，创新发展。制定安全高效奖惩考核制度，严格考核兑现。在矿成立安全高效领导小组的基础上，各采掘、辅助单位也成立了以区队长为组长的安全高效基层管理小组，进一步增强了各采掘、辅助单位的安全高效管理力度。

（2）对于煤炭的生产系统，选取最优方案，做到布局合理，减少煤炭生产运输环节。主要做法有：工作面的进风及运输顺槽均按走向定向布置，减少了运输环节，工作面长度稳定，减少工作面输送机的添掐，运输顺槽安设可伸缩皮带，利用转载机减少运输顺槽输送机的添掐；采区设计当煤层间距不大时，采区上下山联合布置，煤炭运输巷道采用大直径钻孔联络，减少巷道掘进量，使运输环节减少；工作面运输顺槽大断面掘进，做到了机运合一。

（3）合理布置采场，确保稳产高产。该矿把工作重点放在集中生产、合理生产上，布置的工作面尽量减少不必要的搬家、撤面，缩短安装准备时间。采取科学有效的手段，加强调度协调和环节控制，形成科学、规范、顺畅的生产流程，最大限度地提高煤炭产量。充分发挥业务科室和辅助区队的作用，为生产区队提供良好的业务指导和服务。区队干部深入现场靠前指挥，做到明确目标，严密组织，确保从班组到个人都权责清晰、责任明确、尽职尽责的干好本职工作。继续实行生产目标化管理，调度室对各生产单位任务完成情况进行一班一统计、一天一汇总，对完不成任务的单位，及时分析原因并且拿出处理意见。

（4）突出重点抓关键，解决制约“安全、高效”发展的关键环节。在回采上，重点抓了机电设备管理和工作面安装、回撤、初压、过断层等关键环节的管理，落实生产矿长、总工程师组织现场会审制度，及时制定有针对性的特殊措施，安排生产科室专业人员分三班盯现场。机电设备管理做到“四个到位”，即设备维修备用到位、每天的检修工作到位、机电维修操作人员培训到位、动态考核奖惩到位。在掘进施工中，49%的掘进头实现了皮带、溜子运输，对于矿车运输的头、面，平巷全部实现了小电瓶车运输，上下山采用25 kW绞车运输，巷道起伏较小的巷道，实现小绞车对拉运输，减少辅助运输人员，提高辅助运输效率。全矿巷道支护已经变为除三层下分层及顶板破碎情况外，全部采用锚网支护或锚梁支护。选择合理的支护方式，在降低材料消耗的同时，也减少了生产环节，缩短了循环周期。

肥城白庄煤矿有限公司

一、基本情况

白庄煤矿位于泰山西麓 50 km，山东省肥城市境内，位居肥城煤田中部，始建于 1970 年，1978 年投产。1986 年 6 月 6 日，该矿经原煤炭部批准进行改扩建，1996 年改扩建完成，扩建后成为设计能力 90 万 t 的大型矿井，核定生产能力为 140 万 t，设计服务年限为 71 a。

白庄煤矿开拓方式为立井多水平分区式下山开拓，现有主井、副井、老副井。主井为 6 t 箕斗提升，全自动提升；副井除上下人员外，担负提矸、下料任务。白庄煤矿开采方法为走向长壁、全部垮落法管理顶板，采用阶段运输大巷、采区上下山开拓方法。

二、2009 年主要技术经济指标

2009 年度，矿井生产原煤 137.2 万 t，超计划 72020 t；掘进总进尺 30658 m，超计划 2658 m，其中，综掘进尺 21206 m；累计洗精煤 70.6 万 t，超计划 10.6 万 t；全年累计销售煤炭 128.7 万 t，比计划多销 4.2 万 t；实现销售收入 8.74 亿元；全年累计实现利润 11907 万元，超计划 5907 万元；原煤生产人员效率达到 5.97 t/工；职工人均收入 42149 元，增加 15% 以上。矿井自 1987 年 9 月被原煤炭工业部授予“质量标准化一级矿井”的称号之后，一直保持此荣誉至今，并且先后多次被授予“全国十佳煤矿”、“全国安全高效矿井”、“全国煤炭工业科技创新优秀矿井”等称号。截至 2009 年 12 月 31 日，矿井实现连续安全生产 2745 天。按 8 元/t 提出安全费用，技术改造、安全投入共计 1097.62 万元。

三、企业管理创新、革新情况

（1）2009 年以来，全方位推行了以“五精五细”为主要内容的精确管理模式，初步形成以精确化推动质量标准化的管理体系。一是管理精确化。建立了安全生产责任制和以“5E”为主体的人本闭合管理制度，创建“精品工程”由采掘头面扩展到采区，并逐步向矿井全方位各岗点辐射，较好地构建起了以管理零盲区、安全零事故等为重点的“八零”管理体系。二是监督检查精确化。继续推行了差异管理法、程序化管理法、闭合管理法，提高了现场安全检查的质量和效果。三是隐患排查精确化。对所有排查的隐患实行编号管理，做到时间、措施、标准、责任人“四落实”。四是教育培训精确化。实行培训月度例会制度，强化“五个培训”，进行全员脱产培训，推行了现场考试和现场实际模拟演练相结合的方式，实现了培训由井上向井下转移，大大提高了全员安全素质。以“一化变十化”的标准再掀安全质量标准化新高潮，开展工程质量星级竞赛评比活动，并分为“五个”星级进行评比奖励。以更加严格的奖惩措施保持抓安全的高压态势，有力地促进了全矿安全形势的稳定发展。

（2）建矿以来，经广大工程技术人员积极努力、大胆探索研究锚网、锚索支护技术，采用联合布置、对拉工作面、沿空送巷、带采工作面上下煤柱及边角煤柱、回收采区轨道、皮带巷煤柱等方法，采区采出率一直保持在80%～92%，2009年度采区采出率达84.13%～86.24%，工作面采出率达97%。

（3）提高装备促产量。大力推广应用采掘机械化，采掘机械化程度自1990年改扩建开始就达到100%；在有条件的头面，积极装备综掘、综采。综掘机的应用提高了单进水平，缓解了采场接续，为安全高效奠定了基础。

山东省七五生建煤矿

一、矿井概况

山东省七五生建煤矿坐落在美丽的微山湖畔，毗邻京福高速公路、京沪铁路和京杭大运河，因始建于1975年而得名。该矿是一座以煤炭生产为主，以煤炭洗选、矿用材料、LED光电系列产品生产为辅的综合性煤炭企业，“七五煤”系优质动力和化工用煤，发热量大，含硫量低，以其优秀的品质享誉大江南北。经过不断发展与扩建，矿井生产能力从初建时的年产9万t已经达到现在年产120万t的能力。

二、2009年度主要技术经济指标

2009年共生产原煤96.38万t，采煤机械化程度达100%，原煤工效为8.899 t/工，矿井掘进总进尺12326 m，全年实现利润30470万元，职工人均年收入10万元。

三、2009年建设安全高效矿井的主要工作

（一）强化安全措施，提高管理水平

一是切实加强组织领导，坚持党委每月第一周安全专项例会制度、矿每周五安全例会制度和工区每周一安全例会制度，确保安全生产工作部署的组织基础。二是围绕客观因素积极采取有效措施。针对工作面安撤频繁的现状，引进使用捷克制造的单轨吊设备，采取强化设备运输管理、安撤现场排班跟班和现场调度办公等措施，促进工作面安撤工作安全高效地完成；针对遇断层或揭煤时出现瓦斯涌出量突然增大的情况，严格实施分级管理，升级改造瓦斯在线监测系统，与高等院校联合开展瓦斯参数测定分析工作，确保不使隐患变成危险。三是完善对支护材料、采掘设备和机电运输的管理职责划分，细化工区职责范围，进一步实现了专业化、集中化管理，为顺利完成各项生产任务打下了坚实的基础。四是积极实践先进的安全管理理念和模式，开展了建设采掘工作面安全文化硐室、评价研究煤矿重大危险源、建立并运行职业健康安全管理体系工作，建立了煤矿作业规程和安全信息闭合系

统网络管理平台。

（二）强化科技投入，拓宽安全空间

大力实施科技创新，持续加大安全生产投入，不断拓展安全高效生产空间。自 2003 年起，逐步淘汰炮采，采用国外生产的单轨吊运输、综采及综掘设备，目前，在用综采支架和综掘设备保证了安全、高效生产。推广应用联合支护工艺和技术，探索实践二分层综采工作面大跨度切眼支护技术、二分层工作面综合机械化开采工艺和综采工作面过火成岩侵入区的开采技术。加强水害防治力度，建立并完善水文观测系统，动态掌握井田内含水层的含水性以及重要含水层的水位变化情况。强化安全跟踪监控，升级改造矿井人员定位及无线通讯系统，信息通讯实现了井上井下直通。

（三）强化忧患意识，突出隐患治理

一是在隐患排查治理工作中，按照“六落实”的要求，突出责任人、整改人、落实跟踪人的分工责任，扎实做好隐患排查治理工作的责任考核。二是把细致分析作为隐患排查治理工作的重点环节，对于每一条排查出的隐患要保证“治标”，做到能现场整改的当场整改，不能现场整改的限期整改或集中停产治理。三是逐步形成了“发现问题多分析、找根源、抓实效”的工作思路，在制度落实上、处理“三违”上以及检查、监督执行上发现问题，既要做到扣罚的明白，又要做到查缺补漏、抓住根源、力求彻底解决，积极实践闭环式管理。

山东省岱庄生建煤矿

一、基本情况

山东省岱庄生建煤矿位于滕南煤田中部，地处微山县欢城镇境内。1976年9月由兖州煤矿设计院编制初步设计，设计生产能力为21万t/a，1976年底开工建设，1982年建成投产。1986年井田南部、西部边界变更，面积由4.4 km^2 增至7.4 km^2，改扩建设计生产能力变更为60万t/a。目前核定生产能力为84万t/a，核定通风能力为109.1万t/a，五证一照齐全。矿井开拓方式为立井多水平分区式开拓，通风方式为中央并列式。矿井为低瓦斯矿井，构造复杂程度属中等类型，采用走向长壁采煤法，综合机械化采煤，主井采用箕斗提升。矿井主采煤层为$3_上$、$3_下$煤层，现开采－210 m水平三采区和－425 m辅助水平五采区，现有1个综采工作面和6个掘进工作面（其中3个综掘、3个炮掘机装）生产。矿井各主要生产系统完善可靠，采掘关系正常，矿井三量符合规定。安装了安全监测监控系统、瓦斯智能巡检系统、束管监测系统、水仓、泵房和变电所远程控制系统、语音广播系统等各类监测监控系统。

二、2009年度主要技术经济指标

原煤产量82.67万t，矿井掘进总进尺11890 m，实现利润41672万元，在岗职工人均收入113800元，杜绝了轻伤以上人身伤亡及二级以上非伤亡事故，百万吨死亡率为0。

三、生产组织和科学管理方面取得的经验及具体做法

该矿坚持以人为本，牢固树立安全发展理念，创新完善了安全生产管理体系，探索形成了具有特色的安全文化理念。创新了“装备先进、管理到位、系统可靠、培训规范”的安全战略思维和“对人、对环境、对设备协调管理、全面控制”的新安全观，努力建设本质安全型、安全高效型和装备现代化、培训制度化、管理精细化、环境生态化的“两型四化”矿井。加强采面和迎头两个重点管理，狠抓基层、基础、基本功“三基”建设，

打造质量标准化、安全文化和环境综合治理“三大亮点”，推进质量标准化、企业文化、管理精细化“新三化”建设，建立完善隐患排查治理、过程控制与安全确认、安全教育培训、煤矿职业健康安全管理、安全奖罚与责任追究“五大体系”。实现了培训的系统化、制度化、规范化，作业的流程化、标准化、规范化，管理的精细化，实现了安全生产的良性循环。

矿井不断加大安全投入，建立和完善了安全生产各类系统。重点加强了自动化和信息化建设，着力推进实现矿井主要生产系统和安全生产环境等信息远程监测监控和无人值守，推动数字矿山建设，实现减人提效保安，从硬件设施上实现本质安全。近年来，矿井采用高新技术装备，革新了采掘工艺。投资4000余万元引进了MG160/375综采机组和EBZ132综掘机，实现了综采综掘。在采面安装了三柱式端头支架和超前支架，显著提高了采面端头和超前巷道的支护强度。每副支架均安装了压力在线监测系统，实现了矿压远程动态监测。在综掘面研发了以综掘机为载体、以综掘机液压系统为动力的机载临时支护装置，解决了综掘巷道临时支护难题，为该矿打造安全高效矿井奠定了坚实基础。

矿井依靠科技进步与创新，实现了资源节约与清洁生产。安装了水源热泵空调系统，通过水源热泵技术，利用井下废水、洗浴废水中的能量及太阳能实现了冬季供暖、夏季制冷、一年四季提供洗浴热水，实现了节能减排。矿井淘汰了老旧高耗设备、技术、工艺，改造了污水和废气处理设施，对井上下进行生态环境进行改造，实现了“井下像工厂、井上像花园”。矿井被济宁市确定为清洁生产试点单位，通过了清洁生产审核和能源审计验收，通过了环境管理体系认证，取得了良好的经济效益和社会效益。

淮北矿业（集团）有限责任公司 朱庄煤矿

一、矿井概况

朱庄煤矿为淮北矿业骨干矿井之一，坐落于安徽省淮北市境内，西距市区 9 km，北至徐州 50 km。矿区东临合徐高速与京浦铁路，西有阜夹铁路，北靠连霍高速和陇海铁路，京九动脉从西南穿过，地理位置优越，交通十分便利。

朱庄煤矿 1958 年建矿，1961 年投产，设计年产 75 万 t，现核定年产 220 万 t。井田面积约 25 km^2，煤种为瘦煤、贫瘦煤，煤质较好，发热量约 21772 kJ/kg，属低硫、低磷的优质环保型煤炭。矿井采用立井多水平分区式开拓方式，采煤方法为走向长壁顶板垮落机械化开采，采煤工艺为综采，可采煤层为四、五、六共 3 个煤层。2000 年以来，9 次蝉联“行业级安全高效矿井”，并先后荣获“全国双十佳煤矿”、“全国文明煤矿”、“全国模范职工之家”、“安徽省先进集体”等殊荣。2001 年通过 ISO9000 质量体系认证。

二、2009 年矿井主要技术经济指标

2009 年生产原煤 220 万 t，同比增产 2 万 t；实现利润 4.84 亿元，同比增利 9700 多万元；销售收入 9.87 亿元，同比增加 8700 万元；原煤工效 9.133 t/工，为历史最好水平；在岗人均年收入 4.61 万元。

三、建设安全高效矿井的主要经验和做法

（一）坚持安全第一，实现安全发展

坚持科技兴安，加大安全投入，积极推广应用地面注浆、瓦斯预抽、破碎顶板充填、带压开采、水害与瓦斯在线监测等安全实用性技术，全年安全投入达到 8000 多万元，解决了制约矿井安全发展的“瓶颈”。突出抓好“一通三防”和防治水工作。健全完善安全隐患排查整改制度，开展了“百日安全专项督查”等隐患排查活动，代表集团公司接受“国务院百日安全

专项督查组”检查验收，受到好评。加强安全制度建设，加大事故责任追究和反“三违”、反事故力度，起到了较好的教育警示作用。加强安全文化建设，加大全员安全培训力度，增强职工的安全自主管理能力和安全技能。

（二）加大创新力度，实现科学发展

加大技术创新力度，以采掘机械化、运输皮带化、支护锚杆化、安全监测自动化、调度系统信息化、提升系统智能化等“六化”建设为目标，大力开展过程研修、创新创效、合理化建议征集等科技攻关活动，全年共有40多项创新成果获集团公司以上奖励。坚持“综掘保综采”的生产模式，大力推进采掘工艺改革，形成“一井两面，双综同采”的生产格局。以百万吨综采队建设为主线，不断提升单产水平，综采一区年产近150万t，打破单面产量记录，采煤机械化程度达100%。积极推进煤锚支护和大断面一次成巷等技术，全年综掘进尺11540 m，占进尺总量的73.3%；煤锚支护超过10000 m，占总进尺的66.7%。创新资源回收手段，合理设备选型，强化技术管理和现场管理，采区资源回收率达到89%以上，延长了矿井寿命。

（三）打造精英团队，增强发展动力

全面实施素质提升工程，技术比武、岗位练兵、技术革新等活动常态化、规范化。拓宽人才培养途径，开展了管技人员学习年、管技人员手指口述示范竞赛、政工干部技术比武、劳模领跑团队等活动。深入推进人力资源规划落实，对采掘系统进行了整合，使得机构设置更为合理；加大岗位整合力度，严格控制用工总量，使计效人数控制在1130人左右。深化劳动用工制度改革，深化收入分配制度改革，加大了浮动工资和市场化工资比例，提高了职工工作的积极性。

淮北矿业（集团）有限责任公司
孙疃煤矿

一、矿井概况

孙疃煤矿位于安徽省濉溪县境内，其南与任楼矿井接壤，北与杨柳井田毗邻。矿井于2004年12月26日破土动工，2007年12月27日开始联合试运转，2008年6月26日正式竣工投产。孙疃井田位于淮北煤田中部童亭背斜东翼之北段，地质储量2.55亿t，可采储量1.2亿t，矿井设计生产能力为180万t/a，服务年限51a。矿井采用立井、集中大巷、分区石门开拓方式，工作面采用走向长壁或倾斜长壁采煤方法，顶板管理采用全部冒落法。

二、2009年主要技术经济指标

2009年，杜绝重伤及以上事故，完成原煤产量181.5万t，原煤工效平均为7.44t/工，销售收入85308.7万元，实现利润18559.5万元，职工人均年收入4.477万元，安全投入达到2670.3万元。

三、建设安全高效矿井的主要做法

（一）扎实推进安全生产体系建设，不断夯实安全管理基础，确保矿井安全形势持续稳定

按照淮北矿业“54321”安全管理模式的要求，全力加强安全生产体系建设，努力做到安全管理体系完备、职责明确、重点突出、管理科学。深入开展安全质量标准化创建，坚持“安全生产无隐患，工程质量达标准”的原则，细化创建标准，强化创建责任，实行过程控制，实现动态达标，全年采掘工作面优良品率达100%。扎实开展以“安全效果好、质量标准高、职工行为规范、安全管理科学、工作作风扎实、生产环境整洁”为主要内容的“示范科（区）”创建，强化科（区）长、班队长现场安全管理职责，严格落实现场跟（带）班、现场交接班、现场安全巡查、现场隐患排查等管理制度，深入推行实战化“手指口述”安全确认，着力构建以科（区）

自治、班组自管、岗位自律为主要特征的安全自主管理模式。

（二）深入扎实推进卓越班组建设，建设高素质的职工队伍，努力打造煤炭行业一流班组

紧紧围绕班前、班中、班后，深入推行班组安全管理“654链式流程”，最大限度地激发了班组管理的活力。一是积极推行班前“六仪”，按照班前“一点”、“二讲”、“三问”、“四查”、“五唱”、“六誓”6项礼仪，规范班前会程序，增强了职工安全意识，使班前会成为现场安全管理的第一道防线。二是严格执行班中“五步”，即严格执行集体入井、现场安全确认、班中安全巡查、收工安全评价及集体升井汇报5个步骤，使生产现场的隐患得到有效控制，职工违章蛮干的行为逐步减少。三是强化落实班后“四保”，坚持班后安全工作总结、技能培训、安全帮教和安全担保，通过落实班后四项保障措施，筑起坚固的安全防护屏障，夯实班组安全生产的基础。

（三）加大科技与管理创新力度，不断提高矿井集约化水平，保持矿井均衡高效生产

充分发挥科学技术对生产的指导作用，不断提高科技对生产的贡献率。一是坚持技术创新，不断提升管理水平。以生产技术创新为主线，围绕提高单产单进、创新井巷支护、防范较大及以上事故等方面，与高等院校和科研机构合作，大力推进科技创新，积极开展科技攻关。二是坚持科学管理，生产任务有效落实。按照“一对矿井，一个年产百万吨以上的综采队”的建设规划，合理劳动组织，优化生产布局，不断提高矿井集约化水平；同时，强化队伍建设，严格现场管理，积极为采掘生产创造条件，推动了综采综掘正规化、科学化。三是运用科技成果，不断提高装备水平。积极学习、消化、吸收、运用先进科技成果，大力引进新设备、新技术、新工艺，注重推行采掘机械化，加快信息化、自动化、智能化建设，提升了矿井装备水平和科技含量。

淮北矿业（集团）有限责任公司祁南煤矿

一、矿井概况

祁南煤矿坐落在安徽省宿州市祁县镇浍河南岸，北距宿州市 23 km，南距蚌埠市 70 km，设计年产 180 万 t，服务年限为 132.8 a，后经技术改造，核定生产能力 240 万 t，1992 年破土动工，2000 年正式投产。矿井开拓方式为立井、集中运输大巷、分区石门分水平开拓，一水平标高为 -550 m，二水平设计标高为 -750 m，目前仅一水平生产，二水平尚未开拓。井田共有可采煤层 10 层，分别为 23、32、61、62、63、71、72、8、9、10 煤层，其中 32、72、10 煤为矿井主要可采煤层。本年度开采的煤层为 32 煤、10 煤、71 煤、72 煤、61 煤。矿井水文地质条件为水文地质复杂型（Ⅲ类）矿井，属煤与瓦斯突出矿井，煤层具有自燃倾向，煤尘具有爆炸危险性。

二、2009 年度主要技术经济指标

矿井实现了安全生产，原煤产量 239.2 万 t，其中综采产量 204.9 万 t，综采程度为 92.09%，矿井综合单产 96826 t/(个·月)，原煤生产人员效率 6.8 t/工，掘进进尺 17086 m，其中综掘进尺 11333 m，综掘程度为 66.3%，掘进装载机械化程度 100%。全年主营业务收入为 80540 万元，实现利润 2784.18 万元，职工平均年收入 4.21 万元。

三、安全高效矿井建设的经验做法

（一）抓重点，夯实基础，稳定安全形势

抓安全质量标准化建设，采掘工程优良品率保持在 90% 以上，巩固了安全生产基础，改善了安全生产条件，建成了集团公司安全质量标准化一级矿井，连续四年被评为安全质量标准化建设“示范矿井”。

抓“一通三防”和防治水工作重点，继续开展祁南矿瓦斯治理综合模式的研究和实践，高瓦斯头面得到有效治理，全年抽放瓦斯 2210×10^4 m^3，消灭了瓦斯超限事故；加强巷道煤尘分片包干冲刷制度落实，优化除尘防尘技术，提高了煤尘管理水平；加强采空区封闭和注浆管理，杜绝了煤层自然

发火；认真落实十六字防治水工作方针，完成了7煤和10煤多项水害探查、疏放工程以及3煤老空水探放工程，有效解决了矿井水害威胁。

抓围岩综合治理，继续开展了“围岩攻坚年”活动，全年完成巷道整修7000多米，形成了适应矿情的围岩治理体系。

深入推进安全自主化管理，建立职工“三违”档案制和积分考核制，使得职工自主安全生产意识得到强化，推行手指口述操作法和层级安全确认法，使职工的安全操作能力得以增强，操作行为得以规范，安全状态得以控制。

（二）依靠科技进步，发展采掘机械化，提高矿井生产能力和劳动效率

扩大综采工艺的适用范围。该矿在继续加强条件复杂的中厚及厚煤层综采面的生产和技术研究、实践的同时，进一步将综采工艺推广到特厚和较薄中厚煤层，2009年下半年矿井实现了两综的生产格局。

机械化装备水平得以提高。该矿机械化设备升级的思路是：支架的支护能力逐步提高，采高向两极发展，机械功率、运输能力稳步增大。该矿复杂条件大采高综采开采工艺和薄煤层综采工艺实验成功。

（三）科学组织，合理集中生产，通过定岗、定员、定编，落实限员挂牌制度

合理集中生产。矿井严格按“二综”、“三个掘进区、六个掘进队”的生产规模，科学制订计划，合理安排采场接续，做到了一个采区只能有一个采煤面、最多有两个掘进队伍同时施工，既保证了安全回采煤量，又保证了采场连续接替。严格定岗、定员、定编，努力减少非生产人员数量，充实到一线，最大程度地提高劳动效率。落实“限员挂牌”制度，确保了该矿的安全生产。

淮北矿业（集团）有限责任公司 涡北煤矿

一、矿井概况

涡北煤矿隶属淮北矿业股份有限责任公司，井田位于淮北平原西部，行政区划属安徽省涡阳县管辖。井田中心南距涡阳县城4 km，井田东西宽3.2 km，南北长约6 km，面积约19 km^2。

井田地形平坦，新生界松散层较厚，一般为379～444 m，总体构造为遭受断层（块）切割了的向西倾斜的单斜构造，地质构造复杂程度属中等类型，局部为中等偏复杂。含煤地层为石炭系、二迭系。全井田开采和局部可采的有32、62、63、81、82、112等6个煤层，主采煤层为81、82煤层，煤层总厚度为10.10 m，除32、63煤层伴有肥煤外，其余均为我国稀缺的优质焦煤，所产煤炭全部入洗。矿井可采储量4280.6万t，设计生产能力为120万t/a，服务年限为25.8 a。

矿井采用立井分区式开拓方式，采煤方法为走向长壁综采放顶煤工艺。

二、2009年主要技术经济指标

全年累计原煤产量为119.8万t，原煤工效平均为7.267 t/工，采煤机械化程度达到了100%，综掘进尺率达到44.1%，掘进装载机械化程度达到100%，全年销售收入65578.5万元，利润23608.26万元，人均收入达到45100元。

三、安全高效矿井建设情况

（一）提高集约化生产经营水平，努力实现稳产高效

狠抓生产管理，稳定矿井产量。合理劳动组织，对采煤、机电、运输等队伍进行优化组合，使劳动工效不断提高，产量稳步攀升。优化生产布局，简化生产系统，坚持走一井一面、集约化生产之路，着力打造百万吨采煤队，强化8103综采工作面生产组织，不断提高单产水平，工作面年产原煤

115.268 万 t。以“南北兼顾、均衡生产”为矿井生产布局的原则，加强生产准备，着力提高单进水平，确保综放开采不断线。认真贯彻“采掘并举、掘进先行”的方针，成立 4 个掘进队，其中有 1 个综掘队，2 个岩巷队，1 个煤巷队。全年完成进尺 8076 m，确保了采掘关系平稳发展。

（二）大力实施管理创新，不断提升企业管理水平

强力推进精细化管理，促进经营管理上台阶。成立精细化管理组织机构，出台《涡北煤矿精细化管理实施方案》，建立健全 4E 标准体系和 4C2S 基本行为规范。建立四卡考核、四工并存的考核机制。强化日常管理，推行每日工作例会、领导干部跟班、带班制度，强化现场管理和过程控制，治理粗放行为，选树精细标杆，使干部职工责任心进一步增强。

（三）加大科技创新力度，不断增强企业科技贡献率

积极推进采掘工艺改革，采煤综采机械化水平保持 100%；综掘进尺完成 3565 m，综掘进尺率达到 44.1%，掘进装载机械化率达到 100%。加大装备投入，综采工作面全部采用新型重型支架，保证了生产效率。

（四）加强安全质量标准化建设，打造本质安全矿井

（1）加大安全质量标准化创建力度。以工程质量标准化向工作质量标准化、行为规范化延伸，着力开展精装采掘工作面、精装硐室三条线创建，使得职工规范作业意识不断增强，安全质量标准化建设取得新突破。

（2）突出抓好“一通三防”和防治水工作。加强通风系统管理，确保系统稳定可靠，积极推进瓦斯治理工作，全年抽放瓦斯 $317.8\times10^4\ m^3$。积极推广深孔静压注水、煤壁浅孔动压注水等技术，粉尘治理工作取得明显成效。对过断层的掘进头，做到了有疑必探、先探后掘，全年共进行瞬变电磁法探断层 3 次，确保了防治水安全。

（3）积极应用新的安全管理办法。推行安全确认法、周安全循环法，开展安全示范科区创建等，做到了安全工作重心下移区队、前移班组、自移个人。

淮北矿业（集团）有限责任公司
许疃煤矿

一、矿井概况

许疃煤矿位于安徽省蒙城县许疃镇境内，是国家“九五”重点建设项目，于1997年10月20日破土动工。第一水平标高 -500 m，设置一主、一副、两风4个井筒，混合式通风。2009年矿井核定生产能力300万 t/a。

许疃矿井井田地势平坦，构造为单斜构造，井田面积为52.59 km^2。目前矿井主要回采32、71、72、82煤层，可采储量2亿t，煤种以肥煤为主，三分之一焦煤次之，煤具有中灰、特低硫、特低磷、高发热量等特点，是良好的动力用煤和炼焦用煤。目前开采深度 -360 m 至 -800 m 标高，属于非深部矿井。

矿井采用立井、集中运输石门、分组运输大巷开拓方式。大巷运输主要采取带式输送机和架线机车牵引矿车混合运输方式。回采工作面采用综采工艺，采煤方法采用走向长壁后退式，全部陷落法管理顶板。

二、2009年主要技术经济指标

2009年原煤产量279.12万t，原煤工效8.479 t/工，采煤机械化产量267.64万t，综合单产81103 t/(个·月)，采煤机械化程度100%。全矿掘进总进尺16801 m，其中综掘进尺5577 m，掘进装载机械化程度100%，综掘机械化程度33.2%。实现销售收入10.69亿元，利润16145.65万元，职工年平均收入4.98万元。

三、建设安全高效矿井的主要经验和做法

（1）加大科研力度，确保矿井生产能力。2009年，该矿积极开展了近距离采空区松软煤层巷道综合治理研究以及工作面矿压显现规律观测技术研究，同时对于困扰南大巷运输能力的巷道变形问题，实施了锚架联合加固措施，确保了采区产能的发挥，为矿井生产任务的完成打下了坚实的基础。

（2）超前谋划，合理布局，保障矿井生产接替。该矿多次组织多部门共同讨论，制定2009年全年生产接替计划，在4个生产采区中优化设计3个综采工作面，并确定一个采煤队为主力采煤队，确保了生产的稳步推进。

（3）大力推行巷道支护新工艺，强化快速掘进队伍建设，建成了快速支护锚杆化矿井。在积极发展综掘机械化的同时，该矿大力推广应用煤巷锚杆支护和后运胶带技术，煤巷掘进后运全部实现皮带机出煤，提高了单进，降低了劳动强度，实现了安全生产。

（4）大力发展机械化，不断提高单产单进水平。2009年该矿继续加大在综采、综掘上的投入，不仅提高了工作面的生产能力，减少了顶板事故的发生，也缩短了工作面的成面周期，缓解了因综采快速推进对掘进系统的压力，成巷质量的提高也为后期工作面生产创造了有利的条件。

（5）夯实基础，加大安全投入，不断提高矿井安全装备水平。矿井在瓦斯防治方面，增设了瓦斯移动泵，提高了采区瓦斯抽采系统抽采瓦斯能力，杜绝了瓦斯超限。另外，在中央风井及西风井建立注浆泵站，有效防止了工作面老塘发火。防治水专业组配备有探放水钻机、水位自记仪及超前物探仪，确保了地质预测预报工作的全面开展。

（6）强化教育，严格监管，促进矿井安全生产。该矿始终把职工安全教育与培训作为搞好矿井安全生产的主要手段，正确处理好安全与生产、安全与效益、安全与稳定的关系，积极推广“手指口述”安全确认制度，不断加大安全检查监督力度，大力开展“反‘三违’、保安全”活动，建立完善重大隐患排查处理机制，为矿井的安全生产打下了坚实的基础。

淮北矿业（集团）有限责任公司临涣煤电公司

一、矿井概况

淮北临涣煤电有限责任公司坐落在淮北市濉溪县韩村镇境内。矿井于1985年12月建成投产，设计生产能力180万t/a，后经补充勘探，核定生产能力185万t/a。矿井开拓方式为立井分区石门式，主采煤层为七、八、九、十等4层，倾角为10°~45°。井田东西长15 km，南北宽4~5 km，面积约49.6617 km^2。矿井储藏的煤炭主要为焦肥煤，发热量为23027 kJ/kg。

临涣煤电公司属于高瓦斯矿井。矿井采用抽出式机械通风，通风方式采用混合式通风系统，主井、副井和东部井进风，东风井、西风井回风。矿井通风系统正规合理，采掘工作面及硐室风量充足。

二、2009年主要技术经济指标

全年实现了安全生产，共生产原煤184.55万t，综采产量146.21万t，综采机械化程度达81.5%，原煤工效为6.947 t/工，掘进进尺18858 m，综掘进尺5527 m，综掘机械化程度达29.3%，实现利润22468.27万元，职工年人均收入43696元。

三、安全高效矿井建设情况

（一）优化设计，合理布局，集中精力抓好生产

为保证生产正常接替，公司明确生产准备重点，坚持半年大平衡，季度小平衡，及时解决生产准备中存在的问题。从设计工作做起，精心运筹，合理布局，加快东翼及深部的开拓，使生产集中化、机械化，经济合理化。

积极加大设备投入力度，积极引进高新科技机电产品，努力提高矿井的机电设备装备水平，降低运输提升系统的故障率，同时节省人力，从技术装备上做到减员提效。加大综采、综掘工作面设备的投入，购置大功率的综采、综掘设备。

为保证综采连续生产，对综采实行专业化管理，成立了综采预备队，专门从事井下综采设备拆除、安装及调试工作。地面机修厂负责地面设备的维修、零配件的加工及补给。

近年来，陆续抽调了几批生产业务骨干，加强了新工人技术培训并优化劳动组合，实行以老带新，保证了设备的正常运转。

（二）健全制度，精细控制，确保安全生产

该公司安全生产稳步发展，建立健全了安全生产保障制度。牢固树立“以人为本、安全发展”的安全管理理念，坚定不移地从讲政治、促发展、保稳定的战略高度出发，围绕人、物、境三大要素，深化本质安全型矿井创建。健全的制度，严格的管理，保证了临涣煤电公司良好的安全形势，2009年矿百万吨死亡率为零，实现了安全年。

（三）坚持市场化运作，经营管理水平不断提高

该公司牢固树立向管理要效益的思想，创新管理方式和手段，努力提高经济效益和经济运行质量。加快市场化运作步伐，经营管理实现了市场化运作、网络化运行、计算机管理。在物资管理上，实现了网上材料审批，使数据统计、经营分析、经营管理与控制全部实现计算机运作。在设备管理上实现了流动设备和材料性设备的动态管理。严把材料投入关，对于各类安全生产投入，要求做到安全可靠、技术可行，杜绝不计成本、盲目投入。加强回收复用、修旧利废工作，全年修旧利废节支总额超过1000万元。

（四）坚持和谐发展，企业三个文明建设同步进行

该公司坚持以企业文化打造高标准文明矿井，以创建学习型企业、安全文化、环境整治和实施精细化管理为主要内容，建设具有临涣煤电特色的企业文化。公司广大干部职工大力弘扬“艰苦创新业、开拓争一流”企业精神，坚持班前礼仪、安全宣誓，营造了宣传企业理念的浓厚氛围。

淮北矿业（集团）有限责任公司
朔里煤矿

一、基本情况

朔里煤矿隶属于淮北矿业集团有限责任公司，位于安徽省淮北市杜集区境内，井田面积19.5 km^2。矿井南距淮北市15 km，北距徐州市40 km。朔里煤矿1965年破土动工，1971年7月试生产，1972年正式投产，设计年生产能力60万t，当年达到设计能力，目前核定能力180万t。该矿自1994年被原煤炭部命名为“高产高效矿井”以来，已14次获得行业级“高产高效”及“安全高效”荣誉称号。

矿井采用一对立井开拓，采用单一水平上下山开采，大巷水平-200 m，采区内3、4、5层联合开采，6层单独开采，采煤方法采用走向长壁和倾斜长壁采煤法，全部垮落法管理顶板。采煤工艺以综采为主，普采为辅。

二、2009年主要生产经营指标

原煤产量138.17万t，其中综采产量达120.49万t；掘进进尺10168 m，其中综掘进尺3853 m；企业利润6689.04万元；原煤工效7.324 t/工；百万吨死亡率为零。截至2009年底，全矿已实现安全生产1003天。

三、安全高效矿井建设情况

（一）强基固本，严抓细管，增强矿井安全保障力

夯实基础，深入推进安全质量标准化建设。本着“高起点、高标准、严要求”的思路，各单位进一步提高了认识，切实增强了抓好质量标准化的坚定性和自觉性。树立大质量标准化创建观念，实行质量标准化与安全效果、计划产量和进尺任务、工程质量、隐患排查整改、职工安全行为、职工安全培训等挂钩考核制度，切实加大考核力度，确保制度落实到位。

创新管理方法，加强“三违”整治。利用科技更新，提高瓦斯治理水平。该矿为高瓦斯矿井，历年来重视瓦斯治理，目前矿井运行的是北京瑞赛

公司的KJ2000N安全监控系统，可以对井下所有采、掘系统进、回风巷道进行网络监控，监控设备为2台数据服务器和1台主交换机、1台磁盘阵列。监控中心主机为4台工控机（其中2台为管理终端主备机，2台为上传主备机），1套图形终端。附属设备有1套UPS电源，1台净化电源，2台激光打印机、录音电话和传真机等设备。监控系统共安装使用井下交换机10台、井下分站（KJ2007F1）15台，安装低浓甲烷传感器（KJ10）39台、局扇开停传感器22台、风门开关传感器12台、断电器（KDG7）23台、断电回馈20台，安装温度传感器13台，风速传感器6台等设备。矿井还在重点区域安装了瓦斯抽放系统、风井在线监测系统，确保了瓦斯治理的质量。

（二）依托技术，科学组织，提高矿井生产水平

确保综采不断线。按照综采不断线的原则，积极平衡采掘关系，统筹安排了工作面的开采与接替。2009年精心组织了重点工作面的掘进会战，确保了采煤工作面接替时间，同时打破传统的思维定式，将部分普采工作面改为综采工作面。对重点工作面进行科技攻关，取得重大成果，在N534工作面成功了实施“三软”不稳定较厚煤层综采一次采全高回采技术，确保综采产量的稳定。在综采工作面安装、拆除方面，加强科学组织，保证了高效、快速。征迁方面充分发挥征迁部门积极性、主动性，拓宽工作思路，采取有效办法，全力以赴加快村庄搬迁进度，确保了综采工作面正常回采。

加强生产准备。充分发挥技术支撑作用，优化施工设计，积极寻找回采块段。加强在火成岩侵蚀区放炮技术研究，掘进巷道实施后运皮带化，着力提高掘进单进水平。同时优化掘进队伍组合，加强掘进修复队伍管理，严格执行“定任务、定人数、定时间、定工资”的“四定”承包管理办法，切实加快了修复进度。严格执行巷道验收管理制度，加大追究惩处力度。

淮北矿业（集团）有限责任公司
朱仙庄煤矿

一、基本情况

朱仙庄煤矿隶属淮北矿业（集团）有限责任公司，位于安徽省宿州市东 13 km 处，井田面积 26.3 km^2，地表为平原。宿灵公路贯穿矿区，专用运煤铁路与京沪铁路连接，交通运输便利。矿井于 1983 年 4 月建成投产，原设计生产能力 120 万 t/a，1988 年改扩建为 180 万 t/a，矿井核定生产能力为 220 万 t/a。

矿井开拓方式是立井多水平石门开拓，井田划分为一、二两个水平，一水平标高 -435 m，回风水平标高为 -275 m，二水平标高 -680 m。矿井有 2 个生产采区（87 采区和Ⅱ86 采区），2 个准备采区（Ⅱ3 采区和Ⅱ5 采区）。

二、2009 年矿井主要技术经济指标

全年共生产原煤 219.27 万 t，原煤工效达到 8.05 t/工，工作面平均单产 8.9385 万 t/(个·月)，建成了 2 支年产 100 万 t 综采队。采煤机械化程度达到 100%，全年共完成掘进进尺 9863 m，掘进装载机械化程度达到 100%。矿井采掘关系正常，三量符合规定要求。采区采出率达到 82%，全年实现利润总额 11820.46 万元，职工收入创历史新高，在岗职工人均年收入达 44186 元。

三、生产组织和科学管理方面取得的经验及具体做法

（一）安全基础稳步夯实

突出抓好“一通三防”和防治水管理，根据生产变化，及时调整优化了Ⅱ3、Ⅱ5、87 采区通风系统。全年打钻进尺 155367 m，抽放瓦斯 1017.6 × 10^4 m^3，杜绝了火灾事故。在Ⅱ863 和 871 综放工作面的回采过程中，采取了煤壁浅孔注水技术、上隅角垒弧形煤袋墙阻隔瓦斯技术、上隅角交替埋管抽排老塘瓦斯技术等，实现了工作面全年瓦斯零超限。

严查安全隐患，狠反“三违”，大力推行安全预警积分制，使得安全自主管理效果明显。加强管技人员和职工的安全培训，严格执行教考分离制度，增强了培训的针对性和实效性。继续推行安全检查市场化运作，坚持严查严管，有效地控制了事故的发生，保障了全矿安全形势的总体稳定。

（二）煤炭生产保持稳定

成功实践了综放旋转开采技术、薄基岩段综放开采技术，更换了主井减速器，改造了电控系统，井下带式输送机实现第三次提速。

以采煤工作面接替为重点，合理安排掘进施工力量，全年共完成掘进进尺 9863 m，保证了采掘关系正常。另外，加强生产准备，完成了重点工程进尺 3615 m。

（三）经营管理深入推进

制定了物资内部市场化等一系列管理办法；实现了物资、设备、工资、财务考核信息网络化，实现了三级市场化运作；加强材料管理，加大奖罚力度，有效遏制了各类材料浪费现象的发生；加大修旧利废力度，突出 U 型钢、工字钢、单体支柱“两钢一柱”的修复力度，全年减少钢材投入 1537.62 万元；严控非生产性支出，对办公费、差旅费等四项费用进行承包考核；严格对选煤厂的商品煤灰分和回收率进行联动考核，全年提质增收 6700 万元；深入开展“矿区职工总动员，节能降耗作贡献”活动，加大勤俭节约意识的宣传，层层分解节支降耗指标，提高了矿井的经济效益，全年节支降耗近 4000 万元。

淮南矿业（集团）有限责任公司 顾北煤矿

一、矿井概况

顾北煤矿是淮南矿业集团煤电一体化战略的重要组成部分，是合资建设的凤台 4×60 万 kW 发电厂的配套矿井，其生产的煤炭全部供给该电厂。

矿井采用立井、主要石门和分组集中大巷的开拓方式。井田划分为 2 个生产水平，其中一水平标高为 -648 m，采用上山开采；二水平标高暂定为 -760 m。开采方法：矿井采用长壁采煤法，区内后退式回采，全部垮落法处理采空区。矿井有 2 个采煤队，8 个掘进队（煤巷 3 个、岩巷 5 个）。矿井采掘关系正常。

二、2009 年矿井主要技术经济指标完成情况

（1）全年实现原煤产量 481.67 万 t（其中回采产量为 453.67 万 t），平均工作面个数 1.99 个，矿井综合单产 19.69 万 t/(个·月)。

（2）掘进进尺完成情况：全年完成掘进进尺 19951 m，煤巷锚杆支护率为 90%。其中，岩巷进尺 6360 m，综合单进 106 m/(个·月)；煤巷进尺 12635 m，综合单进 352 m/(个·月)。岩巷炮掘最高月进尺达 156 m。

（3）2009 年期末原煤生产人数 1006 人。原煤生产实际工日 251769 工日，原煤生产人员效率 18.02 t/工。在岗人员平均工资 8.75 万元/(人·年)，与上一年同比增加 15.01%。

（4）2009 年，原煤生产全部成本 280.14 元/t，商品煤灰分实际完成 33.18%。

三、2009 年顾北矿安全状况

该矿建立健全了各项针对性管理制度，并对照制度严格执行。机关科室实行定岗定编，全矿在职职工人数为 1294 人。机构设置符合规定，各部门配备的人员精干，满足工作需要。

矿井采用中央并列通风系统，通风方式为机械抽出负压通风。矿井实行分区通风，各采区都有独立的进、回风巷道，每个采区均有专用回风道。矿井建立了地面永久抽采系统、井下移动抽采系统。地面制氮车间担负井下注氮防火工作。

矿井安装了一套 KJ4N 安全监测监控系统，监控设备安设率达到 100%，各类探头按规定定期进行调校。瓦斯监控探头每天进行试断电一次，确保断电灵敏、准确、可靠。

2009 年，顾北矿未发生生产性责任死亡事故和重大非人身事故，顺利实现安全年。

四、2009 年安全高效矿井建设的主要做法

（1）坚持“可保尽保、应抽尽抽”原则，全面推进瓦斯综合治理。

（2）2009 年，矿井八大专业实行进一步细化管理，实行材料定置化，管理模式化，信息系统化，管理精细化，并建立完善的监督、检查、考核机制和质量目标责任制，确保矿井质量标准化达到煤炭行业一级标准。

（3）走新型煤电工业化道路，促进矿井的可持续发展。实施科教兴煤战略，实施可持续发展战略。积极开展与科研院校的合作，坚持产、学、研相结合，走技术经济一体化的发展道路，在科技创新领域中取得了长足的进步。

（4）加强成本管理，提高职工节资降耗意识。实行“强化现场管理，从严控制成本，深挖潜力，节资降耗”的经营工作方针，依靠科技管理，大力开展降成本、降灰分、增效益、涨工资的方案。对经营目标实行责任考核制，并与职工工效挂钩，提高节资降耗意识，充分调动了广大职工的积极性，并合理精简机构、优化资源配置。

淮南矿业（集团）有限责任公司潘三矿

一、基本情况

潘三矿隶属于淮南矿业（集团）有限责任公司，是公司主力矿井之一。于1992年11月1日建成投产，设计生产能力300万t/a，核定生产能力为510万t/a。

矿井东西走向长约9.3 km，南北倾斜宽约5.8 km，面积约54 km^2。井田位于潘集背斜南翼，总体形态为一单斜构造，地层走向NW－SE，倾向SW，倾角一般为5°～10°。2009年底矿井剩余工业储量75866.9万t，可采储量40429.6万t。

矿井采用立井－集中运输大巷－分区石门的开拓方式，分2个水平、5个采区，上下山联合布置开采。目前矿井采用长壁采煤法，区内后退式回采，全部垮落法处理采空区。井田共有5个井筒，工业广场内布置3个井筒，分别为主井、副井、矸石井；井田东部有东风井、西部有西风井。

二、2009年矿井主要技术经济指标完成情况

全年杜绝3%以上瓦斯超限事故，低值瓦斯超限同比下降40%。

（1）原煤产量：全年完成507.1万t（其中回采产量为483.25万t），平均工作面个数2.88个，矿井综合单产13.98万t/(个·月)，矿井最高月产量达到469999 t，最高日产达到18738 t，创造了潘三矿日产纪录。全年共完成7183 m的巷修任务。

（2）掘进进尺：全年完成掘进进尺20594 m，锚杆支护率为100%。其中，岩巷进尺9812 m，综合单进117 m/(个·月)；煤巷进尺10782 m，综合单进178 m/(个·月)。煤巷（沿空掘巷）最高月进尺达到522 m，创本矿纪录；岩巷最高月进尺达318 m，创集团公司岩巷综掘作业线月进纪录。

（3）2009年期末原煤生产人数1605人。原煤生产实际工日388241工日，原煤生产人员效率13.06 t/工。职工平均工资6.69万元/(人·年)，比2008年人均工资增加0.75万元，同比增长12.6%，2009年安全投入费用为23517万元。

（4）矿井共有3个综采队，劳动组织形式为“三、八”作业制，两班生产，一班检修，机械化程度达100%。

（5）矿井“三量”以及可采期符合国家规定，能够保证正常接替。

（6）矿井共有12个掘进队（煤巷综掘队5个，机械化程度100%；岩巷综掘队2个，机械化程度100%；炮掘队5个，装岩采用侧装机、扒矸机，机械化程度100%）。

（7）煤矿经济效益显著。2009年，原煤生产全部成本277.42元/t，商品煤灰分实际完成41.23%，盈利21700万元。

三、2009年安全高效矿井建设的主要做法

从技术源头入手，优化设计，完善系统，以安全高效采煤队建设为抓手，促进安全高效矿井建设。依靠科技进步，创新采掘工艺，提升装备能力。2009年，潘三矿在集团公司的正确领导下，与时俱进，锐意进取，紧紧围绕矿井安全高效建设，全面推行技术创新激励政策，实施科技兴矿发展战略，通过不断探索和实践，矿井产量、效益均创良好水平，同时在安全高效矿井建设方面也积累了宝贵的经验。

淮南矿业（集团）有限责任公司潘一矿

一、基本情况

安徽省淮南矿业集团潘一矿是淮南矿区第一个大型现代化矿井，是全国首批十五个现代化样板化矿井之一，是国家重点支持建设的八个瓦斯治理示范矿井之一。潘一矿井田面积54.67 km^2，截至2009年末，矿井剩余地质储量90649.8万t，可采储量48859.6万t。矿井采用立井－集中运输大巷－分区石门的开拓方式，分为2个水平，一水平标高－530 m，划分为西一、西二、西三、东一、东二、东三6个石门采区，现为生产水平，主采13－1、11－2煤层；二水平标高－788 m，划分为西部、中部、东部3大采区，目前正开拓延深。目前有3个综采队和1个采煤准备队。

二、2009年矿井主要技术经济指标完成情况

2009年矿井完成原煤产量556.1万t，综合单产14.81万t/(个·月)，原煤生产人员效率13.93 t/工，完成掘进进尺21850 m，其中岩巷5560 m，综合单进92.60 m/(个·月)，煤巷16290 m，综合单进193.90 m/(个·月)。实现利润44060万元，在岗人均工资6.63万元/(人·年)，同比2008年增加5.07%，百万吨死亡率为0，质量标准化保持行业一级水平。该矿被中国煤炭工业协会命名为“2009年度煤炭工业特级安全高效矿井”。

三、2009年创建安全高效矿井的主要做法

（一）狠抓质量标准化，创造安全生产的作业环境

全面清理历史仓库，分口剖析历年来引发各类安全事故的主客观因素，制定针对性预防措施。强推两规范、手指口述，成立督导组，紧扣“四大员”、班组长、岗位工等关键人员，强抓工序转换等关键环节。常年开展反“三违”活动，严查生产操作过程中的“三违”行为，矿领导与“三违”人员集中谈话，用大力度处罚警醒后进职工。坚持副总以上领导揭煤带班制度，严格落实安全措施，确保安全揭煤。认真开展顶板和机电运输会战，找准薄弱环节，制定措施严格整改。建立复工返岗培训制度，通过一对一谈

心、现场再熟悉等方法促其收心。加强安监队伍建设，监管效果与绩效工资挂钩考核，公开招聘安监员 20 名、片组长 1 名，淘汰 3 名安监员、3 名片组长。强化系统整治，开展品牌创建，分专业选择创建头面，逐月推进。

（二）依靠科技进步，提高矿井科技含量，革新采掘工艺

完善以总工程师为首的技术管理体系，充分发挥专业技术人员的作用，使技术管理工作科学化、规范化，提高技术管理工作效率。积极推广新技术、新工艺、新装备，从技术源头降本增效，优化采场设计。充分发挥大采高回采优势，相继开采 3 个大采高工作面，综采一队安全产煤 320 万 t。积极进行生产准备，发挥掘开机械化效能，岩巷采用综掘机、液压钻车、侧装机，煤巷配备 S150 型以上大型综掘机，双突头新增 300 型大钻机。提高机电保运转能力，完善月度机电例会制度，推行机电设备重负荷巡检制度，2009 年，机电事故影响时间同比下降近 50%。

（三）开展创建水平采煤队工作

2009 年初，该矿结合采场条件，提出了在 13－1 煤层大采高工作面创建 1 个年产 300 万 t 以上综采队的目标。2009 年，综采一队克服过断层、过薄煤带及 1511（3）工作面 2 次加架等不利条件，年产达 320 万 t，最高月产达 34.4 万 t，创该矿综采队单产纪录。

淮南矿业（集团）有限责任公司 张集煤矿

一、矿井概况

淮南矿业集团张集煤矿是国家“九五”重点建设项目、全国煤炭基建管理体制改革试点矿井。矿井设计生产能力为700万t/a，核定生产能力为1350万t/a，是安徽省首个千万吨级现代化特大型矿井。矿井由中央区、北区两个井区组成。

矿井采用立井、集中大巷、主要石门、分区开拓，采用分区通风，前进式开采。采煤方法全部采用后退式走向（倾斜）长壁一次采全高综合机械化采煤，全部垮落法管理顶板。煤巷全部实现综掘，岩巷在目前80%综掘的基础上逐步实现100%综掘。

二、2009年达到的主要技术经济指标

产量：1340.79万t，较上年增产128.9万t。进尺：54482 m，比计划超尺537 m。成本：吨煤成本201.41元。利润：6.04亿元。发热量：商品煤发热量为18049 kJ/kg，比计划增加了590 kJ/kg，原煤灰分38.39%，较计划减少1.51%。销售：煤炭销售收入37.32亿元。原煤工效：18.69 t/工，比上年同期18.07 t/工增加0.62 t/工。人均工资：年人均工资7.7万元，比上年同期6.97万元增加0.73万元。

三、在生产组织和科学管理中取得的经验和具体做法

（一）开拓进取，勇于创新，矿井自主创新能力得到新提升

2009年以来，全矿上下紧紧围绕矿井安全高效的目标，持续深入开展自主创新工作。技术创新工作坚持“重点突破、全面推进”的思路，围绕制约矿井发展建设的技术“瓶颈”积极组织开展技术攻关和研究开发，并积极推广应用新技术、新工艺、新设备。例如，为解决抽采系统管路自动放水问题，张集矿研制出ZJK－40型和KKZ－1型自动放水器。ZJK－40型自

动放水器能满足 40 kPa 负压以下抽采管路的连续自动放水。

（二）真抓实干，固本强基，本质安全型矿井建设取得新突破

2009 年全矿认真落实“十个坚持”安全保障体系，实现了安全年目标。一是抓基础，认真抓好工程规格质量、系统设备质量、作业环境质量、工作行为质量。二是抓系统，不断优化“一通三防”各大系统，确保了系统安全、稳定、可靠。三是抓重点，始终把瓦斯治理、防突、防火、顶板和机电运输管理等工作摆在突出位置，杜绝了重大瓦斯事故、突出事故、自然发火事故和顶板事故。四是抓隐患排查整改，认真落实“班检班清、日检日清、周检周清、月检月清”的隐患排查整改制度。

（三）精细管理，严格控制，积极推进技术经济一体化

2009 年，通过不断完善经营管理体系，改变了以前的以包代管的模式，实行目标管理、过程控制和动态考核，根据“一矿三区十口”生产经营格局，对“安全、生产、经营”三大目标，分区、分口、分单位逐级落实终端责任。按照“技术要算账，经营要调控，管理要创新”的要求，加强与安全、生产、技术部门沟通，在巷道设计布局、支护参数选定、瓦斯综合治理、工程管理等方面认真算好经济账，寻求最佳经营点，努力做到以最少投入得到最大产出，实现企业效益最大化，出色完成了成本、煤质、节电等各项经营指标。

（四）抓住关键，稳步实施，四支人才队伍建设取得新成效

张集矿以各类优秀人才不断涌现、职工队伍素质不断提高为标志，过失性和素质性退出岗位渠道不断拓宽，矿井人力资源结构更加优化。人才培养和队伍建设取得新进展，将建设复合型的科区长人才队伍、创新型的专业技术队伍、高素质的班队长队伍和高技能的技师队伍作为矿井发展的根本，常抓不懈。

淮南矿业（集团）有限责任公司
顾 桥 煤 矿

一、基本概况

顾桥矿是位于安徽省淮南市凤台县的一座现代化矿井，是淮南矿业集团实施“建大矿、办大电、做资本”发展战略，建设国家级煤炭基地和大型煤电一体化新型能源基地的核心工程，是由国务院总理办公会议立项、国家发展和改革委员会核准开工的国家重点建设工程，是安徽省 861 重点督查工程。

2009 年该矿认真落实科学发展观，以创建安全高效矿井为载体，从技术创新入手，不断提升矿井安全生产水平，圆满完成了各项安全生产经营指标。2009 年矿井安全出煤 1216 万 t，创全国深井高瓦斯、高地温、高地压、三软复杂地质条件下单井开采最高纪录，被业内同行认定为同等地质条件下开采效益最好的矿井。

顾桥矿南北走向长约 15 km，东西倾斜宽约 7 km，面积 106.74 km^2，保有地质储量 176886.5 万 t，可采储量 107667.4 万 t。矿井可采和局部可采煤层共 9 层，现已开采的有 13－1 煤层和 11－2 煤层。2009 年度回采的工作面有 11－2 煤层的 1122（1）工作面、1113（1）工作面和 13－1 煤层的 1113（3）工作面。

二、2009 年矿井主要技术经济指标完成情况

2009 年矿井平均工作面个数 2.94 个，工作面平均单产 33.5 万 t/(个·月)，矿井最高月产量达到 114.12 万 t，创造了顾桥矿月产量最高纪录，综采工作面最高日产量达到 23807 t，创造了 2009 年安徽省综采工作面日产量最高纪录。

2009 年全年完成掘进进尺 31888 m，其中岩巷进尺 9693 m，煤及半煤岩巷道进尺 22195 m，岩巷最高单进为 196 m/月，煤巷最高单进为 728 m/月，创安徽省煤巷综掘最高月进尺。巷道锚杆支护率达 86.5%。

2009年原煤生产实际工日580661工日，原煤生产人员效率20.94 t/工；在岗人员平均工资7.13万元/（人·年），比2008年在岗人均工资增加0.19万元，同比增长2.74%。2009年，原煤生产可比成本188.54元/t，商品煤灰分实际完成41.74%，销售煤炭1035.07万t，实现利润41393.3万元。

三、安全高效矿井建设的经验

顾桥矿依据有关规定，建立健全了各级领导、职能机构和岗位人员的安全生产责任制，并完善了安全检查制度、安全目标管理制度、安全隐患排查制度、安全办公会议制度、煤矿安全生产培训制度、安全技术措施审批制度等。

顾桥矿积极实施“科技兴矿”战略，加强科技创新，优化采场设计方案，解决瓦斯治理、采掘接替、地温地压等多方面的难题，为推进顾桥矿实现跨越式发展和构建和谐矿区奠定坚实基础。依托瓦斯治理国家工程研究中心，综合集成淮南矿业集团成熟的瓦斯治理技术，自主研究创新了一批以瓦斯综合治理技术为主的安全高效开采成套技术；11－2煤层回采工作面Y型通风方式试验成功，实现了无煤柱开采，解决了瓦斯超限和工作面高温难题；矿和澳大利亚联邦科学院开展了煤与瓦斯共采理论等研究。目前，该矿已形成一个深井高瓦斯、高地压煤层瓦斯治理技术标准，并且已经向其他矿区开展技术服务。在缓倾斜远距离下保护层开采条件下，从地面直接施工钻井，对保护层工作面以上的各煤层全层预抽采动区卸压瓦斯，实现煤与瓦斯安全共采，采出的优质瓦斯作为资源进行开发利用；遵循数字化、高速化、智能化、标准化、安全可靠、易扩充升级的原则进行设计，建设了矿井综合自动化控制网络系统；建立EGS信息管理系统以及矿井三维地震数据管理系统；建立地测信息系统；应用全球定位系统，建立顾桥GPS参考站；实施了地面高分辨率三维三分量地震勘探、南翼复杂构造带的广域电测深探测技术，并建立了三维地震资料动态解释系统；巷道掘锚工艺实行改革，有效提高掘进效率；优化和改进排矸系统，条件具备的岩巷施工头使用矸石仓和带式输送机出矸。

淮南矿业（集团）有限责任公司
谢 桥 煤 矿

一、基本情况

谢桥煤矿位于淮北平原西南部，淮南煤田潘谢矿区西端，行政区划属安徽省颍上县管辖，其中心南距颍上县城 20 km，东南至凤台县城约 34 km。矿井于 1997 年 5 月 14 日建成投产，设计生产能力 400 万 t/a，经过技术改造后，核定生产能力 850 万 t/a。

矿井采用立井、集中运输大巷、分区石门的开拓方式。设计划分 -610 m、-950 m 两个水平，正在开采的煤层为 13-1、11-2、8、6 煤。矿井采煤为综采，掘进为综掘和炮掘，其中，煤巷掘进全部为综掘，岩巷掘进以炮掘为主、综掘为辅。采煤方法为走向长壁采煤法，一次采全高，区内后退式综合机械化采煤，采用全部垮落法处理采空区。

二、2009 年度主要技术经济指标完成情况

全年完成原煤产量 832.97 万 t（其中回采产量为 785.97 万 t），平均工作面个数 2.88 个，综合单产 22.74 万 t/(个·月)，矿井最高月产达到 76.97 万 t，最高日产达到 29523 t，建成年产 400 万 t 综采队。全年完成掘进总进尺 34572 m，刷新矿井进尺纪录。其中，煤巷进尺 22377 m，岩巷进尺 12195 m，煤巷最高单进 450 m，岩巷最高单进 170 m。原煤生产全部成本 219.68 元/t，销售原煤 832.97 万 t，实现利润 36143.94 万元。

三、2009 年创建安全高效矿井的主要做法

（一）加快设备升级换代步伐，提高综合开机率，发挥系统生产能力

该矿首次在 1232（3）工作面配备了大工作阻力 ZZ9200/24/50 型液压支架、进口 7LS6 型采煤机以及大功率 SGZ1000/1400 型刮板输送机，通过加强预防性检修，使得开机率得到显著提高，工作面在过断层期间，仍能做到高产、稳产，平均月单产保持在 45 万 t 左右，充分发挥了设备优势及系

统生产能力。

（二）优化设计，创新采场布局，布置大储量工作面

优化设计，创新采场布局，从技术源头上为安全高效开采奠定基础。将工作面倾向长由原来的150 m提高到240 m，走向长由原来的1000 m增加到2000～3000 m，尽可能布置大储量工作面，如1232（3）工作面走向长布置为3200 m，不但减少了安装拆除次数，更能充分发挥综合机械化开采的优势。

（三）革新采掘工艺，单产单进跃上新水平

2009年，该矿成功回采了12418Y型通风沿空留巷工作面，为今后深部开采瓦斯治理积累了经验，采用该技术，可以减少煤柱损失，少做巷道，保证采场接替。

该矿13－1煤层的开采，传统的开采方法是综放开采，从2008年开始尝试大采高开采工艺，经过2009年的成熟应用，大采高的优势得以充分发挥，1232（3）工作面月单产保持在45万t，1131（3）“孤岛”工作面月单产保持在18万t。

在岩巷快速掘进方面，使用新型MK3岩巷综掘机和大功率的锚杆钻机，同时积极开展中深孔爆破技术并试验使用安全高效水胶炸药，大断面巷道增加复式掏槽眼和锥形复式掏槽眼，以保证爆破效果，循环进尺由原来的1.4～1.6 m增加到1.9～2.1 m，岩巷单进水平得到了大幅提高。

（四）加强科技创新，提高科技对矿井的贡献率

加强技术设计创新，从源头上优化采场设计，解决瓦斯治理、采掘接替、地温地压、煤质、成本等多方面的难题。坚持开展产、学、研相结合的创新体系，在采掘、机电运输、“一通三防”和瓦斯治理等多个专业领域，研发项目50多项，取得了一批重大成果，特别是“孔口高泡除尘装置”的发明应用，大大改善了煤岩巷道作业环境，保护了职工生命健康。

平顶山天安煤业股份有限公司二矿

一、矿井概况

平煤股份二矿位于平顶山矿区中部，毗邻平顶山市市区，1955 年开工建设，1957 年投产，原设计年生产能力 21 万 t，经过技术改造，矿井设计生产能力达到 120 万 t。2009 年矿井核定能力为 170 万 t/a。井田走向长平均 4 km，倾向长平均 3. 6 km，面积约 14. 4 km^2。现在主采煤层为己 16、己 17 和庚 20 煤，井田内煤层普遍较薄，己组煤层平均厚度 1. 3 m，多数含夹矸，庚 20 煤层平均厚度 1. 6 m，厚度变化大，含三层夹矸，煤层倾角一般为 8°~12°。矿井通风方式为中央边界式，通风方法为抽出式，由主井、副井、胶带斜井、南斜井、西斜井进风，己二风井回风。

二、2009 年主要技术经济指标

2009 年原煤产量 170 万 t，开掘进尺 16200 m，原煤生产人员效率 10. 20 t/工，矿井综合单产 90778 t/(个 · 月)，年销售收入 59506. 2 万元，年利润 12864. 6 万元，在岗职工人均年收入 45560 元，采煤机械化程度为 100%，掘进机械化程度为 100%，百万吨死亡率为 0。

三、安全高效矿井建设的主要经验

（一）依靠科技创新，积极建设安全高效矿井

依靠科技创新，强力推进综采设备的更新换代。加大设备检修保养，强化设备使用，创新发展使用新材料、新设备、新工艺，推进采掘机械化上水平，实现安全高效矿井建设。大力开展综掘设备升级改造，保证采掘正常接替。优化设计，创新发展，设计布置庚 20 - 21080 等长走向、大储量工作面，加快发展三水平建设，为发挥机械化开采优势奠定技术基础。加快己组煤层的合理开发与开采，优化布置己组难采煤层工作面。2009 年在己 17 - 22082 工作面首次进行己组煤层综采回采，取得了低采高月产 8. 225 万 t 新成绩。同时，加快己组、庚组煤层分采、分运、分储的技术改造，解决己组煤层上综采的技改要求。巩固发展庚组低采高复杂条件下百万吨综采队伍。

加大矿井技改力度，增大矿井抗灾应变的能力，挖掘矿井安全及生产发展的潜力。2009 年加快三水平开发及北山风井、北山副立井建设，进行西斜井轨道运输大巷的翻修及斜井皮带运输巷的改造，开工建设井下及地面煤仓，增建铁路储煤仓 4 个，加快煤仓、装车仓、落煤点及矸石仓工程；目前正在建设井下己、庚组煤分运环节改造工程、地面筛分系统、破碎车间及皮带走廊等。

（二）抓重点、强基础，实现矿井本质安全

该矿把瓦斯防治作为安全工作的重中之重。更新瓦斯管理理念，完善通风系统和设施；与河南理工大学合作专题研究瓦斯防治，采取建立井下庚一采区瓦斯抽放站、工作面配合实施上隅角大管径管路抽排瓦斯、加大工作面风量等一系列措施。防治水方面，与河南理工大学合作专题研究底板承压水开采技术，逐步建成利用泄水巷、水平水仓等重点防治水工程，采用了先进的防治水技术设备和疏、堵、排等综合治水措施，防止了水害事故的发生。深化工程质量标准化建设，确保安全资金投入，狠抓现场质量达标管理，关口前移，抓质量做到“一实”、“二严”、“三化”。“一实”就是狠抓干部作风转变，把质量标准化工作做细、做实。“二严”就是严格标准、严格考核。“三化”就是质量标准化工作做到经常化、规范化、科学化。强化生产责任制落实，实行了安全隐患处理业务科室负责制、安办会战线汇报制和安全隐患排查表制度，加大隐患整改力度。深入开展以人为本、遵章守纪、珍惜生命、注重安全的安全文化建设，使安全文化融入安全制度建设，付诸现场安全管理行动中，深入职工心灵深处，形成自觉的安全行为，以一流的执行力，打造一流的安全文化，形成良好的安全文化氛围。

平顶山天安煤业股份有限公司五矿

一、矿井概况

河南中平能化集团平煤股份五矿位于平顶山矿区西部，1956 年建矿，1958 年 12 月简易投产。原设计生产能力为 120 万 t/a，2007 年经河南省煤炭工业局以豫煤行［2007］193 号文批准核定矿井综合生产能力为 135 万 t/a，2009 年矿井核定生产能力为 235 万 t/a。现有生产采区 3 个（己二扩大采区、庚一采区、己三采区）、准备采区 2 个（三水平己二采区、己四采区）。

井田面积约为 31.46 km^2。现主采煤层为己 15、己 16－17 和庚 20 煤。矿井瓦斯等级为突出矿井，矿井通风方式为分区式，通风方法为抽出式，副井、新主井、老主井、己三北山风井、戊四斜井为进风井，庚一、己二、己三、三水平己二风井为回风井。回采方法为走向长壁式综合机械化采煤，全部垮落法管理顶板。

二、2009 年主要技术经济指标

2009 年原煤产量 200 万 t，开掘进尺 14290 m，打钻进尺 108000 m，瓦斯抽放量 290×10^4 m^3，原煤生产人员效率 8.42 t/工，矿井综合单产 77350 t/(个·月)，年销售收入 84115.6 万元，年利润 16000 万元，在岗职工人均年收入 40535 元，采煤机械化程度为 100%，掘进机械化程度为 100%，百万吨死亡率为零。

三、安全高效矿井建设的主要经验

（一）突出重点搞治理，实现矿井本质安全

开展“创建安全高效矿井”活动就是努力践行科学发展观，促进煤炭工业又好又快发展的重要举措。近年来，五矿以创建安全高效矿井为载体，以“五个到位”为统领，把“关注安全，关爱生命”放在企业管理的首位，认真贯彻落实集团公司提出的“生命至上、安全为天”的安全理念和“安全事故零目标”的要求；以“矿井无事故、区队无隐患、人人无三违”为目标，确立各级行政领导是安全生产第一责任人的主体地位。科学规划，精

心组织，规范管理，整章建制，推动了安全高效矿井创建工作在全矿有序、有力、有效地全面展开，使矿井防灾抗灾能力增强，实现了矿井全面进步和“企业发展、职工富裕”的共同愿景。

（二）抓好质量标准化，树立煤矿新形象

全矿组织开展了“高起点、高标准、严要求、创一流”大规模的、全员参与的质量标准化创建活动。矿成立了由党政正职任组长、分管业务科室的负责人任专业组长的安全质量标准化工作领导小组，努力创建省一级质量标准化矿井。每年按吨煤 10 元作为安全质量标准化建设专项资金，2009 年规划井下质量标准化项目 12 项，计划资金 880 万元。创建示范化综采工作面 3 个，创建示范化掘进工作面 13 个。通过加大投入，大大改善了井上、下工作环境，生产系统得到优化，矿井装备水平和安全质量标准化水平得到了提高，提高了矿井防灾抗灾能力。

（三）规范操作，强化管理，安全高效谱新篇

统筹安排采掘接替，实现合理集中生产，确保矿井可持续发展。千方百计加快开拓延伸工程和掘进速度，大力发展机械化，坚决走安全高效之路。经过近几年的努力，采煤机械化程度达到 100%。加大检修力度，确保了机械设备完好率一直保持在 90% 以上。

整顿劳动组织，提高原煤工效。制定了《五矿定岗定员减员提效工作实施方案》，要求一人多能、一人多专，切实盘活人力资源，达到人力资源优化配置。

平顶山天安煤业股份有限公司六矿

一、矿井概况

平煤集团六矿位于平顶山市区西 10 km 的龙山脚下，井田面积 29.68 km^2，主采煤层为丁 5－6、戊 9－10、戊 8 煤层，主要煤种为 1/3 焦煤。该矿于 1958 年兴建，1970 年简易投产，经过 3 次技术改造，现核定生产能力达到 320 万 t/a，是一座技术先进的大型现代化矿井。

矿井开拓方式为中央并列混合式多水平开拓，目前开采水平为二水平，标高为 −440 m，二水平下山部分工作面开采深度在 800 m 以下。采煤工作面采用后退式走向长壁采煤法，全部垮落法管理顶板，采用综采机械化采煤工艺，综采机械化程度及装载机械化程度均达 100%。

2009 年矿井相对瓦斯涌出量为 8.46 m^3/t，绝对瓦斯涌出量为 64.21 m^3/min。2005 年六矿由抚顺分院鉴定为突出矿井。

二、2009 年主要技术经济指标

2009 年生产原煤 320 万 t，完成开掘进尺 20085 m，原煤工效达到 12.19 t/工，实现利润 30457.6 万元，职工人均年收入达到 40926 元，百万吨死亡率为 0。

三、建设安全高效矿井的主要做法

（一）统筹规划，科学定位，不断提升安全高效目标

六矿把巩固特级安全高效矿井成果、创建集团“瓦斯治理示范矿”、实现第二个安全年作为全年的工作目标，坚持从矿井发展角度出发，围绕工作目标，对各项工作进行整体规划，制定实施细则，成立领导小组，完善奖惩考核办法，进而形成“上下联动、覆盖全矿”的创建工作体系。通过特级安全高效矿井的创建，实现科技引领、安全稳定、生产高效、基础扎实、和谐文明的发展局面。

（二）科技创新，人才支撑，不断增强发展活力

该矿始终坚持科技兴矿战略，加大科技攻关，加快引进创新，加强人才

队伍建设，积极引进新技术、消化新工艺、投入新设备，在瓦斯治理、机电运输、通风系统和生产自动化等方面取得了重大突破，确保了“第二个安全年”目标圆满实现。

一是科技创新成果业绩丰硕。大力实施“科技兴矿”战略，加大科技攻关，积极引进新技术、消化新工艺、投入新设备，在瓦斯治理、机电运输、通风系统和生产自动化等方面取得了重大突破，成功研制了乳化液防突钻机，并形成系列品牌，荣获了4项国家专利。尤其是本煤层乳化液防突钻机，单孔深度创出下行孔80 m、上行孔100 m的新水平，荣获了河南省科技成果二等奖。与中国矿大、郑煤机联合，成功研发了液压支架电液控系统，开创了该矿综采生产管理新纪元，在集团公司、河南省，乃至全煤行业都具有重要的里程碑意义。成功引进应用山南副井绞车、主井全数字化电控、戊二技改防爆电控、新型监控系统等一大批先进设备、先进技术、先进工艺，矿井可持续发展潜力得到全面提升。

二是人才队伍建设支撑有力。以构建“一专多能”型职工队伍为重点，全面实施素质工程，广泛开展职业技能大赛、导师带徒活动，不断完善人才成长、培养和使用机制，大力推进六矿“大学校”工程建设，职工队伍的综合素质得到全面提升。集团公司9名后备干部中，已有6人走向了重要领导岗位；连续4a共有20人次取得职业技能大赛第一名；2009年，参加集团公司技能大赛的选手有53人入围，入围率达到80%，先后为兄弟单位输送各类高素质人才20多人。同时，班组建设工作全面推进，围绕“531”长效机制，公开选聘班组长，涌现出了综采四队大学生班、开准队李占强班、机电四队灯房班等一大批成绩突出、特色鲜明的先进班组。

平顶山天安煤业七矿有限责任公司

一、矿井概况

平煤股份七矿有限责任公司位于平顶山矿区西南侧。该矿井东西走向长6.25 km，南北倾向宽1.72 km，面积约8.1753 km^2。矿井设计生产能力120万t/a。

井田地质特征：井田南部露出有中元古界和寒武系地层，井田北部（锅底山断层以北）有零星二迭系地层露出；共有含煤层32层，一般含煤23层，煤层总厚度22.21 m，含煤系数4.87%；可采和局部可采煤层8层，煤层总厚度13.94 m，含煤系数3.05%；矿井正常涌水量2414 m^3/h，最大涌水量4828 m^3/h，属水文地质条件复杂矿井。

矿井为低瓦斯矿井，无煤与瓦斯突出倾向。瓦斯相对涌出量为2.14 m^3/t，绝对涌出量为5.16 m^3/min。矿井通风方式为中央压入、分区回出式。

矿井分两个水平开采，采用联合开拓方式。开采方法：走向长壁式后退式采煤法，全部陷落法管理顶板。

二、2009年矿井主要技术经济指标完成情况

原煤产量：计划100万t，完成110.53万t。开掘进尺：计划6876 m，完成7295 m。职工收入：在岗职工人均收入45915元。利润：实现利润892.98万元。安全工作：杜绝了煤矿重大事故，百万吨死亡率为零。全年职工收入、工作面单产水平等多项指标创公司建矿以来最好水平。

三、2009年建设安全高效矿井的主要做法

（一）坚持安全发展，提升安全生产水平

始终坚持“安全第一”思想不动摇，严格执行“安全第一，预防为主，综合治理”的生产方针，深入开展学习“白国周班组管理法”，推进班组安全建设工作，夯实安全工作基础。

全年投入安全资金2697.91万元，用于优化矿井通风系统、监测系统、防尘系统、矿井供电、提升等系统，坚定不移地推进水害区域治理、瓦斯综

合治理。

以构建学习型安全企业文化为统领，大力推进安全文化建设，以学习推进“白国周班组管理法”为契机，努力打造本质安全岗，塑造本质安全人，把向白国周学习和打造“明星班组”活动作为弘扬安全文化的重要内容，推动区队班组建设。加强安全技术培训，全年共培训职工1099人次，为安全生产打牢了基础。

（二）优化设计，科学生产，原煤产量再攀新高

2009年，公司原煤生产地质条件复杂多变，涌水量大、断层多，针对这一生产难题，该矿以优化矿井生产系统为前提，以安全高效矿井建设为主线，以提升采掘机械化水平为依托，优化工程设计，科学组织生产，实行正规循环作业，提高单产单进水平，确保了原煤产量稳产、高产。

（三）加强管理，严控支出，提高效益

2009年，国际金融危机使企业的经营管理环境非常不利，为满足企业发展要求，该矿积极创新管理体制和运营机制，推进企业精细化管理模式，严格控制支出，严格监督考核。根据生产经营形势，制定下达了《七矿2009年生产经营计划及管理考核办法》，确保经营目标的实现。

（四）以人为本，科技兴矿

以人才强企和科技兴矿为指引，建立健全了人才引进、分类管理、评价聘用、考核激励等管理制度，继续大力推行了以贡献大小为依据的奖励制、专业技术管理津贴制、首席员工特聘制、技术工人等级制、高层次急需紧缺人才最低收入保障线这5种激励办法，有力地确保了科技兴矿战略的实现。

平顶山天安煤业股份有限公司八矿

一、基本概况

八矿位于平顶山矿区东部，井田东西走向长 12.5 km，倾斜宽 3.36 km，矿区面积 41.42 km^2，距市区 12 km，距平顶山东站 1.5 km。许南公路横贯井田中部，公路、铁路均可直达井田，交通十分方便。矿井 1981 年 2 月投产，设计生产能力 300 万 t/a。

矿井采用立井、石门、大巷两个水平开拓全井田，目前二水平正在开发建设中，主、副井均布置在井田中央。一水平标高 -430 m，二水平标高为 -693 m，大巷为集中岩巷布置，采用分区石门，上山开采。采区布置方式为分组联合布置。采用单一走向长壁后退式采煤法，全部陷落法管理顶板，采用综合机械化采煤工艺。

二、2009 年矿井主要技术经济指标完成情况

原煤产量完成 355.3 万 t。开掘进尺完成 22396 m，其中开拓进尺完成 5500 m，同比增加 2413 m。原煤工效 8.12 t/工，销售收入 13.43 亿元，实现利润 1.4978 亿元，在岗职工人均收入 39398 元，同比增长 14%。安全工作：2009 年 6 月发生一起死亡一人事故，百万吨死亡率为 0.28。

三、建设安全高效矿井的主要做法

（一）坚持安全第一，强化质量达标，实现安全发展

该矿始终把安全工作放在各项工作的首位，坚持安全第一，强化质量标准化基础建设，突出瓦斯治理的关键，狠抓安全责任制落实，狠抓隐患排查整改，严格责任追究，确保安全生产。

安全管理关口前移，强力推行区队和矿两级隐患责任追究制度，认真落实“五个到位”，安全第一责任得到进一步落实。强化现场管理，严格落实干部跟班、值班、带班制度，坚持干部一班“三排查、三填写、三汇报”。扎实开展“安全管理剖析”，加强隐患排查整改，坚持每周系统检查。全年排查整改重要隐患 300 余条，进行重大隐患和事故责任追究 22 次。职工轻

微伤率同比下降15%，“三违”率同比下降35%。

矿井安全基础得到进一步夯实，坚持安全“按需投入”理念。全年投入安全资金9000余万元，完成瓦斯监测系统升级改造、二水平疏水降压等一批重大安全治理整顿项目。打疏水降压孔30个，疏放水81×10^4 m^3，完善防排水系统，矿井整体防灾抗灾能力进一步提高。

积极探索安全管理新机制，初步建立了具有八矿特色的安全管理模式。深化安全执行力建设，扎实开展“塑造本质安全人，打造本质安全岗”活动，继续推行安全质量结构工资制度、“三违”率指标考核制度和安全教育培训班制度等有效的安全管理制度，认真学习推广“白国周班组管理法”，强力推行岗位描述和手指口述，职工安全行为进一步规范。

（二）加强生产管理，实现稳产

围绕安全高效矿井建设目标，强化生产调度，坚持正规循环作业，发挥机械化优势，强化现场管理，实施精采细收。

抓难点、保接替，大打开掘之仗。强力推进综掘工艺，在瓦斯治理工程抽排巷全岩工作面成功使用综掘机。引进岩巷钻车及侧装机，大力提高掘进机械化程度。

机电运输保障有力。坚持开展主副井提升、皮带运输、斜巷运输、小绞车、井上下供电、电气防爆等专项检查。认真开展无“三违”、无失爆、无事故的“三无”活动。完成副井罐道梁更换、主井二系统箕斗更换、矸石山运输等改造，保证设备安全运行，满足了生产需要。

重点工程全面铺开。坚持定期例会制度，及时平衡解决存在的问题和困难，加强重点工程监督和工程质量管理，保证重点工程进度。新副井于2008年5月1日投入使用。500万t矿井建设迈出坚实步伐。

平顶山天安煤业股份有限公司十矿

一、矿井概况

平顶山天安煤业股份有限公司十矿位于平顶山煤田东部，平顶山市东北部，距市区中心约6 km。矿井于1958年开工兴建，1964年2月移交生产。井田范围东西走向长5 km，南北倾斜宽6.5 km，井田含煤面积32.5 km^2。2009年矿井核定生产能力为330万t/a。矿井为立井、斜井联合开拓，现有两个主生产采区：戊组中区和己四采区。2009年瓦斯等级鉴定结果：绝对瓦斯涌出量为130.2 m^3/min，相对瓦斯涌出量为33.48 m^3/t，矿井瓦斯涌出量占集团公司涌出总量的1/5，瓦斯灾害严重。该矿主采煤层全部采用机械化采煤，一次采全高，采煤方法为走向长壁后退式采煤法，顶板采用全部垮落法管理。

二、2009年主要技术经济指标

实现原煤产量276万t；全年实现销售收入11.20亿元，实现利润1.19亿元；商品煤灰分25.83%；原煤工效10.369 t/工；安全上实现百万吨死亡率为零的目标；完成瓦斯抽放钻孔99.35×10^4 m，瓦斯抽放量2544.41×10^4 m^3，实施瓦斯治理工程5580 m。

三、安全高效矿井建设的主要做法

（一）以建设瓦斯综合治理示范化矿井为主线，狠抓“一通三防”和防突、防冲管理

针对该矿煤层瓦斯含量大的情况，依靠单一的瓦斯治理手段无法彻底解决瓦斯的影响，该矿在己$_{15、16}$—24110工作面实施了本煤层抽放、上隅角抽放、采面浅孔抽放、底板巷钻孔抽放、松动爆破等多种方法进行治理。在工作面实施卸压钻孔抽放，孔深24～30 m，联网后进行抽放的浓度达8%～15%。结合采面卸压孔、本煤层、上隅角抽放、底板巷钻孔抽放等综合抽放技术，采面瓦斯抽排率达到40%，生产期间回风流瓦斯浓度在0.6%以下，消除了上隅角瓦斯积聚，确保了工作面安全回采。通过采煤工作面的瓦斯综

合治理，2009 年该矿的高瓦斯突出综采工作面杜绝了瓦斯超限。综采一队全年生产原煤 124.6 万 t，创出平均月产 10.38 万 t 的好成绩。

（二）强化现场管理，狠抓质量达标

2009 年，该矿坚持把质量标准化作为现场管理的重点，积极开展“抓重点、查隐患、反三违、保安全”活动，以创建精品示范化工程为中心，在全矿范围树立“以质量保安全，以安全促生产”的理念，坚持采、掘头面工程质量的动态达标，在全矿推行安全网络化管理，对检查线路上的施工地点编制了相应的巡回检查周期，由专职的安全检查小分队实行 24 h 动态检查，把事故隐患消灭在源头。开展创建精品示范化工作面活动，以己四采区为示范，树立典型，以点带面，全面提高。通过精品示范化建设，提高管理意识和管理水平，使广大员工形成了主动管理的“我要安全”模式。标准化整体水平的提高使各类事故发生次数大幅下降，综采单产、掘进进尺保持了较高的水平，全矿井的质量标准化保持了全国煤炭行业一级标准。

（三）坚持科技兴矿，依靠科技进步，推动安全高效矿井建设

更新设备，推行新工艺，推动安全高效矿井建设。该矿注重工作面设备的更新换代，在己$_{15、16}$—24110 采面使用 ZY5000－18/38 液压支架，在戊$_{9、10}$—20210 采面使用 ZY4000－17/37 液压支架，这些支架采高大，工作阻力也大，适用于大采深工作面，并且又引进了大功率的电牵引采煤机 MGTY－300/700－1.1D 和 MGTY－300/700。为了保证新设备的投入发挥作用，采煤战线聘请厂家和高级技师组织特殊工种进行脱产培训，提高了职工操作技能和故障排除能力，机电事故率控制在 1 h/万 t 以内。生产组织上，根据生产条件积极推行正规循环作业，己$_{15、16}$—24110 采面每天一个班组织生产，其他几个采面正规循环作业都达到了 95% 以上，综采一队月单产突破 13 万 t。

中平能化集团瑞平公司张村矿

一、矿井概况

中平能化集团瑞平公司张村矿位于平顶山市下辖汝州市小屯镇境内，井田东西走向长度为4.5 km，南北倾斜宽度为2.7 km，井田面积为9.87 km^2。地质构造属于中等，煤层赋存较稳定，属低沼矿井，煤尘具有爆炸性，煤层有自然发火现象。

张村矿2007年11月投产，截止到2009年底，矿井剩余保有储量8374.6万t，可采储量5138.3万t。矿井设计生产能力60万t/a，2009年核定生产能力115万t/a。主要可采煤层为$二_1$、$四_3$、$五_2$煤，其中$二_1$煤层煤厚0.49～13.02 m，平均煤厚4.5 m，$四_3$煤层煤厚0.42～5.37 m，平均煤厚2.9 m。

二、2009年矿井主要技术经济指标

2009年生产原煤98.61万t，完成开掘总进尺9389 m，全矿销售收入4.54亿元，实现利润1.82亿元，在岗员工人均年收入36446元，同比增长20%。

三、狠抓安全质量标准化管理，实现矿井安全、高效、和谐发展

（一）利用文化引领，创新理念，建立健全安全管理体系

在突出硬件建设的同时，张村矿以创新安全文化、创建学习型组织为主题，进一步健全完善“理念引领”、“教育培训”、“制度管理”、“责任分解”、“责任追究”等“五大体系”，不断强化落实各级安全质量管理责任制度。深入推广“三三三”安全管理理念，即从“三个转变”（由事故后处理向事故前防范转变，由静态考核向动态达标转变，由硬性约束向主动管理转变）入手，通过实施“三化”（管理规范化，考核刚性化，教育人性化）工程，达到“三无”（隐患排查无遗漏，质量达标无盲区，员工行为无过失）目标。该矿实现了安全管理从人治到法治的转变，从被动防范向主动控制转变，从事后查处向源头管理转变。

观念新，则行为新，行为新，则绩效变。现在，张村矿平均千人“三违”低于5人，轻伤率千人低于1人，全矿呈现出了安全生产稳步推进、员工生活安居乐业的喜人局面。

（二）瞄准目标，优化管理，大力推进安全质量标准化建设

瞄准建设全国同规模一流质量标准化矿井的奋斗目标，积极引入先进技术、高新设备，按照“新矿井、新装备，新模式、新体制”的要求，深入开展安全质量达标活动。从采、掘、机、运、通等各战线的薄弱环节入手，进一步规范安全生产技术管理，严格工程设计，狠抓现场管理，做到了各种作业规程和措施始终服务于安全生产，切实提高工程、工作“两个质量”，实现了全员、全方位和生产全过程的动态达标。提前谋划，科学决策，合理优化生产布局，保证采掘正常接替，确保矿井安全质量标准化管理水平一年一个新台阶。2009年度，张村矿获省“五优”矿井称号；2010年5月获省工业信息化厅“一级安全质量标准化单位”称号。

（三）依靠科技进步，注重科技投入

大力实施“科技兴矿”战略，不断加大科技投入力度，及时增装、更新了一大批安全生产设备。建成了KJ95N型矿井安全监测监控系统和高智能、全数字化监控、指挥生产中心，健全完善了瓦斯煤尘监测监控、矿井防治水监测监控、机电运输监测监控、供电通风监测监控等系统，形成了“人机互补、人机制约”的合理化科学生产格局，矿井安全生产能力有了大幅度的提高。

（四）强化人本管理，实现思想政治工作与安全生产有机融合

张村矿结合新建矿井的工作实际，一是抓学习，提素质；二是强化班组管理，推广应用“白国周班组管理法”；三是办实事，尽力改善员工生产、生活条件。

河南煤业化工集团永煤公司车集煤矿

一、矿井概况

河南煤业化工集团永煤公司车集煤矿于1992年10月开工建设，1999年12月29日正式生产，矿井设计生产能力180万t/a，服务年限82.5 a，2009年矿井核定生产能力280万t/a，煤种为特低磷、硫、中低灰分、高发热量的优质无烟煤，是永煤集团的骨干矿井之一。矿井水文地质条件为中等，属低瓦斯矿井，回采的$二_2$煤和三煤煤层自然发火倾向性均为三类，不易自燃，煤尘均无爆炸危险。

矿井开拓方式为立井单水平上下山开拓，水平运输大巷布置在-550 m水平，采用走向长壁后退式采煤方法，回采工艺全部为综采。

二、2009年矿井主要技术经济指标

2009年矿井实现零伤亡，生产原煤269.13万t，完成掘进总进尺20780 m，矿井综采机械化程度为100%，掘进装载机械化程度为100%，矿井综合单产为12.64万t/(个·月)，矿井中厚煤层回收率为93.04%。矿井原煤工效为13.36 t/工，实现利润8.47亿元，在岗职工年人均收入67000元。

三、安全高效矿井建设采取的主要做法

（一）健全机制，完善制度，夯实安全管理基础

创新安全管理，营造安全文化，继续推进“四个前移”向前发展，全面开展质量标准化达标工作，把“双基”建设作为贯穿安全生产的主线，形成了逐级管理、逐级负责的“五自”安全自控管理框架体系。实现了“从零开始，向零奋斗”的安全目标，全年杜绝了轻伤及二级非伤亡以上事故；矿井全年多数区队实现“零伤害”；矿井安全程度评估经河南省煤矿安全监察局豫东分局复检认定为A级。

（二）着力抓好矿井采掘接替平衡

加强对矿井地质条件的勘探、预测、预报，做到“早勘探、早预测、早汇报、早计划、早安排”，根据现场揭露的条件及地质资料，结合矿井机

电、运输、提升各个生产环节的实际条件，综合考虑，统筹兼顾，保证采掘平衡。把复杂条件对生产的影响降到最低，确保工作面搬家倒面不减产，保证了综采设备在复杂地质条件下正常运转，实现了矿井稳产高产。

（三）发挥科技市场作用，促进生产力提升

树立“工作中的难点就是创新点”的创新理念，出台了《车集煤矿科技创新管理体系》等9项内部科技市场管理制度。2009年，矿井共收购自主创新成果286项，五小成果175项，完成QC成果56项，授权使用新型专利8项，申请并受理专利4项。其中，专利发明“绞车与信号灯同步启动控制器”，于2009年3月顺利通过国家防爆检测中心审定，获得了生产许可证，并批量投入生产，每年将给公司创收数十万元，是永煤公司专利技术转化为产品的第一例。发表论文27篇，同时矿井被命名为“2009年度河南省质量管理小组活动优秀企业”。

（四）科学发展，打造和谐矿区

资源实现最大化开采，矿井的资源回收率平均在90%以上。井下主皮带运输实现双机起动单机运行，年节约电费110.3万元；食堂太阳能工程的应用，在改善职工生活环境的同时，每年减少食堂烧饭用煤约100 t；循环流化床锅炉投入应用，全年运行节约标煤655 t，两年即可收回投资；地面污水站排水系统进行改造，年节电量10.5×10^4 kW·h；应用绿色照明技术，年节电17×10^4 kW·h，一年收回投资。为丰富职工的业余生活，本着“花小钱、办大事”的原则，利用现有场所，为职工兴建了乒乓球场、羽毛球场地、篮球场。同时对工业广场进行美化，实现了矿区环境绿草如茵，到处鸟语花香，工作环境优美、舒适，实现了办公条件网络化、自动化、无纸化。

河南煤业化工集团永煤公司新桥煤矿

一、矿井概况

河南煤业化工集团永煤公司新桥煤矿位于河南省永城市西南，为永煤公司本部开发建设的第四对大型现代化矿井，2004 年 12 月 20 日正式开工建设，2007 年 12 月 26 日竣工投产，设计生产能力为 1.2 Mt/a。矿井地质储量 2.16 亿 t，工业储量 1.64 亿 t，可采储量 0.95 亿 t。其中$二_2$煤为主采煤层，煤层平均厚度为 2.87 m，层位稳定，全井田可采，煤层结构简单。矿井煤种为低灰、特低硫、特低磷、高发热量的优质无烟煤和贫煤。

矿井采用立井单水平上下山开拓，水平标高为 -550 m。目前矿井生产采区为北二采区，布置一个综采工作面，矿井按一井一面的高效生产模式布置，采用走向长壁一次采全高综采工艺。

二、2009 年主要技术经济指标

2009 年矿井生产原煤 119.96 万 t，矿井百万吨死亡率为 0，全年无轻伤以上安全事故，矿井综采机械化程度 100%，掘进装载机械化程度 100%，综掘机械化程度 54%，矿井采区回收率为 94.06%，矿井综合单产 10.16 万 t/(个·月)，矿井原煤工效 9.48 t/工，实现利润 32334.2 万元，人均收入 5.28 万元。

三、安全高效矿井建设采取的主要做法

（一）完善安全管理体系，强化三级考核

以“双基”建设为依托，通过不断强化业务科室安全管理职责，深化完善区队“双基”建设内容，重点抓区队对班组、班组对个人的考核，有力地推进了专业安全管理和区队安全管理的提升，班组安全自理能力和员工安全自律意识得到显著提升。

（二）拓宽培训渠道，提升全员素质

大胆探索科学培训方法，积极创新安全培训模式，以“每周一题”全力提升员工理论水平，以“VOD 视频点播系统”拓宽培训渠道，以“实操

基地”提高员工动手能力，为安全生产和人才队伍建设打下了坚实的基础。

（三）强化隐患排查治理，提升现场管理水平

构建了矿井岗位、班组、区队、系统四级隐患排查治理体系，进一步规范了隐患的处理流程，实行了隐患的分级、分类管理，实现了隐患治理的安检部门监督考核、专业部门指导把关、责任单位整改落实一体化，整个矿井安全隐患综合治理水平得到了较大提升，构建了安全隐患治理的长效机制。

（四）创新安全管理，获得良好效果

开展“安全星级单位”自我创建，引领区队能够自主消除环境和人的不安全因素，最终达到实现“零伤害”的目标。在区队中开展“协作伙伴”活动，员工在本班组内自由选择协作伙伴，伙伴间安全上相互提醒，相互确认；技能上互相学习，共同提高；生活上互相帮助，互相关爱。对区队主动查处“三违”和排除“隐患”上报的，给予区队“双基”考核加分奖励，调动了区队主动安全管理的积极性。将“三违”处罚金转变为“安全诚信”保证金，有效地消除了部分员工的重复违章。

（五）优化劳动定员，减人提效

凡有定额标准的作业项目，都按定额编制劳动定员，凡是能够计算和考核工作量的班组或工种岗位，都有科学合理的劳动定额，实行定额定员管理。实行“增人不增资，减人不减资”的政策，合理节约劳动力，优化劳动力配置，挖掘各工种内部潜力，提高工时利用率，合理减少工人作业时间和降低工人劳动强度，最终达到减人提效的目的。

河南煤业化工集团永煤公司红岭煤矿

一、矿井概况

河南煤业化工集团永煤公司红岭煤矿位于安阳市安阳县伦掌乡西泊涧村，距安阳市 38 km，紧临河北省磁县。矿井走向长 2.1～3.7 km，倾斜宽 2.0 km，面积 6.2 km^2。矿井设计生产能力 45 万 t/a，核定生产能力 60 万 t/a，矿井主采煤层为山西组大煤二$_1$煤，平均厚度为 6.2 m，煤种为焦煤、瘦煤、贫煤和无烟煤 4 类，为优质动力煤。矿井水文地质类型简单，矿井正常涌水量 80 m^3/h，最大涌水量 150 m^3/h。

矿井为高瓦斯矿井，绝对瓦斯涌出量 29.9 m^3/min，相对瓦斯涌出量 26.22 m^3/min，煤尘具有爆炸危险，爆炸指数为 17.92%，煤层不易自燃。

矿井采用斜井多水平上下山开拓，目前生产水平为 -140 m，生产采区为 14 采区和 15 采区，生产工作面有 15141 工作面（综采）和 14041 工作面（配采）。矿井采用走向长壁采煤法，综采放顶煤回采工艺。

二、2009 年主要技术经济指标

2009 年矿井杜绝重伤以上人身事故和二级以上非伤亡事故，完成原煤产量 59.6 万 t，矿井综合单产为 6.13 万 t/月，原煤工效为 4.3 t/工，全年实现产值 4.51 亿元，利润 2.37 亿元，员工平均工资为 3.7 万元，同比增加 11%，综采机械化程度达 100%，掘进装载机械化程度达 100%。

三、安全高效矿井建设采取的主要做法

（一）认真落实安全生产责任制，确保安全零伤亡

（1）推行精细化管理。实行安全质量标准化与经济利益挂钩制度，极大地调动了广大干部员工的积极性，使安全质量标准化工作不断向精细化延伸。

（2）积极推行安全隐患买卖制。每月设立安全隐患治理专项基金，把安全隐患分类分级建档管理，有效地调动了区队自查隐患、治理隐患的积极性。

（3）定期组织召开安全生产座谈会。认真吸取兄弟单位的事故教训，积极查找本区队安全隐患，举一反三保安全，查找本单位管理薄弱环节和管理重点，及时充实了座谈会内容，提高了座谈会质量，让员工从思想上、管理上认识到了安全隐患的存在，真正做到“以安全理念指引人，以安全思想武装人，以安全行动检验人”。

（二）高标准严要求，建设安全质量标准化矿井

建立了安全质量标准化投入机制，积极推行准军事化管理，下发了《红岭煤矿职工行为规范》，逐步提升矿井质量标准化管理水平。

（三）加强劳动定员管理

坚持“多上设备少上人”的原则，合理安排采掘人员，根据工作性质、工程量和劳动工序，科学合理确定劳动定员，严格控制入井人数，在井口、采区及采掘工作面施工现场实施挂牌管理。

（四）实施“科技兴矿”战略，推进可持续发展

为保证科技创新项目的顺利实施，矿井严格按照国家有关规定，按不低于销售收入的2%提取科技经费，做到专款专用，2009年共提取科技经费2572.99万元，实际使用2534.53万元。2009年矿井科技项目“不同保护煤柱尺寸下抗动压井壁结构型式的优化研究”获河南省工信厅科学技术进步奖一等奖；“复杂地质条件下中厚煤层轻放支架开采方法研究应用”项目获得河南煤化集团科技进步三等奖。2009年有4项专利获得受理通知书，3项授权。2009年投入各类科技奖励38.6万元。

河南煤业化工集团焦煤公司赵固一矿

一、基本情况

赵固一矿位于焦作煤田东部、太行山南麓，行政区划隶属辉县市管辖。井田中心东南距新乡市 39 km，西南距焦作市 50 km，东北至辉县市 17 km，南距获嘉县 20 km，其间均有公路相通，交通便利。

井田含煤面积 43. 77 km^2，总资源储量 3. 73 亿 t，可采储量 1. 64 亿 t。矿井设计生产能力 240 万 t/a，服务年限 49 a。主采二叠系山西组二$_1$ 煤层，煤层倾角一般为 2°～6°，平均厚度 5. 29 m。煤种为低中灰、特低硫、低磷、高发热量的优质三号无烟煤。

矿井采用立井单水平盘区式开拓，井口标高 +83. 8 m，车场水平标高 -525 m，井深 608. 8 m。工业广场内布置主、副、风 3 个立井。通风方式初期为中央并列式，后期考虑矿井边界安全出口，在两翼各布置一回风井，通风方式逐步过渡为两翼对角式。

2005 年 6 月 19 日矿井正式开工建设；2006 年 12 月主、副、风 3 个井筒相继顺利落底；2008 年 8 月 8 日首采工作面贯通，11 月 1 日开始试生产；2009 年 5 月 10 日通过竣工验收，正式投产。

矿井采用井工开采，沿 F16 断层煤柱两侧作倾斜煤层大巷，通过大巷直接开掘工作面上、下顺槽，实现全井田单翼盘区开采。盘区开采顺序本着“先近后远”的原则，先期投产工业广场煤柱东侧的东一盘区，采用走向长壁倾斜分层全部垮落式采煤方法、综采工艺。接替盘区为西二盘区，拟采用综采一次采全高采煤工艺，目前正在进行大采高试验。盘区首采面仅三机配套设备的装机容量就将近 5000 kW，重 6000 余吨，价值约 1. 42 亿元，是目前河南省采高最大、支护强度最大、设备最重、供电电压最高、设备投资额也最多的工作面。

二、2009 年主要技术经济指标完成情况

2009 年矿井在全年无重大安全事故发生的前提下，实现煤炭产量 239. 9 万 t，掘进进尺 14185 m。采煤工作面最高单产 17. 4 万 t，最高日产 8480 t；

掘进工作面最高月进 466 m，最高日进 16.8 m；矿井综合单产 12.24 万 t/（个·月）；原煤工效 12.25 t/工。

2009 年矿井主营业务收入 131670 万元，实现利税 56298 万元，在保证安全生产各项必要投入的前提下，盈利 29230 万元，原煤制造成本 275.08 元/t，总资产 188865 万元，净资产 55834 万元。员工年均收入 5.125 万元，同比增幅为 15.2%。

三、主要经验及做法

（一）理念创新

赵固一矿始终坚持以解放思想为先导，以思想理念融合为核心，积极推动观念的转变、理念的更新，提高各级员工执行力。“用心做事，追求卓越”的核心价值观完全融入到了员工的思想、工作和生活中。

（二）技术创新

建矿以来，依靠技术创新攻坚克难，探索与研究大断面巷道快速掘进技术及复杂条件下综合机械化采煤工艺，提高单产单进水平；积极推广应用新技术、新装备，进行技术改造，保证运输提升系统的安全可靠，优化通风系统，加强通风管理，保证矿井通风安全；开展矿井综合防治水技术研究，初步摸清了顶底板水害的发育规律，通过建立地质保障体系，实施底板注浆改造及断层带加固工程，全覆盖科学布孔、高压注浆，有效地治理矿井水患。

矿井先后完成了“风化破碎带岩巷及硐室支护技术研究”、“高应力开拓巷道沿煤掘进综合支护技术研究”、“大断面煤巷硐室群围岩控制技术”、“副井提升系统快速安装施工”、“风井永久装备工艺优化”等 300 多项自主创新成果，极大地提高煤炭生产的科技含量，为矿井的安全高效建设提供了可靠的技术支撑。

河南煤业化工集团焦煤公司中马村矿

一、基本情况

中马村矿是前苏联援建我国156项工程之一，由列宁格勒煤矿设计院设计，于1955年9月开始动工兴建，1970年7月1日简易投产，曾发生3次淹井事故，1990年恢复生产。矿井开拓方式为立井单水平上、下山开拓。矿井设计生产能力为60万t/a，设计服务年限84 a，2005年核定生产能力90万t/a，2008年核定生产能力115万t/a。

中马村矿开拓方式为立井单水平上下山开拓。因为矿井西翼水文地质条件复杂，目前矿井的开采活动全部集中在东翼，运输大巷位于－160 m水平，担负全矿井的运煤、运料、运人等，同时兼排一水平的涌水，－250 m大巷主要担负矿井下山采区的排水。

二、2009年主要技术经济指标

2009年，中马村矿共计生产原煤110.19万t，其中回采煤量84.8万t，掘进及其他煤量25.39万t。综采工作面平均日产2387 t，最高日产达到了3958 t，采煤机械化程度达到了100%。掘进总进尺达到了8558 m，其中煤巷进尺6427 m，岩巷进尺2131 m。掘进装载机械化程度达到了97.12%，综掘程度达到了27.2%。原煤生产人员效率达到了7.18 t/工。实现销售收入37360万元，实现利润493万元。连年实现安全生产年，百万吨死亡率为零。该矿圆满地完成了集团公司的各项经济指标。

三、在生产组织和科学管理方面取得的经验及具体做法

（一）抓安全促生产

中马村矿在集团公司提出的安全可控、事故可防的理论指导下，树立零事故的理念，用心做事，努力追求卓越，狠抓“双基”，严格管理，本质安全型矿井得到加强。坚持“现场管理三到位”的原则，严格落实干部安全包保和下井带班制度，全面加强现场指挥、安全监管和技术指导，现场作业的安全把握度明显提高。加强安全技术培训，2009年共举办培训班34期，

培训人员1270多人次；加强瓦斯抽放力度，2009年共打瓦斯抽放孔2764个，累计146757 m，共抽出瓦斯纯量938.23 m^3；加强顶板治理力度，2009年共召开顶板分析会24次，排查顶板安全隐患480多条；在防突水方面，中马村矿采取了地面打钻注浆堵水和工作面采前底板注浆加固技术，共投入资金658万元。该矿狠抓了生产地区的接替和安全高效矿井建设，保证了生产的有序进行，连续6 a实现安全生产年。

（二）以新技术促效益

根据各综采工作面的煤层赋存情况及地区地质特点，采取减少采煤机滚筒截齿、降低转速等措施，最大限度地提高了原煤的块炭率。在地面建了瓦斯发电机组，充分利用井下的瓦斯发电，变害为宝。在39031工作面实施瓦斯网格抽放，降低了瓦斯含量，使瓦斯超限事故得到了有效的遏制，提高了工作面的单产，收到了良好的效果。在39041工作面的运输巷实施深孔瓦斯抽放防突措施，提高了掘进工作面的单产进度，顶层突出工作面的掘进由原来的40 m/月提高到95 m/月。

（三）积极推广新技术，提高原煤生产人员效率

一年来，中马村矿积极采用新技术、新设备。2009年共完成科技进步项目63项，创造了可观的经济效益。在29、39轨道安装猴车，在39041回风巷安装了无极绳绞车（JW－8/1.27），减轻了职工的劳动强度，提高了工效。

河南煤业化工集团焦煤公司九里山矿

一、基本情况

九里山矿位于焦作矿区东部，太行山南麓，西距市区 18 km，井田走向长 4.2 ~ 5.3 km，倾斜宽 3 ~ 4.2 km，井田面积 17.5 km^2。九里山矿于 1970 年 7 月开始建井，1983 年 4 月 30 日简易投产，设计生产能力 90 万 t/a，2006 年核定生产能力 100 万 t/a。

矿井开拓方式为立井双水平上下山联合开拓，一水平标高 -225 m，为目前生产水平，现开采煤层为二$_1$ 煤。采煤工作面为走向长壁布置，并采用后退式倾斜分层下行垮落法回采。

二、2009 年主要技术经济指标

2009 年，该矿共计生产原煤 99.99 万 t，其中回采煤量 89.686 万 t，掘进及其他煤量 10.3 万 t。回采工作面平均日产 2630 t，最高日产达到了 3850 t，采煤机械程度达到了 100%。掘进总进尺 9325 m，其中煤巷进尺 7309 m，岩巷进尺 2016 m。掘进装载机械化程度达到了 96.1%，综掘程度达到了 26.8%。原煤生产人员效率达到了 6.11 t/工。实现销售收入 5.767 亿元，实现利润 4094.43 万元。实现了安全生产，百万吨死亡率为零。2009 年该矿较好地完成了公司下达的各项经济指标。

三、在生产组织和科学管理方面的具体做法

九里山矿 1983 年简易投产，是严重的煤与瓦斯突出矿井，而且巷道支护形式比较落后，煤巷多为 2.8 m × 2.8 m × 3.2 m 的顺山棚或 2.8 m × 2.8 m 的正梯形 11 号工钢支护，由于巷道断面较小，支护强度较低，给通风、防突、运输和安全造成了诸多隐患；由于瓦斯影响，巷道掘进月进度十分缓慢，回采工作面接替紧张，采掘失调，这些严重制约了该矿的发展。

为了保证该矿可持续发展，进入 2009 年以来，该矿率先在顶层（突出区）煤巷掘进工作面大力推进支护改革，采用锚网 + W 钢带 + 预应力锚索联合支护，为区域瓦斯治理创造了有利条件，提高了掘进速度，使采掘达到

了平衡。

巷道断面的增大，实现了掘进和施工抽采钻孔的平行作业，保证了大钻机、大钻孔、大管径、大抽放泵“四大”抽放，提高了瓦斯抽采率，为工作面的回采赢得宝贵的时间，实现了空间与时间的转换。

巷道空间的增大，保证了抽采钻孔的施工质量，提高了防突措施的效果，同时增大了回风断面，减少了炮后瓦斯浓度超限的次数，并且实现了机、轨合一，出煤、进料平行作业，改变了矿车跟窝头、大锨装煤的传统煤巷掘进工作面的工作方式，降低了职工劳动强度，从而提高了掘进工作面的速度。2009 年 2 月 24021 运输巷掘进进尺达到 114 m，创造了该矿突出掘进面单头进尺的历史最高纪录。

巷道支护强度的提高，减少了巷道的维修率，节省了大量的人力和财力。近两年内施工的支护改革巷道面貌良好。

煤巷大断面锚网支护的采用，为该矿区域瓦斯治理提供了许多有利条件，保证了回采工作面的正常接替，为高突矿井实现安全高效探索出了新途径。

河南煤业化工集团焦煤公司演马庄矿

一、基本情况

演马庄矿由武汉煤矿设计院设计，1958年建井，1961年投产，设计生产能力45万t/a，2005年核定生产能力90万t/a，2008年核定生产能力120万t/a。

演马庄矿生产计效人员689人，生产人员为“三八”工作制，为了提高劳动效率，实行了“限员挂牌”制度。

矿井开采二$_1$煤，采用分水平运输大巷、上下山开拓。采煤方法为走向长壁倾斜分层采煤法，全部垮落法管理顶板，落煤方法均为机械落煤。

二、2009年矿井主要技术经济指标

煤炭产量：完成1179839 t，完成计划的102%，矿井最高月产109287 t/(个·月)，矿井最高日产3549 t/(个·日)。

开拓总进尺：完成2275 m，完成计划的103%。

实现利润：3256万元。

原煤工效：7.56 t/工。

安全质量：消灭了人身事故和二级以上非伤亡事故，矿井百万吨死亡率为零，实现了安全生产、质量标准化一级。

三、安全高效矿井建设取得的经验及具体做法

（一）加大安全投入，夯实安全基础

坚持“从零开始，向零奋斗”的安全理念，坚定不移地走机械化道路，坚定不移地推行支护改革，坚定不移地理顺安全管理机制，强化“双基”建设，强力推行“内部市场化”，使企业的安全基础更加牢固，职工的安全意识不断增强，安全作业行为更加规范。

（二）狠抓安全质量标准化建设，巩固企业发展基础

安全质量标准化是煤矿安全生产的基础，一年来，通过狠抓工程质量，企业的安全质量标准化水平得到不断提高。

（三）推进“三化”管理，不断提高经济效益

按照焦煤公司推行的“制度化、规范化、市场化”的管理要求，坚持以内部市场化为导向，不断通过流程再造和规范运作，夯实基础管理，优化资源配置，使企业内部各项管理不断加强，经济效益逐年提高。一年来，市场化管理深入人心，并不断得到深化、细化和延伸，形成较为全面系统的管理网络，涵盖了各项管理和过程控制，成为各项工作的主要抓手。

（四）依靠科技进步，促进企业快速发展

立足矿井实际，实施科技兴矿，既注重新技术的应用，又积极发挥科技人才的主观能动性，不断提高科学技术对安全生产的贡献率。

（五）加强企业文明建设，打造平安和谐矿区

在企业经济效益不断提高，文明创建不断升级的同时，本着“和谐共赢”的原则，不断推进企业民主法制进程，加大生活福利设施投入，努力打造和谐文明矿区。

义马煤业集团股份有限公司杨村煤矿

一、基本情况

义马煤业集团股份有限公司杨村煤矿位于河南省渑池县果园乡境内，距渑池县城约 5 km，矿区专用铁路与陇海线连接，地面交通便利，是义煤集团公司大型骨干矿井之一。该矿始建于 1970 年 6 月，1975 年 10 月 1 日投产，原设计生产能力 60 万 t/a，后经矿井技术改扩建，2008 年核定生产能力为 170 万 t，2009 年实际生产原煤 165.8 万 t。

井田内煤层赋存稳定，井田地质构造相对简单。全矿有 1 个综放队、2 个掘进队（其中一个综掘）和 1 个开拓队。综采机械化率达到 100%，装载机械化程度达到 100%。

工作面采用后退式走向长壁综采低位放顶煤工艺，一次采全高，自然垮落法控制顶板，矿井采掘接替正常。

二、2009 年主要技术经济指标完成情况

原煤产量：计划 155 万 t，实际完成 165.8 万 t；掘进进尺：计划 4500 m（其中开拓进尺 350 m），实际完成 5505 m（其中开拓 570 m）；原煤工效：计划 8 t/工，实际完成 9.51 t/工；企业利润：计划 5000 万元，实际完成 21112.76 万元；平均工资：43108.53 元/人；采区回收率：厚煤层为 78.8%；矿井综合单产：13.95 万 t/(个·月)；安全生产：百万吨死亡率为 0。

三、2009 年该矿采取的措施和取得的经验

（一）“严、细、实、狠”抓安全，实现安全事故零目标

大力推进“311”工作法（“3”为岗位描述、系统描述、手指口述；“1”分别为安全口诀、安全确认）的实践，规范了干部职工的安全工作行为，提高职工安全技术素质，努力消除人的不安全因素。另外，强化了重点特殊岗位工作人员的管理，保证了安全管理制度和措施的有效落实。

（二）合理安排接替，科学组织生产，确保稳产高产

加大支护改革，提高工程质量。深入开展大断面支护改革，大力推广

“36U 型钢棚 + 锚网索复合支护”方式，加大老巷、旧巷的大断面扩修力度，提高了矿井巷道支护质量，有效控制了顶板压力，防止了顶板事故发生，为该矿稳产高产奠定了坚实基础。

加强机电管理，保证运输畅通。机电系统坚持“服务一线，服务大局”的方针，深入开展“机电设备安全运转零事故”活动，加强安装管理，提高维护质量，确保了机电运输设备良好运转，保证了生产运输的畅通，为生产任务的超额完成提供了有利的条件。

开展劳动竞赛，实现稳产高产。该矿制定了一系列劳动竞赛方案，各生产区队你追我赶，争创水平，连续刷新生产记录，为该矿 2009 年生产任务的超额完成作出了突出贡献。

（三）加快综采设备更新升级，实现高效生产

杨村煤矿在 D11043 工作面更新安装了 ZF5500 - 18/28 型支架，该支架初撑力为 3956 kN，工作阻力 5500 kN，与原用支架相比，支架初撑力、立柱工作阻力、支护强度均有明显改变；另外更新使用了 MG200/490 - W 无链采煤机、SGZ - 764/500 型双中链可弯曲框架式刮板输送机、SZZ - 800/250 型桥式转载机等合理配套的大功率采煤设备，设备的整体性能均有大幅度的提高。新设备的投入使用提高了生产效率，改善了生产环境，降低了职工劳动强度，延长了设备寿命。

D11043 工作面下巷设计长度 1440 m，安装了 SSJ - 1200/3 × 185 牵引型线摩擦多点驱动带式输送机（头部驱动和线摩擦驱动结合），并首次在双子机系统上成功应用交流变频软启动系统。这样做保障了带式输送机及启动的平稳性，降低了对皮带和设备的损坏，减小了对电网的冲击，从而使启动更平稳可靠，有效避免了飘带、断带事故发生，有力地保障了长距离输送机安全可靠运行，使采煤系统更加合理，实现了高效稳产。

河南神火煤电公司新庄煤矿

一、基本情况

新庄煤矿是上市公司河南神火煤电公司的骨干企业，位于永夏矿区东部，永城市东部，行政区划属苗桥乡管辖。该矿工业广场西至永城市24 km，东距安徽省淮北市19 km，西傍京九铁路，西北120 km可达铁路交通枢纽商丘车站，东北94 km可达另一铁路交通枢纽徐州车站。矿内专用运煤铁路支线与陇海铁路相交接，永淮公路横贯井田，交通十分便利。该矿采用立井多水平开拓，一水平已于2002年回采完毕，现生产水平为二水平（-600水平），采面为倾斜长壁布置，采用顶板全部垮落一次采全高采煤法。

二、2009年主要技术经济指标

2009年新庄煤矿实际生产346天，共生产原煤224.5万t，其中综采队回采213.32万t，掘进出煤11.28万t，原煤生产工日175272工日，综采队直接回采工效79.36 t/工，矿井原煤工效为12.81 t/工。2009年全矿计划开掘进尺9350 m，实际完成9532 m，其中开准进尺2248.8 m，回采进尺7284 m。2009年原煤销售收入102168.56万元，上缴税收14595.5万元，实现内部利润58005万元。原煤生产成本154.2元，出口精煤32.8万t。

三、2009年该矿采取的措施和取得的经验

（一）安全理念深入人心

通过深化“以人为本，和谐管理”的安全管理理念，出台了一系列人性化安全管理制度，像安全账户制度、“三违”申诉制度、安全事故问责制度、未遂事故说出来制度等，实现了安全管理的全员、全过程都有标准、有程序、有考核、有监督，基本构建了理念先进、制度健全、执行力强、奖惩到位、具有自我发现、自我改进、自我完善功能的安全管理体系。

（二）安全责任得到落实

2009年，着重对在安全管理中不作为的干部进行责任追究，狠抓不落实的事，严惩不落实的人，切实解决了在安全管理中存在“严不起来，落

实不下去”的问题，实现对管理人员敬业度考核管理。通过严抓干部安全绩效考核，严肃责任追究，让不履行职责和履行能力不强的管理人员以及不认真抓安全和抓不好安全的管理人员丢位子、丢票子、丢面子，促其转变工作作风、落实责任，切实提高各级管理干部的自律意识和工作质量。

（三）注重全员安全培训

2009年，通过创新安全培训思路，采取了矿上主导学、单位督促学的形式，采取了会前提问、导师带徒，重点帮扶、技术比武等一系列安全教育的办法，收到了良好的效果，使得职工的安全素质显著提高。尤其是数字化培训教室的投用，基本实现了安全培训信息管理数字化、信息传输网络化、信息处理自动化，有力地促进了该矿安全培训工作的顺利开展。

（四）开展劳动竞赛，提高生产效率

矿根据不同的生产季节和形势，认真组织了以安全高效为主要内容的大干“三四五六”、“决战四季度”及“安康杯”创建活动等安全劳动效益竞赛活动。通过运用多种激励机制与设立竞赛台，对竞赛活动进行了大力宣传，对创水平区队和优胜班组敲锣打鼓送贺信，鼓劲加油，广泛调动了广大干部职工的生产积极性，确保了任务指标的顺利完成。

（五）科技优势效果明显

该矿先后投入百万元建设的矿井综合自动化平台、沿空留巷支护、水压自动观测系统、红外线自动喷雾系统、虹膜考勤系统等一批新设备、新技术的推广应用，提高了矿井的科技水平。

神火集团有限公司薛湖煤矿

一、矿井概况

薛湖煤矿位于河南省永城市北部，属永城市管辖，是河南省重点工程项目之一，属煤与瓦斯突出矿井。井田面积73.95 km^2，地质储量20210万t，可采储量8674万t，主采煤层为二$_2$煤，占全矿可采储量的75%。矿井于2004年12月16日正式开工建设，2008年12月26日开始进行联合试运转，2009年3月26日完成投产竣工验收工作。矿井设计生产能力120万t/a，分期达产，初期投产21采区，生产能力达到90万t/a，后期投产23采区，矿井达产。矿井采用立井单水平、上下山开拓，井深818.5 m。

主要采掘头面：2104回采工作面，2106抽采面；2108机巷掘进工作面，2110风、机巷掘进工作面，23采区泵房掘进工作面，23采区煤仓上口通道掘进工作面，2301、2302机巷车场掘进工作面。矿井采掘接替关系正常。

二、2009年主要技术经济指标

2009年全矿无工亡，无三级以上非伤亡事故。回采煤量61.7万t，掘进煤量8.2万t，全年产量69.9万t。2009年安全设施及管理实际投入3315万元，有力地保证了安全生产，年底实现利润2600万元，员工人均工资4.8万元/a。工作面为综合机械化采煤，采煤机械化程度100%。掘进工作面装载采用P60扒渣机和掘进机，装载机械化程度100%。井下共有7个掘进工作面，其中3个为掘进机掘进，综掘程度43%。

三、安全高效矿井创建工作的主要做法

（一）狠抓安全管理，确保安全生产

（1）各级管理干部坚持跟班、带班制度，对四点班、零点班相对薄弱时间段，矿井组织安全小分队、青安岗、群监网对安全工作进行督察，形成党、政、工、团齐抓共管的氛围。

（2）狠抓瓦斯治理和防突工作，积极与高等院校合作，通过不断总结，

摸索出了一套适合薛湖煤矿特点的顺层条带长、短钻孔抽放、本煤层钻孔抽放、上隅角埋管抽放、高位钻孔抽放相结合的区域综合防突措施和局部综合防突措施。

（二）狠抓生产组织，加快生产进度

（1）坚持防突先行，有效治理瓦斯。治理瓦斯和防突是加快施工进度的前提，矿井完善了瓦斯抽放系统，建设了地面永久瓦斯抽放泵站、采区抽放泵站和井下移动泵站，提高了抽放效率，为采掘提供了有利的条件。为加快打钻速度，实行副科级以上干部、区队正职及技术员 24 h 跟班，现场发现的问题及时解决。

（2）加强激励，充分调动员工的工作积极性。对煤巷圆班进尺 9.6 m、全月达到 150 m，岩巷炮掘圆班进尺 5 m、全月进尺达到 100 m，岩巷综掘月进尺 110 m 以上进行奖励。

（三）增收节支，挖潜增效，使矿井进入科学发展的轨道

根据公司下达的年度经营指标和挖潜增效要求，矿井制定相关激励措施，与 2008 年相比取得了一定的效果，共完成挖潜增效 1270 万元。

（四）深化企业文化建设，为矿井发展提供精神动力

深入推行精细化管理工作，从班前礼仪入手，进一步规范员工日常行为、岗位作业行为，制定岗位考核标准 100 个，实行 A、B 卡考核，考核结果与工资分配挂钩，使精细化管理逐步引向深入和成熟。

神火集团有限公司梁北煤矿

一、基本情况

梁北煤矿位于禹州市城南6 km，井田走向长（东西）10～13 km，倾斜宽（南北）4 km，矿井井田面积44.8 km^2，可采储量66.67 Mt，设计生产能力0.9 Mt/a，核定生产能力0.9 Mt/a。该矿开采二叠纪山西组底部$二_1$煤层，煤种为瘦煤，煤尘具有爆炸危险性，属煤与瓦斯突出矿井。

梁北矿$二_1$煤层赋存比较稳定，平均倾角12°。矿井地质条件复杂，有较大断层或其他地质构造存在。水文地质中等偏复杂，由于梁北煤矿的$二_1$煤层埋藏深度较大，其上有多个隔水层的存在，地表水、大气降水对矿井影响不大，地下水成为矿井主要充水水源。矿井布置有11及21两个采区，其中11采区为生产采区，21采区为恢复准备采区。

梁北矿目前有1个综采队，2个开拓队，2个掘进队，3个机电队，1个通防队。该矿目前采煤完全实现了综采机械化，液压支架为ZY－6000/25/60，配套SGZ－764/630－1.1D运输机、MGTY300/730－1.1D采煤机。该矿采用走向长壁后退式综合机械化采煤方法，符合《煤矿安全规程》的规定，顶板管理方法为全部垮落法。

梁北矿目前共有在册职工917人，一直采用“三八”制作业方式，并且在副井口、井下采掘头面等处分别设立限员牌板，严格按照限员牌板上规定认真执行。

二、2009年主要技术经济指标

2009年生产原煤88.5万t，完成总进尺4000多米，其中，回采进尺2054.9余米，开拓进尺1973.5 m。2009年3月当月生产原煤75567 t，2009年7月8日当天生产原煤3300 t。2009年10月完成煤巷掘进95 m，6月8日当班完成进尺4.2 m，2009年10月当月完成岩巷掘进110 m，曾在12月12日当天完成进尺6.3 m，分别创下了月产、日产、小班掘进的最好纪录。销售收入6.84亿元，实现利润3.54亿元，上缴各种税费2.15亿元。职工人均收入达4.9万元以上，且实现了安全生产，未发生一起轻伤以上事故。

三、2009年采取的措施和取得的经验

（1）抓好新工人岗前培训工作及特殊工种的培训工作。新工人上岗前认真组织进行岗前安全技术培训，经考试合格后方准录用下井，并采取以老带新、签订师徒合同等形式进行实践培训，熟练后方准独立上岗，保持了岗位技术的连接性。2009年共组织4期特殊工种培训，共培训941人，并且积极组织矿井领导和科队长参加安全资格证培训教育。

（2）继续做好质量标准化工作，加大投入力度，增建亮点工程。如对副井口走廊进行了进一步的美化亮化，在两侧全部安装了漂亮的、加厚的玻璃金鱼缸，里面放养了小金鱼；井下主石门全部安装了音响系统，不间断地播放音乐，使得职工上下班途中心情愉悦；另外又增建了第二条架空乘人车装置，服务西翼采区，大大降低了职工上下班过程中的体能消耗，提高了劳动效率，同时也为安全生产打下了更加坚实的基础。

（3）加大科技攻关力度，除了继续和部分大专院校、科研院所进行项目合作外，大力推广新技术、新工艺、新材料的应用，如大功率钻机、瓦斯抽放泵、放炮期间高压喷雾装置、新型封孔材料等。

黑龙江龙煤控股集团双鸭山分公司
东 荣 二 矿

一、矿井情况

东荣二矿隶属黑龙江龙煤控股集团双鸭山分公司，位于黑龙江省集贤县境内，三江平原腹地，“同三”公路从井田中部经过，有局内专线铁路运输，与国铁接轨，矿区交通运输极为便利。该矿于1995年12月15日正式投产，建井初期设计能力为150万t/a，经过矿井系统改造，2007年矿井核定能力为260万t/a。

井田面积45 km^2，南北走向长7.5 km，东西宽5 km。2009年末可采储量1.2亿t，中厚煤层占50.9%，核定服务年限34.4 a。井田内地质条件复杂，断层发育，顺槽起伏变化大，采区内共有断层55条，100 m以上的大断层9条，每平方公里22条断层。矿井可采及部分可采共18个煤层，平均总厚度为23.96 m，煤层倾角一般为18°～25°，煤质硬度为中等，煤层顶底板以沉积岩为主。矿井具备大块段、低瓦斯等优点，适合安全高效条件。煤炭品种为气煤和长焰煤，具有低灰、特低硫、低磷—特低磷、高发热量的特点，是优质的炼焦、动力、化工、造气、水煤浆用煤。矿井涌水量为230 m^3/h。

二、生产系统与开采方法

该矿开拓方式为立井开拓，有2个水平、3个生产采区、1个准备采区和1个开拓采区。由采区上（下）山甩片盘形成采面，均采用走向长壁后退式采煤方法，具备完整的通风、出煤、下料及行人的生产系统。该矿形成了2个综采、1个准备的开采格局，共有12个掘进工作面，其中有3个综掘面，9个普掘，保证了良好的采掘接续关系。

三、2009年煤矿主要技术经济指标

采煤机械化生产程度为100%；原煤产量248万t；进尺25077 m；矿井

综合单产10.3万t/(个·月)；全矿上缴利润8800万元；职工年人均收入达到4.56万元；百万吨死亡率为零。

四、安全高效矿井建设的主要做法

自创建安全高效矿井建设以来，东荣二矿始终以安全高效矿井建设为核心，以科技创新为手段，扎实认真地践行科学发展观，坚定不移地走新型工业化道路。创建高效运转的管理模式，利用和引进高科技手段和装备，实施科学化管理办法，落实精细化管理措施，发掘人力资源的最大潜能，实现统筹兼顾、科学发展。为了加快矿井安全高效建设步伐、加大技改力度、加强生产技术管理与经营管理，二矿以科技创新、改造和优化矿井采掘结构、合理集中生产为前提，在确保安全生产的前提下，正在逐步实现本质安全型安全高效矿井建设。目前已实现了采掘综合机械化、井下运输连续化、主井提升自动化、安全监控微机化，实现“三遥”，自动化矿井建设已初具规模。2009年二矿面对市场需求和复杂的地质条件，突出技术创新理念，广泛采用新技术、新工艺，在很多领域取得突破和创新。

黑龙江龙煤控股集团七台河分公司
新立煤矿

一、矿井概况

新立煤矿位于七台河矿区西部，行政区划属七台河市新兴区，距市中心20 km，井田面积9.88 km^2，可采煤层和局部可采煤层有77、79、82、87、90、93、94、95、96等9层。煤层总厚为7 m，煤层平均厚度为0.77 m，煤层倾角为7°~20°，平均倾角12°，煤种以1/3焦煤为主，属低磷、低硫的国家稀有煤种。矿山勘探深度已达-600 m，目前开采深度为-350 m。

二、2009年主要技术经济指标完成情况

煤炭生产：100万t；综合单产：40304 t/(个·月)；掘进进尺：16650 m；综合单进：277.5 m/(个·月)。吨煤成本：325.07元/t；利润：4946万元；员工收入：38737元/(年·人)。百万吨死亡率为零。原煤生产人员效率：3.603 t/工；采区回采率：95%。新立矿已连续6 a安全无事故。

三、煤矿依靠管理创新、技术改造取得的成果

突出科技保安全、管理创新这个重点，不断加大安全装备投入，积极引进新技术、新工艺，解决了制约安全生产的瓦斯和地压问题。投入资金1000多万元用于更新设备、技术改造，把原来的离心式主要通风机改造更新为轴流式主要通风机，并且对副井进行开帮降阻，增大了风量和安全系数，全矿所有掘进工作面和采煤面的采后全部使用预应力锚杆和锚索支护新工艺，节约了大量人力、物力，效果十分显著。通过开展三小爆破工艺，使用小钎头、小钎杆、小药卷，节约了大量材料费，缩短了打眼时间，而且爆破效果好。由于新立煤矿矿井瓦斯涌出量较大，该矿积极引进瓦斯抽放新设备和技术，在全公司率先引进TXU-150型、IYJ-169/158型、MKD-5s型钻机进行瓦斯抽放，采取先抽后采方式，大大降低了采掘工作面及其回风流中的瓦斯浓度。该矿现已进入四水平开拓，地面矸石山也进行了技术改造。

该矿经过3次技术改造之后，由原来设计能力21万t/a的一个小井口发展到现在年产90万t的大型矿井，同时大大提高了采掘机械化程度。资源管理方面，建立严格专门的资源管理制度，加强掘进煤回收，实行煤岩分装、浮煤和边角残煤的管理。

全矿职工大力开展技术革新、技术改造、争当技术能手活动。一年来，共开展了8项技术革新项目，创造经济效益达10多万元。在集团公司科技工作表彰大会上，该公司有3项科研项目获得了集团公司科技进步三等奖，有1项科研项目获得了集团公司技术革新三等奖。

该矿通过质量标准化达标技术改造、加大安全投入、优化安全生产系统，实现了精细化管理、劳动定员管理、改变经营理念、提高经济效益和职工收入，发展了采煤、掘进、运输机械化新技术与装备。

陕西陕煤铜川矿业有限公司陈家山煤矿

一、基本概况

陈家山煤矿位于陕西省铜川市耀州区西北，行政区划隶属耀州区庙湾镇。矿井核定生产能力195万t/a，井田走向长5.5 km，倾斜宽3.7 km，面积20.4 km^2，可采储量1.7亿t。

主采侏罗系延安组4号-2煤层，厚度为8~12 m，赋存稳定，属于单斜构造，煤层结构简单。2008年度瓦斯等级鉴定结果为高瓦斯矿井，矿井的绝对瓦斯涌出量88.99 m^3/min，相对瓦斯涌出量32.17 m^3/t。煤层具有自然发火倾向性，发火期3~6个月，最短24天，煤尘具有爆炸性，爆炸指数为35.42%。矿井采用平硐斜井综合开拓方式、走向长壁综采放顶煤一次采全高回采工艺、大走向分段式U型巷道布置方式。通风方式为中央边界抽出式。

矿井实行一井一面生产。目前生产布置集中在四采区，开拓巷道均布置于4号-2煤层及其顶板岩石中，支护方式为高强度锚、网、索综合支护方法，采用全部垮落法管理顶板，采区采出率达到76%。

二、2009年主要技术经济指标完成情况

2009年矿井原煤产量180.99万t，综合单产15.1万t/(个·月)；掘进进尺13230 m（其中开拓进尺3200 m）；采煤机械化程度和掘进装载机械化程度均达到100%；盈利563.4万元，职工人均年收入4.8万元；矿井原煤工效达到12.15 t/工；百万吨死亡率为零。

三、建设安全高效矿井取得的经验和做法

一是突出“一通三防”管理，加大瓦斯治理力度。按照“通风可靠、抽采达标、监控有效、管理到位”的瓦斯治理要求，详细制定矿井瓦斯治理3年规划。把“一通三防”作为安全管理的重中之重，在坚持装备、管理、培训并重原则基础上，优化矿井通风系统，投入使用了FJ-1主扇监控系统，完成了井下局部通风机供电系统改造，局部通风实现了“双风机”、

“双三专”、自动分风、自动切换，落实风机专人看管制度，杜绝了无计划停电、停风现象。2009年投资建成了第六套瓦斯抽放系统，矿井抽放总能力达1250 m^3/min以上，保证了边掘边抽、采前预抽、采后卸压抽放和未开拓区域的长孔抽放，实现了矿井“掘、抽、采”平衡，矿井抽采率67%，采面抽采率87%，矿井预抽率37%，吨煤钻孔施工量0.074 m/t。采用以黄泥灌浆为主，结合注氮（三相泡沫）、气雾阻化、束管监测、观测预报等综合防灭火措施，杜绝了煤层的自然发火。主要进回风巷、皮带运输巷等各转载点均安设了自动化喷雾，采煤机（综掘机）安装了二次负压降尘器，大大降低了粉尘浓度，为矿井安全生产创造了良好的工作环境。对矿井监测监控系统进行了升级改造，完成了瓦斯含量、压力测试试验和设备安装工作，实现了24 h实时监控。建成了一座3000 kW的瓦斯发电厂，加强瓦斯综合利用，每年可利用瓦斯300×10^4 m^3。

二是依靠科技进步，提高单产单进。通过了引进大功率综掘设备，提高了割岩速度，降低了设备故障率。推广应用EBZ200H、EBZ－318H型硬岩掘进机和EBZ－160煤巷综掘机，掘进单进较上年提高了10%以上。综采工作面装备了ZF8000/18/34型液压放顶煤支架，配套MG300/730DA采煤机的综采设备，提高了工作面单产水平和大大降低了劳动强度。积极研究探索综放工作面顶煤冒放性，切实搞好综放工作面顶煤回收工作，从2006年开始采取密集多钻孔煤层注水、改变放煤工艺、控制推进度、利用矿山压力、两巷超前深孔预裂爆破等综合措施，效果明显，提高了回收率。

陕西陕煤铜川矿业有限公司下石节煤矿

一、基本情况

下石节煤矿位于铜川市耀州区瑶曲镇境内。矿井隶属陕西煤业化工集团铜川矿业公司，于1970年开工建设，1980年2月建成投产，设计生产能力60万t/a。目前为“一井一面”集约化生产格局，2009年矿井核定生产能力为185万t/a。

矿井开拓方式为平硐-斜井-暗斜井联合开拓。设计有两个水平，分别为千米水平及+950 m辅助水平，千米水平已经回采结束，现转入+950 m辅助水平开采。采用走向长壁后退式综采低位放顶煤的采煤方法进行回采，采用全部垮落法处理采空区。

二、矿井主要生产系统

（1）主运输系统。采面顺槽采用带式输送机一条龙运输，主皮带井采用钢丝绳牵引带式输送机运输，平硐采用架线电机车牵引矿车运输煤炭。

（2）辅助提升系统。副斜井和暗副井提升分别使用JK-3×2.2/30E型绞车和JKY2.0/1.8B（A）型绞车，单钩串车提升运送矸石和材料。

（3）通风系统。采用“四进一回”中央并列抽出式通风系统，平硐、1号斜风井、副斜井、主皮带井进风，2号斜风井回风。

三、2009年主要技术经济指标

（1）生产原煤183.3万t，完成进尺8558 m，安全生产保持良好态势，杜绝了人身伤亡事故，百万吨死亡率实现了零目标。

（2）矿井在确保安全生产各项投入足额到位的前提下，实现利润2133万元；职工收入稳步提高，2009年全矿职工人均收入4.66万元，同比增幅为10.2%。

（3）2009年实现采煤机械化程度达到100%、掘进装载机械化程度达到100%、综掘机械化程度达到92%。采煤工作面创造了月产20.14万t、日产6715 t的单产记录，掘进工作面创造单头月进452 m、矿井日进37.9 m

的单进记录。

四、安全高效矿井建设中取得的经验及做法

（1）定期组织召开安全办公会和安全生产例会，研究解决矿井存在的重大隐患；狠抓现场安全管理，落实责任，强化监管，严格兑现奖罚；逐步推行了“手指口述”安全确认法。

（2）加大隐患排查治理，严惩重大“三违”人员，通过办安全学习班、公开做检查、宣传栏曝光、家属协管等措施进行帮教。

（3）强化安全基础管理，不断提升安全管理水平，积极开展了“安全包保”、安全生产“三项行动”、“安全生产月”、“百日安全”等活动。

（4）加强安全文化建设，提高职工安全素质。广泛开展安全知识问答、安全文艺演出、安全巡回演讲、入井安全宣誓等安全教育活动。

（5）深入开展专项治理，消灭各类事故，针对该矿运输系统长、设备多的特点，创新建立了小绞车“五人联签”制度，确保小绞车运输各个环节有人负责，彻底杜绝了小绞车运输事故。

陕西陕北矿业有限责任公司韩家湾煤矿

一、矿井概况

韩家湾煤矿隶属陕西煤化集团陕北矿业公司，位于陕西省神木县大柳塔镇。井田地质储量1.54亿t，工业储量1.38亿t，矿井可采储量约8539万t。矿井原设计生产能力为6万t，2007年技改后设计生产能力为150万t/a，矿井设计服务年限40.6a。现有综采面1个，综掘面2个。采掘机械化程度达到98%。

二、2009年主要技术经济指标

2009年原煤产量148.6万t，最高月产量达到14.8万t，原煤工效19.1t/工。掘进进尺10215m，其中开拓进尺1200m，同比增加了1080m。利润总额0.95亿元，同比增加800万元。百万吨死亡率为0。

三、2009年安全高效矿井建设的主要做法

（一）加大安全教育力度，均衡安排煤炭生产

牢固树立“安全第一，生产第二”的理念，扎实开展了“安全生产月”、“百日安全”，“四项”安全排查，“一通三防”、“雨季三防”、“机电运输会战”等专项活动。严格执行干部下井带班制度和安全验收开工确认制，各级管理人员的入井次数基本达到了规定要求；安装了工业电视监控系统、人员定位系统和井下安全监测监控系统、防灭火洒水系统，有效地提高了矿井的安全预防抗灾能力。

坚持把采掘接续作为重点工作来抓，采取多种措施加快掘进速度，保证了正常接续；在综采工作面回撤安装工作中，按照“安全、平稳”的原则，圆满完成了回撤安装任务，既锻炼了队伍，又积累了经验；下大力气规范综采工作面流程和操作程序，原煤产量实现了历史性突破。

（二）企业管理逐渐规范化

完善制定了《质量标准化实施细则》、《“一通三防”管理制度》、《职工请销假细则》等17项涉及安全生产、日常管理等方面的规章制度，并严

格加以落实。该公司大力实施“科技兴企、人才强企”战略，把培养人、引导人、教育人和提高全员安全素质作为头等大事常抓不懈，不断探索和改进安全培训方式方法，完善培训制度，优化培训体系，建立培训档案，严格培训考核。重点开展了“创建学习型班组，争做知识型员工”活动，坚持长期开展“每日一题、每周两会、每月一考”、安全宣誓、列队上岗、安全理念征集、安全知识竞赛、岗位练兵、技术比武等一系列安全教育的创新活动，推广了“白国周班组管理法”和“手指口述安全操作法”。该公司还投资 910 万元建成了四级安全培训站，目前，全公司 345 名员工是中专（技）以上文凭，占员工总数的 60%。

在作风建设上，公司以“抓班子、带队伍”为龙头，全力打造“四好领导班子”，努力提高各级领导干部的思想意识、创新意识、责任意识和团队意识，使干部队伍中呈现出团结务实、作风扎实、优势互补、凝聚力强的良好氛围。按照“十个一线工作法”和“管人管事管思想、管物管岗管现场”的工作理念，使广大干部能够以身作则，工作在一线，自觉接受广大员工的监督，做到令行禁止、警钟长鸣。

（三）扎实推进矿井安全质量标准化建设

印发了《安全生产管理制度汇编》，各类牌板都能做到按标准上墙，用管理标准约束工作质量，用岗位作业标准约束人的行为；狠抓工程质量标准化和设备管理质量标准化，实施全过程标准化管理。从标准化设计、施工、生产、作业做起，以井下文明卫生、生产设备管理为重点，提高了生产系统装备水平。

陕西省红石岩煤矿

一、矿井概况

陕西省红石岩煤矿位于陕西省黄陵县店头镇南川河西岸的曹家峪村，距店头镇4 km，距黄陵县城32 km。红石岩煤矿是司法部直属监狱煤矿，2000年创建了省级现代化文明监狱，2001年通过GB/T 19001—2000质量管理体系认证。

多年来，红石岩煤矿一直被鉴定为低瓦斯矿井。本井田2号煤层为唯一可采煤层，全区分布，结构较简单，属Ⅳ类不易自燃煤层。煤尘具有强爆炸性，爆炸指数为32.8%。2号煤主要为弱黏煤二号，具有低~中灰、低硫、中高磷、高发热量特点。

红石岩煤矿始建于1968年，1984年改扩建，1992年建成，形成生产能力0.6 Mt/a。2005年4月，该矿委托中煤西安设计有限责任公司编制了《红石岩煤矿技术改造初步设计》。2006年，省发改委核准了该矿井改扩建项目，同意矿井生产能力由0.6 Mt/a提高到1.2 Mt/a。2007年11月，省煤炭局对矿井改扩建项目工程建设及联合试运转准备工作情况进行了检查，同意联合试运转。根据初步设计，矿井开拓方式为单一水平。矿井改造为“一井一面”的安全高效矿井，即装备一个综采工作面，井下巷道沿煤层布置，改用带式输送机连续运煤系统，采用双回路供电。矿井通风系统为边界式，通风方式为抽出式。

2009年1月18日—19日，陕西省监狱管理局受省发改委的委托，组织省煤炭局、省环保局等6个部门和有关单位联合组成的验收委员会对矿井1.2 Mt/a改扩建项目进行了竣工验收，经充分讨论，同意矿井改扩建项目通过验收。这标志着红石岩煤矿从此跨入现代化的安全高效矿井行列，必将为监狱经济发展发挥更有利的作用，为监狱工作可持续发展作出更大的贡献。

二、生产系统及开采情况

（一）主运输系统

红石岩煤矿采用带式输送机连续运煤系统。

（二）开采情况

红石岩煤矿综采面布置在四采区 12403 工作面，采用长壁后退式采煤法。工作面装备 MG300/700 - DW 型交流电牵引采煤机进行割煤、装煤，采用 ZZ6000 - 18/38 型液压支架支护顶板，采用全部垮落法处理顶板，配备 SGZ - 730/320 型可弯曲刮板机运煤。运输顺槽配备 SZD - 730/75 型转载机、PCM110 型破碎机、STJ1000/2100 可伸缩带式输送机完成原煤的破碎运输任务。

三、经验及具体做法

（一）领导高度重视，建设高效矿井

该矿领导高度重视安全高效矿井的建设工作，主要领导亲自抓，主管领导具体抓，并且确定了具体的技术人员抓好此项工作。经过几年的矿井技术改造，该矿的安全高效矿井建设取得了突破性的进展，2009 年成功申报了安全高效二级矿井。2009 年顺利通过了陕西省煤矿安全质量标准化行业二级的验收工作，2010 年 11 月通过了复验。

（二）加大安全投入，完善安全设施

该矿争取利用国家政策，申请国债支持，逐步完善了矿井监测监控系统、供水系统、人员定位系统，投入大量资金完善了通讯系统，建设了压风系统，逐步完善了矿井抗灾避灾系统，提升了矿井的安全生产水平。

四川省华蓥山煤业股份有限公司 李子垭煤矿

一、基本概况

李子垭煤矿是川煤集团四川华蓥山煤业股份有限公司下属单位，矿井始建于1970年，井田位于华蓥山煤田中段，南距重庆100 km，北距达县150 km，地理位置优越，交通十分便捷，目前矿井核定生产能力为120万t/a。矿井为平硐开拓，划分为4个水平，即+817 m水平、+680 m水平、+572 m水平、±0 m，现有2个生产水平，分别为+680 m水平、+572 m水平。矿井属高瓦斯突出矿井，通风方式为中央分列式。采用单一走向长壁式采煤法，综合机械化采煤工艺，全部垮落法管理顶板。

二、2009年主要技术经济指标完成情况

2009年完成原煤产量837366t，完成掘进进尺18516 m，实现销售收入31715.28万元，实现盈利1367万元，全矿人均年收入4.32万元。采煤机械化程度为100%，掘进装载机械化程度为100%，巷道综掘率48.5%。原煤生产人员效率为3.37 t/工，安全生产方面实现了百万吨死亡率为零和连续安全生产6周年。

三、建设安全高效矿井的主要做法

（一）细化生产管理，提高生产效率

科学管理是煤矿发展的重要基础。李子垭煤矿以构建特色安全文化、塑造本质安全人、精细安全管理为重点工作，因地制宜积极探索，遵循市场经济，谋求和谐发展的方向和政策路线。在认真贯彻落实煤业公司工作部署的基础上，坚持“一切为安全开道”企业理念，坚持“安全第一，预防为主、综合治理”的安全方针，坚持“管理、装备、培训三并重”原则，努力打造本质安全型矿井。

在强化安全理念中，开展各种安全活动，营造安全生产氛围，提高职工

安全意识。在安全生产管理中，不断完善管理制度，优化生产系统，提升装备水平，保证安全生产循环有序。在职工教育培训方面，以加强安全培训和安全教育为根本，编制了结合实际的培训制度和教材，使职工培训教育形成了制度化、规范化、生活化的长效安全机制，实现了连续安全生产6周年。

（二）提高设备可靠性，降低材料成本

发展机械化是煤矿发展的唯一出路，也是先进生产力的重要体现。李子垭煤矿井田区域内地质条件复杂，自然灾害严重，安全形势十分严峻。在安全压力的促使下，李子垭煤矿结合矿实际情况大力发展机械化，依靠科技兴企、科技兴安战略，实施转变矿井机械化发展成果，增强了矿井抵御防范事故的能力。在薄煤层开采中，使用了先进的pm32电液控制系统，配套薄煤层综采设备，实现了自动化薄煤层综合机械化开采。在半煤岩巷道掘进中使用EBZ132综掘机，并运用锚杆与锚索、金属网联合支护顶板，后续采用SGW－40T转载机和SD－800型带式输送机运输，实现了半煤岩巷长距离连续性掘进运输。

加强设备材料管理，抓好节能降耗、修旧利废工作，严格实施奖惩办法，节约费用支出，在提高生产效率的同时大大减低了材料消耗成本。

（三）优化运输系统，提高运输效率

合理布置运输系统是满足高效矿井原煤运输的关键所在。李子垭煤矿通过不断优化运输系统，改造轨道质量，确保了运输安全，并成功运用道岔闭锁自动装置，实现了道岔与机车信号联系，减少了扳道的时间，提高了运输效率。

四川省华蓥山煤业股份有限公司
绿水洞煤矿

一、基本情况

绿水洞煤矿是华蓥山煤业股份有限公司的骨干矿井，坐落于四川广安华蓥市天池镇，矿井核定生产能力 1.2 Mt/a。襄渝铁路从井田西侧通过，沪蓉高速公路在天池镇设有进出口，矿井地理位置优越，交通十分便捷。矿现有职工 2192 人，其中管理人员 192 人，专业技术人员 147 人。该矿下设 2 个采煤队、1 个安装准备队、4 个掘进队以及为生产服务的机电队、运输队、通风队、索道队等。矿井配套建有一座年入洗能力 1.2 Mt 的重介质洗煤厂。矿井为阶梯平硐开拓，当前开采水平为 +528 m。矿井主要回采工艺为走向长壁后退式采煤方法。

二、2009 年主要技术经济指标完成情况

2009 年共生产煤炭 1029999 t（采煤一队生产 365090 t，采煤三队生产 611688 t，掘进煤 53221 t）；生产精煤 246002 t；全年盈利 3880.65 万元；2009 年煤炭生产实际工日数 260268 工日，累计原煤工效为 3.957 t/工；年度总进尺 12592 m，创造了较好水平。

三、安全高效矿井建设的主要做法

（一）安全文化引路，打造矿井本质安全

科学管理是煤矿发展的重要基础。该矿以构建特色安全文化、塑造本质安全人、精细安全管理为重点，坚持“安全第一，预防为主、综合治理”的安全工作方针、“一切为安全开道”的思想以及“管理、装备、培训并重”的原则，强力推进本质安全型矿井建设，取得了较好效果。自 1988 年以来，该矿杜绝了重特大事故的发生，矿井百万吨死亡率低于国有重点煤矿的平均水平。

该矿在强化安全理念中，开展各种安全活动，营造安全生产氛围，提高

职工安全意识。在安全生产管理中，该矿不断完善管理制度，优化生产系统，提升装备水平，保证生产安全循环有序。在职工教育培训方面，该矿以加强安全培训和安全教育为根本，编制了结合实际的培训制度和教材，使职工培训教育形成了以制度化、规范化、生活化的长效安全机制。

（二）坚持科技攻关，提高单产单进

发展机械化是煤矿发展的必由之路，也是先进生产力的重要体现。该矿井田内地质条件复杂，水、火、瓦斯、顶板、煤尘自然灾害齐全，矿井灾害十分严重。多年来，该矿一直坚持科技兴矿、科技兴安战略，大力发展机械化，进一步增强了矿井防灾抗灾的能力。1999 年，该矿大倾角（32°~45°）中厚煤层综合机械化开采技术研究项目荣获四川省科技进步一等奖，专家鉴定结论为“国际先进，国内领先”。该矿成为国内首家对大倾角综采技术研究及应用成功的矿井，也是四川省第一家采煤机械化矿井。2006 年，该矿进行了 35°~55°大倾角中厚松软煤层巷道支护方法优化研究，并获得了成功，解决了 35°~55°大倾角中厚松软煤层巷道支护难题。2007 年，该矿又开展了急倾斜煤层综合机械化快速掘进成套技术研究并获得了成功，大大提高了掘进头的单进水平，煤巷月平均进尺达 250 m，最高月进尺达 360.9 m。2008 年，该矿在 5654 急倾斜工作面与广能嘉华公司合作的“45°~60°急倾斜综采液压支架研制”项目，填补了国内急倾斜综采的空白，达到“国内首创，国际领先”水平，被评为川煤集团 2008 年度科技进步特等奖和四川省科技进步一等奖。

（三）狠抓现场管理，高水平建设质量标准化

该矿建立健全了安全管理组织结构，明确了责任制度，认真履行安全生产责任制，将安全压力层层分解，构筑坚固的安全防控监督防线。在安全质量管理的基础上实行全员安全质量风险抵押金制度，狠抓安全质量标准化建设和安全隐患排查治理工作，努力实现动态达标，保证了安全生产可靠性。

神华宝日希勒能源公司露天煤矿

一、基本情况

宝日希勒矿区位于呼伦贝尔市陈旗煤田东部，行政隶属陈巴尔虎旗，上级主管部门为中国神华集团。神华宝日希勒能源有限公司露天煤矿位于矿区西部。海拉黑公路由矿田西侧通过，该公路为本矿主要煤炭地销通道；本矿有一条铁路专用线与公司铁路专用线及滨州线相连，该铁路为本矿煤炭外运主要通道。该矿开采工艺为单斗－汽车工艺。开采设备主要有 35 m^3 电铲 2 台、10 m^3 电铲 4 台、4 m^3 电铲 2 台、108、TR－100 大型车辆 18 台、220 大车 12 台，破碎采用每小时 2000 t 的 2 台一级破碎机和每小时 3000 t 的 1 台一级破碎机。土方剥离初期采用外排，后期实现全部内排。采场地下水采用超前疏干结合坑内强排方式处理。初期设计生产能力为 60 万 t/a，1998 年 9 月开始建设，2000 年 10 月投产，2006 年建设成一条集破碎仓储快速装车为一体的千万吨地面装车系统，现正在建设 2000 万 t 地面生产系统。

二、2009 年矿井主要技术经济指标

生产情况：2009 年实际完成 1305 万 t，土方剥离计划 4400×10^4 m^3，实际完成 4565×10^4 m^3。工资情况：2009 年人均工资总额为 10.3 万元，同比增加 3.31 万元，增长 47.4%。吨工效率：2009 年吨工效率为 77.80 t/工。经济效益：总效益为 40000 万元，成本核算为 43.36 元/t。

三、生产组织和科学管理方面取得的经验和做法

（一）安全生产实现无轻伤及以上各类级别事故

全矿安全生产形势持续稳定，确保了全年安全生产实现无轻伤及以上各类级别事故。为全面巩固质量标准化建设成果，在每月例行检查验收的基础上，逐步实行了动态达标。今年该矿按照要求，对班组建设工作加大投入力度，新建了标准化班组活动场所 240 多平方米，使职工有了较好的活动场所，道路等级也达到新水平。在土方剥离施工工程质量上，每月按照神华特级标准，进行 3 次安全质量标准化检查验收，月末根据平均分按照考核办法

进行奖罚，以此促进了土方队伍的标准化建设工作。

（二）推进本质安全管理体系在露天矿现场实施

一是强力推进体系培训学习，提高每位职工的安全生产意识和素质，加强风险预控管理，将现在的班前会上的危险源辨识，增加到现场的危险源辨识与评估；二是按照集团公司的要求，将本安管理与质量标准化工作单轨考核，将应急管理、重大隐患整改、班组建设等相关内容全部纳入本安管理，拓宽体系实施的安全管理面；三是推进体系实施，在实施中查找不足，用以完善体系，建设完整的、闭环的体系；四是按照体系的评价标准，做到精细化管理，注重实效，形成系统化、科学化和规范化的综合管理体系，彻底改变传统安全管理上的随意性；五是积极倡导安全文化建设，从观念文化、制度文化、行为文化、物态文化4个方面推进体系建设，增强职工学安全、要安全、会安全的信心和决心。

（三）班组建设、“五型”绩效考核和全面预算管理工作落到实处

为做好段队和班组单车承包费用预算工作，对原有设备单车和新进设备定额单耗情况进行梳理和核定。该矿班组建设架构已经建立起来，各班组都已初步建立了各项制度，班组对个人的考核细则也已出台并实施，各班组都能严格按照其自行制定的班组考核细则对班组成员实行日常考核，月末直接按个人日考核成绩兑现其工资，充分发挥经济的杠杆作用，激励职工“上标准岗，干标准活”。

内蒙古平庄煤业（集团）有限责任公司元宝山露天煤矿

一、基本情况

元宝山露天煤矿位于内蒙古自治区赤峰市东 35 km，所在地为元宝山区元宝山镇所辖。露天矿区走向长平均为 4.68 km，倾向宽平均为 2.56 km，面积为 12 km^2。设计年生产能力 500 万 t，核定年生产能力 800 万 t，截止到 2009 年末保有可采储量 27861 万 t，保有服务年限 29 a。

元宝山露天煤矿含煤地层为侏罗系上统元宝山含煤组，煤层赋存深度为：最小 65 m，最大 295 m。本区含煤建造共含 12 个煤组，其中 5、6 两个煤组是本区的主要煤层。元宝山露天井田水文地质情况复杂，主要含水层为第四系潜水含水层。

该矿采用沿煤层倾向拉沟、走向推进的开拓方式，综合开采工艺，即在第四系采用两套能力为 3600 m^3/h（松方）轮斗挖掘机、带式输送机、排土机的连续开采工艺；在含煤地层采用 WK－10 型单斗挖掘机、91 t、68 t 自卸汽车、半固定破碎机及带式输送机的半连续开采工艺，采场坑底标高二区西＋365 m、二区东＋380 m。

二、2009 年技术经济指标完成情况

2009 年煤炭生产销售实际完成 798.93 万 t，剥离实际完成 $2472\times10^4\ m^3$，实际剥采比为 3.09。2009 年吨煤综合售价 179.4 元/t，销售收入 14.4 亿元，企业利润 5.488 亿元。原煤工效达到 36.126 t/工，包机组月平均产量达到 265700 t，员工平均收入 54000 元/人，采区回采率完成 81.2%。2009 年安全生产全年消灭轻伤及二级以上列级事故，实现了安全生产事故为零的历史性突破，质量标准化继续保持一级水平。

三、2009 年安全高效露天矿建设经验

（1）生产组织管理进一步强化，生产效率大幅度提高。一年来，该矿

不断强化生产组织管理，积极推行工长制和值班经理负责制，不断完善、细化各项生产管理，认真开展生产组织考核和绩效考核，严肃生产中断事故考核，真正把考核与责任追究落实到位，紧张、有序、热烈、快节奏的生产氛围进一步得到巩固。

（2）坚定实施加大剥离策略，采场技术面貌极大改观，生产发展后劲十足。近两年来，该矿剥采比分别为3.4、3.09，都大幅度超过计划，实现了超前剥离，今后一段时期，元宝山露天煤矿的剥采比可降至3以下，积蓄了充分的发展后劲。在实际工作中，主要是不断加强生产管理与技术管理的有机结合，认真落实设计意图，突出抓好对生产接续影响较大的重点工程、有效部位，对重点工程进行了重点管理。

（3）经营管理全面加强，内涵增效成效显著，实现了最佳效益年的目标。继续推行内部承包责任制，从无到有地建立了内部定额体系，实施三级核算机制，加大成本管理力度，建立起了一整套比较成形配套的、适合该矿特点的经营管理体系。

（4）强化制度建设，促进科技兴矿工作深入扎实开展。自实行“元宝山露天煤矿科技兴矿奖励办法”以来，该矿坚持在生产和实践中不断进行补充和完善。进一步明确了奖励范围和奖励标准，保证资金的投入，建立物质奖励和精神奖励相结合的激励机制，对有突出贡献的工程技术人员、经营管理人员和技术工人实行重奖；同时，对岗位技术能手、首席员工、信息化先进个人进行了考评，并给予奖励，有效地激励了技术人员和技术工人的工作积极性，推动了该矿科技兴矿工作扎实有效开展。

（5）安全生产为安全高效建设保驾护航，安全工作成效十分显著，质量标准化达到一级水平，截止到2009年12月31日，该矿已实现安全生产“零”事故600多天。元宝山露天煤矿坚持把安全工作放在各项工作的首位，牢固树立以人为本的安全管理理念，狠抓安全管理和质量标准化工作。

华能伊敏煤电有限责任公司露天矿

一、基本概况

伊敏露天矿是华能伊敏煤电有限责任公司所属的煤炭生产单位，是国务院批准的国内第一家煤电联营工程主体配套项目，形成了与坑口电厂煤、电、水、灰、土紧密联系的典型循环经济、节能环保示范模式。露天矿于1982年成立，1983年开始拉沟建设，1984年一采区投产，1991年开始500万t一期工程扩建，2006年新增600万t二期工程开工，并于2007年末投产，现生产能力已达1500万t以上。2010年末三期500万t扩建工程投产后，露天矿年生产能力达到2000万t以上。

2009年完成原煤产量1420.27万t，原煤工效达到84.21 t/工。剥离采用WK－20电铲配套172 t、220 t级卡车的单斗－卡车工艺，原煤生产采用WK－35电铲－自移式破碎机－胶带半连续生产工艺和单斗－卡车工艺。

二、安全高效露天矿建设经验

（一）以人为本，建设本质安全型煤矿

伊敏露天矿始终坚持“以人为本”和“安全发展”的理念，始终牢牢抓住“四个一”，即树立一种理念、提升一种能力、建立一个机制、培育一种文化，努力使企业安全管理做到全方位覆盖、全过程监督、全天候控制。树立“任何事故都是可以避免的”安全管理理念，提升与时俱进的安全生产控制能力，建立符合煤电一体化生产特点的长效机制，培育适应企业发展需要的企业安全文化。

（二）敢为人先，依靠科技推动企业进步

伊敏露天矿在煤炭生产技术管理上积极采用先进技术装备，应用现代科技管理手段，率先在煤炭行业提出并实施数字化露天矿建设（2009年2月已通过部级鉴定），保持了伊敏露天矿生产技术管理手段在行业中的领先地位。伊敏露天矿率先采用GPS卫星定位卡车调度系统，实现了智能优化生产指挥，可提高生产效率8%。数字露天矿应用真三维技术建立矿田模型，在优化开采方案设计方面实现了三维可视化，对传统的采矿设计技术进行了

改进。在输煤、除灰、供排水、供配电系统分别实施了集中监控，提高了系统运行可靠性。开发并应用了采掘设备电气运行数据采集及无线遥测装置，实现了采掘设备的电气运行监测和事故预防。数字露天矿建设获得了2010年中国煤炭工业协会科学技术奖二等奖，在安全技术、组织管理、生产经营等方面发挥了巨大作用。

（三）世界先进采煤工艺的使用

伊敏露天矿积极引进新的开采工艺和技术装备，在二期工程工艺选择上取得新的突破，在国内露天矿采煤作业中率先使用自移式破碎机半连续工艺系统，系统设计生产能力为每小时3000 t，年生产能力900万t。整个系统以电代油，降低了煤炭生产成本，降低了雨雪冰冻等恶劣天气对煤炭生产的影响，减少了煤炭在采装与运输过程中产生的噪声、尾气、扬尘等污染。该系统的引进与消化，推动了该矿煤炭生产向低能耗、高效率、重环保方向跨越式进步。

（四）开发与保护并举，创建节能环保型煤矿

2009年，伊敏露天矿提出了创建节能环保型煤矿，努力建设低消耗、低排放、高效益、高产出的新型煤炭企业，实现资源开发和保护环境“双赢”的目标。露天矿在加强采掘、运输、排土、维修各环节的制度建设和监管的同时，积极推广节能新技术，加大技术改造力度，依托煤电联营优势，发展循环经济，全面推进绿色现代化露天矿建设。

抚顺矿业集团有限责任公司西露天矿

一、基本概况

抚顺西露天矿始建于1914年，至今已有近百年的开采历史。矿区坐落于辽宁省抚顺市西部，南倚海拔214 m的千台山，北临浑河及抚顺石油一厂、水泥厂等企业，东接东露天矿采场，西靠抚顺—本溪公路。矿区交通便利，西距辽宁省省会——沈阳45 km，距省内主要港口——大连450 km，矿内的电气化铁路与国铁相连，所产煤炭由古城子站调入国有铁路大官屯站，经编组后发往各地用户。

抚顺西露天矿属于深、大露天矿。矿坑东西长6.6 km，南北宽2.2 km，矿坑面积10.87 km^2。采深接近426 m，最终采深将达到489 m。

矿田主要生产煤炭和油母页岩富矿两种有益矿物，煤质为长焰煤和气煤，是优质的动力煤，发热量平均为25120 kJ/kg，油母页岩富矿含油率4.7%～14%，发热量平均为6322 kJ/kg，是炼制石油的上等原料。建国后抚顺西露天矿为国家生产煤炭2.7亿t、油母页岩富矿4.9亿t，为国家上缴利税35亿元，为国家经济的发展做出了突出贡献。

该矿目前形成了“分区开采、联合运输、内部排土”新的开采工艺，同时实现了单斗挖掘机—采矿汽车—带式输送机—选煤厂开采工艺环节设备的现代化。开采方法方面采用多沟联合开拓、水平分层、横向推进。

二、2009年安全高效露天矿指标完成情况

百万吨死亡率为0。全年实现利润12277万元，职工人均工资达到5.19万元/(人·年)。采煤、剥离机械化水平达到了100%。采掘关系正常，煤炭采出率达98.12%。原煤生产人员效率达18.8 t/工。包机组月平均产量87083 t，比上年提高了7%。

三、2009年建设安全高效露天矿所做的工作

(1) 完善制度，建立安全管理长效机制。按照国家七部委《关于加强国有重点煤矿安全基础管理的指导意见》要求，矿先后制定下发了安全生

产文件35项，共有312条各种安全管理规定和工作安排，编制了23项应急预案，并先后组织了高段采掘事故、汽车运输事故、煤尘爆炸、锅炉与压力容器爆炸事故等预案的演练共19次。

（2）坚持不懈，开展安全检查隐患治理活动。2009年，矿先后组织安全大检查12次，各系统组织安全专项检查24次，共查出各类安全隐患和安全质量管理问题430件，并且全部按照隐患整改“四定”原则，逐项落实了整改，整改率达100%。着重治理了“边坡、水、火”威胁露天煤矿生产的三大隐患问题。2009年，该矿煤炭产量209万t，按提取费用标准应提取安全费用2885.9万元，实际使用安措资金3096万元，完成工程项目28项。

（3）开展技术创新、管理创新活动，解决了采矿生产过程中的三大难题。一是为解决困扰该矿多年的北帮地表边坡变形危及地面工厂和居民的安全隐患问题，通过实地考察、研究论证、边坡减重、回填压角、拦截地表水等7项技术措施，进行综合治理，实现了该区域边坡稳定，保证了上部区域工厂居民的安全。二是针对多年坑内油母页岩自然发火严重、危及安全生产和造成市区大气环境污染的技术难题，组织科技人员认真研究油母页岩自然发火的机理，制定了防灭火技术措施和方法，实现了坑下无蓝烟、无明火，净化了环境，保证了员工的身心健康。三是该矿为做好2009年防汛工作，全面规划，科学设计，高标准、高质量地打造防排水体制，建立了坑下内排土场、煤炭采区、公路运输相适应的防排水体系，确保了该矿安全度汛。

附录一　王显政会长在“2010年煤炭企业家高层论坛暨行业表彰大会”上的讲话

各位代表，同志们：

今天，我们在这里隆重召开煤炭行业表彰大会，表彰2009年度煤炭工业双十佳煤矿、双十佳矿长、先进煤矿和优秀矿长，表彰2010年度中国煤炭工业协会科学技术奖获奖项目和个人，表彰2010年煤炭工业信息化示范企业、先进单位和个人，命名表彰2009年度煤炭工业安全高效矿井，公布了2010年煤炭行业高级职业经理人。在此，我代表中国煤炭工业协会，向所有受到表彰的单位和个人，表示热烈的祝贺！并通过你们向煤炭战线的全体干部职工，致以崇高的敬意！

两天来，会议安排紧凑，内容丰富，形式多样，达到了预期目的。昨天下午，我们召开新闻发布会，发布了全国煤炭行业企业信用等级评价结果，并对34家通过企业信用评价的煤炭企事业单位授牌。

今天上午，举办了煤炭企业家高层论坛，以企业社会责任与风险控制和可持续发展为主题，8家大型煤炭企业的董事长、总经理发表了精彩演讲。同煤集团通过创新企业战略思路，强化企业社会责任，提升了企业发展能力；开滦集团通过实施企业转型战略，发展具有特色的煤炭物流产业，使百年老矿走上了快速发展之路；兖矿集团通过加强企业内部管控体系建设，有效防范了经营风险，提升了企业的核心竞争力；淮南矿业集团统筹矿区经济、生态、民生协调发展，实现了政府、企业和社会三种资源的优化配置，促进了和谐矿区建设；神华集团通过煤炭企业科学化发展的不懈探索，形成的“神华模式”，已经成为了煤炭行业的共识；冀中能源集团通过开展绿色开采、生态矿山技术研究和实践，为煤炭行业科学发展探索了一条低碳发展思路；盘江煤电公司通过企业资产重组、上市，综合发展实力显著增强；河南煤业化工集团实施煤炭产业延伸发展战略，现代煤化工产业已初具规模。他们在演讲中，紧密结合企业自身发展实践，对企业发展战略性和前瞻性问题进行了深入的探讨，提出的许多新观点、新思路、新举措，使与会代表深受启发。这些企业的成功实践，对全行业深入贯彻落实党的十七届五中全会精神，转变发展理念，创新发展模式，提高发展质量，走资源利用率高、安全有保障、经济效益好、环境污染少的新型工业化道路，具有十分重要的意义。

今天下午，我们还邀请了国务院发展研究中心宏观经济研究部部长余斌研究员，对当前国内外宏观经济形势和明年我国宏观经济趋势进行了精彩解读和分析，为我们准确把握形势、分析宏观经济变化对煤炭行业的影响提供了科学依据。各位代表要紧密结合煤炭企业生产经营管理实际，深刻理解企业家论坛上提出的发展思路、发展模式和发展经验，认真研究本企业内部改革、风险控制、结构调整、转变发展方式的具体途径和方法，为实现煤炭工业健康可持续发展奠定坚实的基础。

下面，我就贯彻落实党的十七届五中全会精神，提升煤炭工业科学化发展水平等方面，谈几点意见。

一、“十一五”时期是我国煤炭工业发展最快的五年，各项工作取得了长足的发展和进步

“十一五”期间，在我国宏观经济持续向好和相关政策支持下，煤炭行业科学化发展理念不断深化，市场化改革取得重大进展，结构调整步伐加快，自主创新能力增强，煤炭产量大幅增长，建立了矿区环境恢复与治理机制，煤矿安全生产形势稳定好转，对外开放稳步推进，有力地保障了国家煤炭稳定供应，同时，煤炭工业面貌发生了巨大变化。

（一）煤炭工业发展理念发生了较大变化。“十一五”期间，煤炭行业最大的变化就是理念的变化。全行业更加注重科学发展，加强发展战略研究，超前谋划，形成了比较清晰的发展思路；更加注重煤炭市场化改革，推进煤炭成本完整化，基本建立了市场化的价格形成机制；更加注重煤矿安全生产，加大煤矿安全投入，促进了安全生产形势的稳步好转；更加注重绿色开采和生态矿山建设，从设计理念更新入手，建设大型现代化煤矿，发展循环经济，促进了上下游产业协调发展；更加注重民生与和谐社会建设，提高煤矿职工收入水平，职工生活质量有了较大改善；更加注重扩大开放，充分利用“两种资源和两个市场”，我国由传统的煤炭出口国转为净进口国，煤炭企业“走出去”战略取得进展。

（二）行业自主创新能力增强。“十一五”以来，煤炭行业完成国家863计划、973计划等科研项目31项，重点科研课题336个；实施国家科技大型示范工程项目13个。建成一批企业技术中心，其中国家级技术中心12

个。2006—2010 年共计评审出煤炭工业协会科技奖 974 项，获得国家科技进步奖 30 项。煤矿装备国产化水平不断提高，具有世界先进水平和自主知识产权的煤炭直接液化和煤制烯烃技术取得突破，煤矿充填开采、矿区环境治理等绿色开采技术研发取得进展。神华集团特大型矿区群资源与环境协调开发、晋城煤层气开发与关键技术产业化、大同塔山循环经济工业园区建设等重大工程项目取得成功。我会提出的《关于加快推进大型现代化煤矿建设的指导意见》、《关于推进煤炭行业发展循环经济促进节能减排工作的指导意见》，形成了行业共识。

（三）结构调整取得重大进展。全国煤矿数量由 2005 年的 2.48 万处减少到目前的 1.5 万多处，平均单井规模由 9.6 万吨提高到 20 万吨；大型煤炭基地产量达到 26 亿吨，占全国的 87%；年产量超过千万吨的企业由 2005 年的 30 家、总产量 8.1 亿吨、占全国的总产量的 35.8%，提高到 2009 年的 43 家、总产量 17.28 亿吨、占全国的 58.12%；2009 年，年产量超亿吨的企业有 2 家，超 5000 万吨的有 7 家；年产 120 万吨以上的大型煤矿由 2005 年的 285 处、核定能力 8.43 亿吨、占全国煤矿总核定能力的 37.3%，增加到 2009 年的 434 处、核定能力 12.63 亿吨、占全国总能力的 50.6%；煤炭企业多元产业发展格局初具规模，煤电一体化发展进程加快，新型煤化工产业逐渐兴起，初步建立了煤炭上下游产业联合发展机制，多数大型煤炭企业非煤产业产值已超过 50% 以上。

（四）煤炭供应能力大幅提高。全国煤炭产量由 2005 年的 23.97 亿吨，增加到 2009 年的 29.73 亿吨，增长 24%。全国煤炭铁路运量由 2005 年的 10.7 亿吨增加到 2009 年的 17.5 亿吨，预计今年达到 19 亿吨；主要港口煤炭转运量由 3.7 亿吨增加到 4.7 亿吨，预计今年将达到 5.5 亿吨。煤炭进出口由 2005 年的净出口 4555 万吨转为 2009 年的净进口 1.02 亿吨，预计今年净进口 1.2 亿吨以上。煤炭在我国一次能源生产和消费结构中的比重为 77.2%、70.3%。我国煤炭产量和消费量分别占世界总量的 45.6% 和 46.7%。

（五）煤炭行业在保障国家煤炭供应的同时，为和谐社会建设做出了较大贡献。初步统计，全国规模以上煤炭企业安排就业 570 多万人，为 2000 多万人提供了生活保障。大型煤炭企业积极利用国家支持政策，加大棚户区改造投入，一大批煤矿工人喜迁新居；职工年平均收入由 2005 年的 2.15 万元提高到 2009 年的 4.16 万元，增长了 93.5%。如同煤集团计划投资 100 多亿元，用 3～5 年时间，彻底解决 10 万户、30 万员工家属的居住条件，目前一、二期工程已经完工，7万户居民喜迁新居，三期工程已经开工；淮南矿业集团已累计投入棚户区改造资金20亿元，已建成2000栋、500万平方米楼房，回迁安置4.5万户，2009年以来又开工400万平方米，预计今年职工平均收入达到7.2万元，为和谐矿区建设做出了巨大贡献。

（六）对外开放水平提高。兖州煤业收购澳大利亚菲利克斯资源公司，开滦集团在加拿大开展煤炭资源并购取得成功，神华集团在印尼投资年产150万吨露天煤矿开工建设，江西煤炭集团在印尼形成了年产120万吨产量规模，以及徐州、中煤地质总局等企事业单位都在积极开展境外资源开发工作。中煤装备、郑煤机、三一重装等煤机企业的技术装备已出口到主要产煤国家，取得了良好的信誉。

（七）煤矿安全生产形势稳步好转。全国煤矿死亡人数由最高的6597人大幅下降到2009年的2631人。全国煤矿百万吨死亡率由2005年的2.77下降到2009年的0.892，首次降至1.0以下。其中，原国有重点煤矿由0.919降至0.374，国有地方煤矿由1.993降至0.809，乡镇煤矿由5.158降至1.689。

这些成绩的取得是党中央国务院正确领导的结果，是国家有关部门和地方政府相关政策措施支持的结果，是煤炭行业全体干部职工勇于开拓、不断创新、努力奋斗的结果，这些成绩来之不易，取得的经验弥足珍贵，为今后一个时期加快煤炭工业健康可持续发展奠定了基础、增强了信心。

二、认真贯彻落实党的十七届五中全会精神，抓住发展机遇，积极应对挑战，推进煤炭工业健康可持续发展

综合判断国际国内形势，当前和今后一个时期，我国发展仍处于可以大有作为的重要战略机遇期，既面临着难得的历史机遇，也面对诸多可以预见和难以预见的风险挑战。进入新的历史时期，煤炭行业发展的外部环境逐渐改善，煤炭工业仍具有较广阔的发展空间和新的发展机遇。

（一）“十二五”时期是煤炭工业转型发展的关键时期，机遇与挑战并存。从发展机遇看，一是总量增长的机遇。综合判断国际国内形势，我国发展仍处于可以大有作为的战略机遇期，工业化、信息化、城镇化、市场化、国际化深入发展，市场需求潜力巨大。初步预测，到2015年，全国煤炭消费总量将达到38亿吨左右，较2009年净增8亿吨左右。我国煤炭资源总量约为5万亿吨，其中已探明资源储量占一次能源资源总量的94%左右，决定了煤炭作为我国主体能源的地位很难改变。据有关机构预测，到2015年，全国能源消费总量将达到41亿吨左右标准煤，煤炭占一次能源消费比重的64%左右。在今后较长时期内，虽然煤炭在一次能源结构中的比重下降、增幅回落，但总量还将保持增长态势。二是科技创新的机遇。随着我国煤炭科技进步加快，自主创新能力提高，新技术、新工艺、新装备不断涌现，电液控制阀等关键部件逐步实现国产化，千万吨大型煤矿技术装备制造能力提高；一些制约煤炭工业发展的基础理论、关键技术逐渐被攻破，煤炭清洁开采、高效低碳利用技术研发取得成功，促进煤炭生产效率提高，安全保障程度增强，产业结构优化，发展方式科学，内生发展动力增强，煤炭工业发展的空间更加广阔。三是结构优化的机遇。通过进一步推进煤炭结构调整，大型煤炭企业集团快速发展，产业组织结构不断优化，企业的市场主体地位增强，企业规模效益逐渐显现；建设大型煤炭基地，促进产业集群发展，产业结构不断优化，上下游产业衔接更加紧密，互利共赢发展趋势明显；以煤为基础多元联合发展，煤电、煤化工、煤建材等产业发展更加成熟，产品结构不断优化，产业链延伸、附加值提高，为稳步提升煤炭经济运行质量奠定了较好基础。四是政策支持的机遇。近年来，国家出台相关政策措施，有力地支持了煤炭工业健康发展。煤矿提取安全生产费用政策，为煤矿安全提供了资金保障。初步统计，全国煤矿已累计提取煤矿安全生产费用超过1800多亿元。国家推进煤炭市场化改革，取消政府主导的订货制度，放开煤炭价格，为推进煤炭市场化发挥了重要作用。国家出台棚户区改造和采煤沉陷区治理政策，使长期生活在棚户区的矿工生活条件和矿区环境得以改善。有的产煤省区政府也配套出台了一系列政策，支持煤炭企业发展。如安徽省出台支持政策，煤矿安全费用上不封顶，将煤炭资源价款省级分成部分返还给煤炭企业。国家和地方政府出台的这些有利于煤炭工业健康发展的政策措施效果，将在“十二五”期间逐渐显现，为煤炭行业发展营造了良好的外部环境。五是运输瓶颈缓解的机遇。根据中国铁路网建设规划，规划新建铁路4.1万公里。将重点强化“三西”地区煤炭下海和铁路直达中南、华东内陆地区通道建设。规划新建内蒙古中西部、山西中南部煤炭运输通道和乌鲁木齐—哈密—兰州铁路干线等，全国煤炭铁路运输网将逐渐完善。沿海主要港口煤炭转运能力增加，国家和地方一批大型煤炭储备基地逐步建成。“十二五”期间，煤炭供应保障能力和供应效率将大幅提高，运输瓶颈制约将逐渐得到缓解。

从面临的挑战看，一是煤炭结构性过剩压力增大。近年来，在市场需求的拉动下，煤炭产量持续大幅增长，且煤炭生产越来越向晋陕蒙宁等西部地区集中，煤炭生产供应区与主要消费区的距离增加，煤炭结构性过剩的压力加大。二是安全生产与生态环境的压力增大。我国煤层埋藏深、自然灾害多，高强度开发，矿井深度增加，条件越来越复杂，煤矿安全压力加大。在全球气候变化加剧、碳减排压力加大的背景下，我国高强度地生产和消费煤炭，温室气体排放居高不下；高强度开发煤炭资源，富煤地区环境承载能力面临挑战。煤炭工业发展面临资源和环境的双重约束。三是生产力总体水平低，转变发展方式的任务艰巨。我国煤炭基础理论研究滞后，煤矿大型装备和关键部件的国产化程度偏低，自主创新能力不高；近年来，以煤为基础的多元产业格局逐步形成，但仍然面临技术、资金、人才等诸多因素制约，结构调整、转变发展方式的任务依然艰巨。四是煤炭行业管理弱化的问题突出。随着新一轮政府机构调整，一些主要产煤省区相继调整了煤炭管理职责，将原来煤炭工业局的行业管理职能划分到多个部门，行业管理弱化的问题突出，建立统一、精简效能和权威的行业管理体制尚需努力。

站在新的历史起点，进入新的发展阶段，煤炭工业发展的机遇与挑战并存，希望与困难同在。我们要认清形势，增强机遇意识和忧患意识，认真贯彻落实科学发展观，以更广阔的视野，沉着应对，有效化解矛盾，破解发展难题，努力构建新型煤炭工业体系，提升煤炭行业科学化发展水平。

（二）以提升煤炭工业科学化发展水平为核心，理清发展思路。提升煤炭工业发展科学化水平，就是要以转变发展方式、加大煤炭工业结构调整为主线，建设大型煤炭基地，组建大型煤炭企业集团；推进煤炭科技进步，提高自主创新能力；建设大型现代化煤矿和安全高效矿井，淘汰落后产能；推行绿色开采，建设生态矿山；强化安全生产，提高煤矿安全保障能力；推进煤炭市场化改革，提高对外开放水平；建设和谐矿区，提高职工生活质量；构建资源利用率高、安全有保障、经济效益好、环境污染少、健康可持续发展的新型煤炭工业体系。

树立煤炭科学产能理念，稳定东部、巩固中部、加大西部开发力度，提高资源可持续开发能力。推进煤炭行业管理体制和机制创新，发挥科技创新的支撑作用，推进煤炭资源整合与兼并重组，加快建设大型煤炭基地、大型现代化煤矿和安全高效矿井，促进煤炭上下游产业协调发展，提高煤炭安全保障能力。统筹矿区煤与共伴生资源的综合开发，推广应用绿色开采技术和矿区环境恢复与治理技术，推进煤炭清洁高效利用。建立煤矿安全生产长效机制，推行煤炭行业准入制度，保护煤矿工人职业健康，提高职工收入水平。坚持改革、扩大开放，研究建立适应新形势的煤炭交易体系和煤炭储备机制的思路和方式，建立煤炭企业与用户战略合作关系；加强国际交流与合作，加强世界主要产煤国家资源开发政策研究，为我国煤炭企业实施“走出去”提供支撑。

（三）以转变发展方式为主线，需要正确处理好四个关系，努力实现五个转变。四个关系是：一是正确处理好总量与结构的关系。要以结构调整为切入点，控制煤炭总量过快增长，提高煤炭经济运行质量；以市场为导向，开发研制适销对路产品，形成新的经济增长点。二是正确处理好生产与消费的关系。要加强煤炭需求侧管理，促进煤炭清洁高效利用。支持发展煤炭高效、清洁利用技术与工艺；鼓励按煤炭品种、用途对口消费，提高煤炭综合利用效率。三是正确处理好环境与产量的关系。树立以矿区环境容量确定煤炭产量的理念。发展以煤矸石充填、保水采煤为主的绿色开采技术，支持资源综合利用，控制污染物排放，努力维护矿区生态平衡。四是正确处理好大基地建设与中小骨干矿的关系。建立全国煤炭资源开发功能区的概念，在资源条件较好的地区，建设国家大型煤炭生产供应基地，推进千万吨级矿井和大型现代化煤矿建设；在缺煤地区，坚持统一标准，严把入口，根据资源条件对矿井建设规模实行分类指导，以中小骨干矿井为补充，提高区域煤炭供应能力。

五个转变是：一是要实现由产量速度型向质量效益型转变。“十二五”期间，要抓住结构调整、转变发展方式的有利时机，创新发展模式，转变发展思路，努力实现煤炭行业由产量速度型向质量效益型转变，提高发展能力。二是要实现由单一煤炭生产向煤炭综合利用、深加工方向转变。结合我国煤炭资源开发与消费布局特点，以资源开发生产为龙头，发展新兴产业，提升煤炭价值空间；推动煤炭上下游产业一体化发展，拓展行业发展空间；推进煤炭深加工转化，提高原煤入选比例，支持现代煤化工技术发展，促进煤炭产业升级。三是要实现由粗放的煤炭开采向以高新技术为支撑的安全高效开采转变。加大煤炭行业重大基础理论和关键性技术研究，推动煤矿由传统的生产方式向大型化、现代化、自动化、信息化的方向转变，煤炭企业管理由经验决策转向信息化、系统化、科学化决策上来，推动传统的煤炭产业向安全高效生产、清洁高效利用方向发展。四是煤矿安全要实现由控制伤亡事故向职业安全转变。坚持以安全为前提，把煤炭工业发展建立在煤矿安全状况不断改善、全行业职业健康水平不断提高的基础上，实现安全生产与煤炭经济建设、产业结构调整优化、企业规模效益和市场竞争能力等同步发展，逐步把煤炭行业建设成为一个安全的行业，一个劳动者生命安全和身体健康得到切实保障的行业，一个全面协调可持续发展的行业。五是要实现由资源环境制约向生态环境友好型转变。“十二五”期间，煤炭行业必须坚持循环经济发展理念，推动节能减排工作，加快科技创新和新技术研发，推进煤矿绿色开采，建立矿区生态环境恢复与治理机制，以最小的资源和环境消耗，支撑国民经济又好又快发展。

三、当前行业发展需要密切关注的几个问题

第一，要密切关注煤炭结构性过剩问题。今年前 10 个月，全国煤炭产销量保持较快增长，但消费增幅逐月放缓，煤炭库存增加，市场供求基本平衡，企业经济效益提高，经济运行质量稳步提升。初步统计，前 10 个月，全国原煤产量累计完成 27.36 亿吨，同比增加 3.6 亿吨，增长 15.2%；煤炭销量累计完成 26.32 亿吨，同比增加 3.82 亿吨，增长 17%。前三季度，全国累计煤炭净进口 1.07 亿吨，同比增长 55.56%。全国大型煤炭企业实现利润总额 1293 亿元，同比增加 413 亿元，增长 47%。

从今年以来全国煤炭市场供需形势分析，今年后两个月和明年煤炭市场总体上仍将保持供求平衡、相对宽松、结构性过剩与紧张并存态势，但过剩的问题将更加突出。得出这个判断主要是基于以下“四个迹象”和“五个趋势”。

“四个迹象”：一是煤炭库存处于高位。截至目前，全社会煤炭库存高位运行已长达 22 个月，煤炭库存在 2.0 亿吨以上。重点电厂库存大幅增加。截止到 11 月 7 日，全国重点电厂煤炭库存 6228 万吨，可用 20 天。二是煤炭企业货款拖欠继续增加。8 月末，全国规模以上煤炭企业应收账款 1812.9 亿元，同比增长 38.9%。其中大型煤炭企业应收账款 1076.7 亿元，同比增长 26.9%。三是煤炭用户订货主动性不高。今年以来，煤炭市场一直处于比较平稳的态势，市场供应处于宽松的态势。目前，已进入冬储煤和年度煤炭产运需衔接时期，与往年相比订货动静不大。四是高耗能产业快速发展的势头得到有效抑制。今年第三季度以来，受“十一五”节能减排目标约束，煤炭需求增长明显趋缓。

“五个趋势”：一是煤炭供应能力继续保持增加趋势。目前，主要产煤地区、大型煤炭企业继续加大煤矿建设投资，改造提升煤矿生产能力。初步调查，到 2015 年，按照主要产煤省的规划产量，全国煤炭产量将超过 42 亿吨。各主要产煤省、各大煤炭企业发展规划思路，大都延续了前几年的产量增长趋势。二是国家节能减排政策压力大，煤炭需求增幅呈下降趋势。国家

加大节能减排政策执行力度，淘汰落后产能，电力、钢铁、重化工等高耗能产业煤炭需求增幅趋缓。三是能源结构调整，煤炭比重呈下降趋势。国家加大能源结构调整，风能、水能等可再生能源增加，核能等新能源快速发展，天然气等优质能源供应能力增强，煤炭消费比重相对下降。四是煤炭进口量居高不下，呈增长趋势。受世界经济增长乏力，煤炭需求增长继续放缓影响，澳大利亚、印尼等主要产煤国家纷纷加大对我国煤炭出口，我国煤炭资源供应宽松。五是全国铁路运输能力提高，运输瓶颈制约呈减弱趋势。国家加大铁路运输干线建设，煤炭运输能力增强，供应保障能力提高。

第二，要密切关注煤炭价格波动问题。近期，煤炭市场出现了新一轮的价格上涨趋势，受到了政府有关部门、煤炭用户和社会各界的普遍关注。在目前全社会煤炭库存仍处高位，主要煤炭用户库存居高不下，市场供需基本平衡的情况下，为什么出现价格较大波动上扬，主要从以下几个方面分析。一是国际货币流动性大幅增加，推动国际石油等大宗商品价格上涨，带动煤炭价格上扬。布伦特轻质原油期货价格由 8 月 12 日的 75.4 美元/桶，上升到 11 月 11 日的 88.72 美元/桶；澳大利亚 BJ 动力煤价格由今年 8 月 12 日的 92.12 美元/吨，缓慢调整到 10 月 14 日的 95.75 美元/吨，两个月提高了不足 4 美元/吨，而在近一个月的时间内，出现了大幅上涨，到 11 月 11 日，达到了 106.7 美元/吨，提高了 11 美元/吨。二是我国煤炭市场与国际市场基本接轨，价格出现了同步波动。受国际煤炭价格上涨影响，带动国内煤炭价格上调。秦皇岛港 5500 大卡动力煤平仓价格由 8 月 16 日的 730 元/吨经过了 15 元/吨的小幅下调后，10 月 13 日又恢复到了 730 元/吨；到 11 月 11 日，价格上调至 780～790 元/吨，提高了 50～60 元/吨。三是对煤炭市场的心理预期发生了变化。受前段时间传言可能出现极寒气候的影响，对今冬明春煤炭市场供应偏紧的预期增加。四是重点用户年度订货不足，市场煤采购量大，进入用煤高峰，集中采购市场煤，拉动价格上涨。

虽然现阶段煤炭市场价格上涨有其外部推动和内部客观因素的影响，但是，我们必须看到，当前全国煤炭市场供求基本平衡，库存仍处高位，结构性过剩压力较大。对此，我们必须要有充分的认识，煤炭企业特别是大型煤炭企业要加强行业自律，充分体现社会责任，根据市场规律，综合考虑企业成本、供求关系、社会平均利润水平、与用户的战略合作关系等因素，把煤炭价格控制在比较合适的水平；要充分认识到大幅调整煤炭价格对下游行业、对煤炭企业加强内部管理和对社会的影响，切实承担起稳定价格、维护市场秩序、保障煤炭安全稳定供应的社会责任。

第三，要密切关注煤化工产业发展问题。发展煤化工产业特别是发展新型煤化工产业是基于我国富煤缺油少气资源特点的战略选择，是调整煤炭产业结构，转变煤炭经济发展方式，实现煤炭资源清洁、高效、低碳利用的重要途径。但煤化工产业规模效益明显，是人才、技术和资金密集型产业，受水资源、环境容量和社会成本等多种因素的制约和影响。近年来，我国煤化工产业快速发展，出现了盲目、无序、过热的态势，必须引起高度关注。目前全国已建成煤制甲醇产能3000多万吨，占全球甲醇总产能的50%左右，而整体开工率不足50%；煤制油产能目前只有140万吨，规划产能超过4000万吨，盲目发展势头显现；煤化工产业布局不合理，主要产煤地区"逢煤必化"问题突显；大型煤气化技术重复引进，我国企业承受着巨大的投入和风险。

面对当前煤化工产业发展过热形势，全行业必须要保持清醒头脑，统筹规划，科学确定发展方向，引导和规范煤化工产业健康发展。要从战略发展高度科学决策。统筹考虑煤炭资源品种、区域生态环境容量、水资源供应能力、技术和工艺的成熟度、产品市场的竞争力和企业经济效益等，加强战略研究，合理布局，科学决策。要从国际化发展角度把握煤化工产业方向。瞄准国际上先进的煤化工技术和工艺，着力推进现代煤化工产业发展，大力发展洁净煤技术、先进的煤转化技术以及节能、降耗、减排、治污等新技术的集成应用；要在引进技术和装备的基础上，加大具有自主知识产权的技术研发和工业化示范；要推进矿化一体化、基地化、大型化、现代化，实施集约化经营，促进煤化工产业科学发展。煤炭企业要严格执行国家相关煤化工发展政策，根据企业自身发展实际，选择成熟技术和工艺、适合产品，以水定化，适度发展，规避企业风险，为加快煤炭结构调整，转变经济发展方式，提高企业综合实力奠定坚实的基础。

同志们，我国煤炭工业已经进入一个新的发展时期，挑战与机遇并存，困难与希望同在。让我们紧密团结在以胡锦涛同志为总书记的党中央周围，认真贯彻落实党的十七届五中全会精神，坚持依靠科技进步，推动自主创新，优化产业结构，切实转变煤炭经济发展方式，勇于开拓，锐意改革，脚踏实地，团结奋进，为促进煤炭工业健康可持续发展做出新的更大的贡献！

谢谢大家。

2010年11月

附录二　2009年度煤炭工业安全高效矿井（露天）验收工作发现的主要问题

一、部门矿井存在的问题

对于部分矿井存在2010年发生死亡3人以上的事故，个别矿井指标达不到评审标准等情况，验收组均给出不予通过的验收意见。

二、应立即整改的主要问题

（1）部分矿井电器设备接地极不符合要求；

（2）部分矿井工作面个别支架串液、漏液，初撑力低于规定要求；个别支架间隙大，存在漏矸现象；个别支架顶梁接顶不实等现象；

（3）个别矿井工作面粉尘偏大，应进一步加强治理；

（4）个别矿井工作面运输巷超前维护内顶板压力大，应加强顶板管理；

（5）部分煤矿采煤工作面、掘进工作面局部片帮超过作业规程规定；

（6）部分矿井开采深度深，地压问题比较突出，巷道支护困难，支护方式较复杂，建议进一步健全矿压观测管理制度，做好矿压观测预报，不断优化支护设计，确保巷道支护质量；

（7）个别矿井受水害影响较重，需要加大矿井防治水设备、工程投入和科研攻关力度；

（8）随着矿井开采水平的延伸、开采深度的增加，部分矿井监测数据及资料显示局部有瓦斯富集现象，部分矿井瓦斯涌出量有增大的趋势，应加强对一通三防的管理；

（9）个别矿井综采工作面进、回风巷测风站设置在巷道拐弯处，不符合标准；

（10）部分矿井工作面局部顶板破碎，应加强支护；个别矿井存在工作面过断层，顶板较破碎现象，应加强顶板控制；

（11）部分煤矿开采煤层煤尘有爆炸性、自然发火倾向性，应加强管理，预测预报；

（12）个别露天矿存在部分边坡较陡、岩石掉块现象，建议设置滚石防护网等安全保护设施。

三、应加强管理的主要问题

（1）个别煤矿回收率管理制度不完善；

（2）个别矿井个别月份生产组织不均衡；

（3）个别矿井井下劳动定员管理制度不完善，缺少个别工种定员管理制度；

（4）部分矿井信息化管理制度不完善，缺少重大危险源管理制度及职业健康管理体系制度；

（5）部分矿井原煤工效、采掘机械化程度原始资料填写不规范。

附录三　中国煤炭工业协会关于命名2009年度煤炭工业安全高效矿井（露天）的决定

中煤协会行调［2010］201号

近年来，煤炭行业企业以科学发展观为统领，以建设安全高效矿井为目标，加强管理，强化责任，不断加快安全高效矿井建设步伐，进一步增强了企业的核心竞争力，促进了企业科学发展、安全发展、有效发展、和谐发展。

根据《煤炭工业安全高效矿井（露天）评审办法》，中国煤炭工业协会在组织专家评审、验收和公示的基础上，决定命名神华神东煤炭集团哈拉沟煤矿等359处煤矿为2009年度煤炭工业安全高效矿井（露天）。其中：特级安全高效矿井（露天）117处；行业一级矿井（露天）160处；行业二级矿井（露天）82处。

这些煤矿依靠科技进步，注重安全管理，科学组织生产，不断提高技术装备水平，努力推进矿井健康可持续发展。359处安全高效矿井（露天）共生产原煤10.17亿吨。其中349处井工矿产量9.05亿吨，平均生产规模259.4万吨，综合单产14.8万吨/(个·月)，原煤工效15.0吨/工，单井盈利2.49亿元，百万吨死亡率0.047，绝大部分矿井实现了一井一面（两面）集中生产，达到世界先进采煤国家的安全生产管理水平。10处露天矿产量1.12亿吨，平均生产规模1121万吨，综合单产21.8万吨/(个·月)，原煤工效71.5吨/工，剥采比1∶4.5，单矿盈利7.05亿元，百万吨死亡率0.009。

希望被命名的安全高效矿井（露天）在今后的工作中，再接再厉，继续努力，逐步实现煤矿生产规模化、技术装备现代化、队伍专业化和管理信息化，为我国煤炭工业的发展做出新的更大的贡献。希望全国煤炭企业能够以这些煤矿为榜样，取长补短，不断加大技术投入，优化生产布局，创新生产工艺，逐步提高发展质量，实现企业的安全、高效生产。

建议各煤炭企业建立安全高效矿井激励机制，对在创建过程中做出突出贡献的单位和个人，给予精神和物质的奖励。

附件：2009 年度煤炭工业安全高效矿井（露天）名单

附件　2009 年度煤炭工业安全高效矿井（露天）名单

序号	煤　矿　名　称	级别
1	神华神东煤炭集团哈拉沟煤矿	一级
2	神华神东煤炭集团上湾煤矿	特级
3	神华神东煤炭集团补连塔煤矿	特级
4	神华神东煤炭集团大柳塔矿活鸡兔井	特级
5	神华神东煤炭集团榆家梁矿	特级
6	神华神东煤炭集团石圪台煤矿	特级
7	神华神东煤炭集团大柳塔矿大柳塔井	特级
8	神华神东煤炭集团锦界煤矿	特级
9	神华神东煤炭集团万利一矿	特级
10	神华神东煤炭集团保德煤矿	特级
11	神华神东煤炭集团乌兰木伦煤矿	特级
12	神华神东煤炭集团柳塔煤矿	特级
13	神华神东煤炭集团金烽寸草塔矿	一级
14	神华神东煤炭集团寸草塔矿	特级
15	神华神东煤炭集团唐公沟矿	特级
16	神华宁煤集团公司任家庄煤矿	特级
17	神华宁煤集团公司羊场湾煤矿	特级
18	神华宁煤集团公司灵新煤矿	特级
19	神华新疆能源公司小红沟煤矿	特级
20	神华新疆能源公司大洪沟煤矿	特级
21	神华新疆能源公司碱沟煤矿	特级
22	神华新疆能源公司铁厂沟煤矿	特级
23	神华乌海能源公司露天煤矿	特级
24	神华乌海能源公司蒙西煤化棋盘井煤矿	一级
25	神华包头矿业公司阿刀亥煤矿	一级

（续）

序号	煤　矿　名　称	级别
26	中煤平朔公司安太堡井工矿	特级
27	中煤平朔公司安家岭二号井工矿	特级
28	中煤平朔公司安家岭一号井工矿	特级
29	中煤大屯公司姚桥煤矿	特级
30	中煤大屯公司龙东煤矿	一级
31	中煤大屯公司徐庄煤矿	一级
32	中煤大屯公司孔庄煤矿	一级
33	中煤山西东坡煤业公司	特级
34	中煤陕西南梁矿业公司	一级
35	河北开滦集团唐山矿业分公司	二级
36	河北开滦集团范各庄矿业分公司	特级
37	河北开滦集团钱家营矿业分公司	一级
38	河北开滦集团蔚州公司崔家寨矿	一级
39	河北开滦集团荆各庄矿业分公司	二级
40	河北开滦集团吕家坨矿业分公司	二级
41	河北开滦集团东欢坨矿业分公司	一级
42	河北开滦集团蔚州公司单侯矿	二级
43	河北开滦集团林南仓矿业分公司	二级
44	河北冀中能源集团冀中股份东庞矿	特级
45	河北冀中能源集团冀中股份邢东矿	特级
46	河北冀中能源集团冀中股份邢台矿	一级
47	河北冀中能源集团冀中股份显德汪矿	二级
48	河北冀中能源集团冀中股份章村矿	二级
49	河北冀中能源集团冀中股份葛泉矿	二级
50	河北冀中能源集团邯矿集团云驾岭矿	一级
51	河北冀中能源集团邯矿集团郭二庄矿	一级
52	河北冀中能源集团邯矿集团亨健矿	二级
53	河北冀中能源集团张矿集团官板乌素煤矿	一级
54	河北冀中能源集团张矿集团长城矿业公司	二级
55	河北冀中能源集团张矿集团康保张纪井	二级

（续）

序号	煤　矿　名　称	级别
56	河北冀中能源集团峰峰集团梧桐庄矿	一级
57	河北冀中能源集团峰峰集团万年矿	一级
58	河北冀中能源集团峰峰集团黄沙矿	一级
59	河北冀中能源集团峰峰集团新三矿	一级
60	河北冀中能源集团峰峰集团大淑村矿	一级
61	河北冀中能源集团峰峰集团薛村矿	二级
62	河北冀中能源集团峰峰集团羊渠河矿	二级
63	河北磁县申家庄煤矿	一级
64	内蒙古扎赉诺尔煤业公司铁北煤矿	特级
65	内蒙古扎赉诺尔煤业公司灵泉煤矿	二级
66	内蒙古平庄煤业集团老公营子煤矿	特级
67	内蒙古平庄煤业集团六家煤矿	一级
68	内蒙古平庄煤业集团红庙煤矿	一级
69	内蒙古平庄煤业集团风水沟煤矿	二级
70	内蒙古平庄煤业集团古山煤矿三井	二级
71	内蒙古大雁矿业集团第二煤矿	一级
72	内蒙古大雁矿业集团第一煤矿	一级
73	内蒙古大雁矿业集团雁南煤矿	一级
74	内蒙古伊泰集团纳林庙煤矿二号井	特级
75	内蒙古伊泰集团宏景塔一矿	特级
76	内蒙古伊泰集团纳林庙煤矿一号井	一级
77	内蒙古伊泰集团丁家渠煤矿	一级
78	内蒙古伊泰集团宝山煤矿	一级
79	内蒙古伊泰集团大地精煤矿	一级
80	内蒙古伊东集团东圪堵煤矿	特级
81	内蒙古伊东集团宏测煤炭公司	二级
82	内蒙古伊东集团沙咀子煤炭公司	一级
83	内蒙古伊东集团宏鑫煤炭公司	二级
84	内蒙古伊东集团窑沟扶贫煤炭公司	一级
85	辽宁铁法能源公司大平矿	特级

（续）

序号	煤　矿　名　称	级别
86	辽宁铁法能源公司大兴矿	特级
87	辽宁铁法能源公司小青矿	特级
88	辽宁铁法能源公司晓南矿	特级
89	辽宁铁法能源公司小康矿	特级
90	辽宁铁法能源公司大隆矿	特级
91	辽宁铁法能源公司晓明矿	一级
92	辽宁铁法能源公司大明矿	二级
93	辽宁沈阳煤业集团红阳三矿	特级
94	辽宁沈阳煤业集团西马矿	二级
95	辽宁沈阳煤业集团红菱矿	一级
96	辽宁抚顺矿业集团老虎台矿	一级
97	辽宁阜新矿业集团恒大煤业公司	一级
98	山西同煤集团塔山煤矿	特级
99	山西同煤集团四台矿	特级
100	山西同煤集团马脊梁矿	特级
101	山西同煤集团云冈矿	特级
102	山西同煤集团晋华宫矿	特级
103	山西同煤集团燕子山矿	一级
104	山西同煤集团同家梁矿	一级
105	山西同煤集团四老沟矿	一级
106	山西同煤集团小峪矿	一级
107	山西同煤集团忻州窑矿	二级
108	山西同煤集团朔煤王坪煤电公司	二级
109	山西同煤集团大斗沟煤业公司	一级
110	山西同煤集团白洞煤业公司	一级
111	山西同煤集团雁崖煤业公司	一级
112	山西同煤集团轩煤焦家寨矿	二级
113	山西同煤集团永定庄煤业公司	一级
114	山西同煤集团东周窑矿	二级
115	山西同煤集团轩煤刘家梁矿	二级

（续）

序号	煤 矿 名 称	级别
116	山西同煤集团杏儿沟煤业公司	二级
117	山西同煤集团马口矿	二级
118	山西焦煤霍州煤电集团店坪煤矿	一级
119	山西焦煤霍州煤电集团辛置煤矿	一级
120	山西焦煤霍州煤电集团三交河煤矿	一级
121	山西焦煤霍州煤电集团干河煤矿	一级
122	山西焦煤霍州煤电集团团柏煤矿	二级
123	山西焦煤霍州煤电集团李雅庄煤矿	一级
124	山西焦煤霍州煤电集团曹村煤矿	二级
125	山西焦煤西山煤电集团马兰矿	特级
126	山西焦煤西山煤电集团西曲矿	一级
127	山西焦煤西山煤电集团东曲矿	一级
128	山西焦煤西山煤电集团杜儿坪矿	一级
129	山西焦煤西山煤电集团镇城底矿	一级
130	山西焦煤西山煤电集团白家庄矿业公司	二级
131	山西焦煤汾西矿业集团双柳煤矿	特级
132	山西焦煤汾西矿业集团新阳煤矿	一级
133	山西焦煤汾西矿业集团新柳煤矿	一级
134	山西焦煤汾西矿业集团新峪煤业	一级
135	山西焦煤汾西矿业集团贺西煤矿	一级
136	山西焦煤华晋焦煤公司沙曲矿	特级
137	山西阳煤集团国阳一矿	一级
138	山西阳煤集团国阳二矿	特级
139	山西阳煤集团寿阳开元公司	特级
140	山西阳煤集团三矿竖井	一级
141	山西阳煤集团新景矿	一级
142	山西晋城无烟煤矿业集团寺河矿	特级
143	山西晋城无烟煤矿业集团成庄煤矿	特级
144	山西晋城无烟煤矿业集团长平煤业公司	特级
145	山西晋城无烟煤矿业集团寺河矿二号井	一级

（续）

序号	煤　矿　名　称	级别
146	山西晋城无烟煤矿业集团古书院矿	二级
147	山西晋城无烟煤矿业集团凤凰山矿	二级
148	山西晋城无烟煤矿业集团晋城沁秀公司岳城矿	二级
149	山西潞安矿业集团王庄煤矿	特级
150	山西潞安矿业集团司马煤矿	特级
151	山西潞安矿业集团余吾煤矿	特级
152	山西潞安矿业集团漳村煤矿	特级
153	山西潞安矿业集团常村煤矿	特级
154	山西潞安矿业集团五阳煤矿	二级
155	山西煤炭进出口集团大平煤业公司	特级
156	山西大同市鹊山精煤公司	二级
157	山西朔州市华美奥兴陶煤业公司	一级
158	山西朔州市山阴芍药花煤业公司	一级
159	山西朔州市怀仁中能芦子沟公司	一级
160	山西忻州市上榆泉煤矿	特级
161	山西晋城市亚美大宁能源公司	特级
162	山西晋城市兰花公司伯方煤矿	特级
163	山西晋城市兰花公司唐安煤矿	特级
164	山西晋城市兰花公司望云煤矿	一级
165	山西晋城市兰花公司东峰煤矿	二级
166	山西晋城市高平科兴申家庄煤矿	二级
167	山西晋城市高平市赵庄煤矿	一级
168	山西晋城市高平市南阳煤矿	二级
169	山西长治市三元煤业公司	特级
170	山西长治市王庄煤业公司	一级
171	山西长治市长治经坊煤业公司	特级
172	山西长治市华晟荣煤矿	一级
173	山西长治市沁新煤焦沁新煤矿	一级
174	山西长治市武乡马堡煤矿	二级
175	山西长治市襄垣煤矿	一级

（续）

序号	煤　矿　名　称	级别
176	山西长治市沁新煤焦新源煤矿	一级
177	山西长治市西山矿	二级
178	山西长治市三元南耀小常煤业公司	一级
179	山西长治市七一矿	一级
180	山西临汾市台头前湾煤业公司	一级
181	山西临汾市四通二矿	一级
182	山西临汾市玉和泰矿	二级
183	山西临汾市申南凹矿	一级
184	山西临汾市毛则渠公司崖坪坑口	一级
185	山西阳泉市东升阳胜煤业公司	二级
186	山西吕梁市柳林大庄煤矿	一级
187	山西吕梁市柳林同德焦煤公司	一级
188	山西吕梁市柳林兴无煤矿	一级
189	山西吕梁市柳林金家庄矿	一级
190	山西吕梁市柳林寨崖底矿	一级
191	山西吕梁市东江煤业集团公司	二级
192	山西晋中市义棠煤业公司	一级
193	山西晋中市山西和顺天池公司	一级
194	山西晋中市国投昔阳黄岩汇矿	一级
195	山西省监狱管理局太原西峪煤矿	二级
196	山东淄博矿业集团许厂煤矿	特级
197	山东淄博矿业集团唐口煤业公司	特级
198	山东淄博矿业集团岱庄煤矿	特级
199	山东淄博矿业集团陕西长武亭南煤业公司	特级
200	山东淄博矿业集团葛亭煤矿	一级
201	山东淄博矿业集团埠村煤矿	二级
202	山东临沂矿业集团古城煤矿	一级
203	山东临沂矿业集团新驿煤矿	一级
204	山东临沂矿业集团王楼煤矿	二级
205	山东临沂矿业集团田庄煤矿	一级

（续）

序号	煤　矿　名　称	级别
206	山东兖矿集团济宁三号煤矿	特级
207	山东兖矿集团东滩煤矿	特级
208	山东兖矿集团兴隆庄矿	特级
209	山东兖矿集团鲍店煤矿	特级
210	山东兖矿集团济宁二号煤矿	特级
211	山东兖矿集团南屯煤矿	特级
212	山东兖矿集团杨村煤矿	一级
213	山东兖矿集团北宿煤矿	一级
214	山东枣庄矿业集团高庄矿	特级
215	山东枣庄矿业集团新安矿	特级
216	山东枣庄矿业集团付村矿	特级
217	山东枣庄矿业集团柴里矿	一级
218	山东枣庄矿业集团蒋庄矿	一级
219	山东枣庄矿业集团田陈矿	一级
220	山东龙口矿业集团梁家矿	特级
221	山东龙口矿业集团北皂矿	特级
222	山东新汶矿业集团协庄矿	一级
223	山东新汶矿业集团孙村煤矿	一级
224	山东新汶矿业集团翟镇矿	一级
225	山东新汶矿业集团良庄矿业公司	一级
226	山东新汶矿业集团华恒矿业公司	一级
227	山东肥城矿业集团白庄矿	一级
228	山东肥城矿业集团曹庄矿	二级
229	山东鲁能菏泽煤电公司彭庄煤矿	一级
230	山东省七五生建矿	一级
231	山东省岱庄生建矿	二级
232	安徽淮北矿业集团朱庄矿	一级
233	安徽淮北矿业集团许疃矿	一级
234	安徽淮北矿业集团朱仙庄矿	二级
235	安徽淮北矿业集团孙疃矿	一级
236	安徽淮北矿业集团朔里矿	一级

（续）

序号	煤矿名称	级别
237	安徽淮北矿业集团涡北矿	一级
238	安徽淮北矿业集团桃园矿	一级
239	安徽淮北矿业集团临涣矿	二级
240	安徽淮北矿业集团祁南矿	一级
241	安徽淮北矿业集团童亭矿	二级
242	安徽淮南矿业集团顾桥煤矿	特级
243	安徽淮南矿业集团张集煤矿	一级
244	安徽淮南矿业集团顾北矿	特级
245	安徽淮南矿业集团谢桥煤矿	一级
246	安徽淮南矿业集团潘一矿	特级
247	安徽淮南矿业集团潘三矿	一级
248	安徽皖北煤电集团五沟矿	特级
249	安徽皖北煤电集团祁东煤矿	二级
250	安徽皖北煤电集团恒源煤电公司	二级
251	安徽皖北煤电集团任楼煤矿	一级
252	安徽皖北煤电集团刘桥一矿	一级
253	安徽皖北煤电集团百善煤矿	二级
254	国投新集公司刘庄煤矿	一级
255	国投新集公司新集一矿	特级
256	国投新集公司新集二矿	一级
257	河南中平能化集团六矿	特级
258	河南中平能化集团十一矿	一级
259	河南中平能化集团十矿	一级
260	河南中平能化集团十二矿	特级
261	河南中平能化集团二矿	一级
262	河南中平能化集团一矿	一级
263	河南中平能化集团五矿	一级
264	河南中平能化集团八矿	一级
265	河南中平能化集团瑞平公司张村矿	一级
266	河南中平能化集团瑞平公司庇山矿	二级
267	河南中平能化集团七矿	二级

（续）

序号	煤　矿　名　称	级别
268	河南煤业化工集团永煤公司城郊矿	特级
269	河南煤业化工集团永煤公司陈四楼矿	特级
270	河南煤业化工集团永煤公司车集矿	特级
271	河南煤业化工集团永煤公司新桥矿	一级
272	河南煤业化工集团永煤公司红岭煤矿	二级
273	河南煤业化工集团永煤公司枣园矿	二级
274	河南煤业化工集团永煤公司云盖山矿二矿	二级
275	河南煤业化工集团焦煤公司赵固一矿	特级
276	河南煤业化工集团焦煤公司演马庄矿	一级
277	河南煤业化工集团焦煤公司中马村矿	一级
278	河南煤业化工集团焦煤公司九里山矿	一级
279	河南煤业化工集团焦煤公司古汉山矿	一级
280	河南煤业化工集团鹤煤公司中泰矿业公司	一级
281	河南煤业化工集团鹤煤公司三矿	一级
282	河南煤业化工集团鹤煤公司二矿	二级
283	河南煤业化工集团鹤煤公司六矿	一级
284	河南义煤集团耿村矿	特级
285	河南义煤集团千秋矿	特级
286	河南义煤集团常村矿	特级
287	河南义煤集团杨村矿	一级
288	河南义煤集团跃进矿	一级
289	河南义煤集团新安矿	二级
290	河南义煤集团义安矿业正村煤矿	二级
291	河南郑煤集团超化矿	一级
292	河南郑煤集团裴沟矿	一级
293	河南郑煤集团白坪煤业公司	一级
294	河南郑煤集团告成矿	一级
295	河南神火集团新庄煤矿	特级
296	河南神火集团许昌新龙矿业公司	一级
297	河南神火集团薛湖煤矿	一级
298	国投煤炭公司国投河南新能开发公司	一级

（续）

序号	煤　矿　名　称	级别
299	河南济源煤业公司一矿	二级
300	甘肃华亭煤业集团砚北煤矿	特级
301	甘肃华亭煤业集团山寨矿	特级
302	甘肃华亭煤业集团东峡矿	特级
303	甘肃华亭煤业集团陈家沟煤矿	特级
304	甘肃华亭煤业集团马蹄沟矿	特级
305	甘肃华亭煤业集团新柏煤矿	二级
306	甘肃华亭煤业集团新窑煤矿	特级
307	甘肃窑街煤电公司三矿	特级
308	甘肃窑街煤电公司天祝煤业公司	一级
309	甘肃窑街煤电公司海石湾矿	二级
310	甘肃靖远煤业集团大水头煤矿	特级
311	甘肃靖远煤业集团四号井	特级
312	甘肃靖远煤业集团魏家地煤矿	特级
313	徐矿新疆天山公司俄霍布拉克煤矿	特级
314	黑龙江龙煤集团双鸭山矿业集团东荣二矿	一级
315	黑龙江龙煤集团双鸭山矿业集团新安矿	一级
316	黑龙江龙煤集团双鸭山矿业集团东保卫煤矿	二级
317	黑龙江龙煤集团鸡西矿业集团东山矿	二级
318	黑龙江龙煤集团鸡西矿业集团城山矿	二级
319	黑龙江龙煤集团鸡西矿业集团杏花煤矿	一级
320	黑龙江龙煤集团鸡西矿业集团平岗矿	二级
321	黑龙江龙煤集团鹤岗矿业集团峻德煤矿	一级
322	黑龙江龙煤集团七台河矿业精煤集团新立煤矿	一级
323	吉林省煤业集团辽源矿业集团梅河煤矿三井	一级
324	吉林省煤业集团辽源矿业集团梅河煤矿二井	二级
325	吉林省煤业集团辽源矿业集团梅河煤矿四井	二级
326	吉林省煤业集团珲春矿业集团板石一矿	二级
327	吉林省煤业集团珲春矿业集团八连城煤矿	二级
328	吉林省煤业集团珲春矿业集团英安煤矿	一级
329	吉林省煤业集团舒兰矿业集团四矿	一级

（续）

序号	煤　矿　名　称	级别
330	吉林省煤业集团舒兰矿业集团二矿	二级
331	江苏徐州矿务集团三河尖煤矿	一级
332	江苏徐州矿务集团夹河煤矿	一级
333	江苏徐州矿务集团张双楼煤矿	一级
334	江苏徐州矿务集团庞庄矿张小楼井	一级
335	江苏徐州矿务集团权台煤矿	一级
336	江苏徐州矿务集团张集煤矿	二级
337	陕西陕煤黄陵矿业公司二号煤矿	一级
338	陕西陕煤黄陵矿业公司一号煤矿	特级
339	陕西陕煤澄合矿业公司王村煤矿	二级
340	陕西陕煤蒲白矿业公司朱家河煤矿	二级
341	陕西陕煤铜川矿业公司陈家山煤矿	一级
342	陕西陕煤铜川矿业公司下石节煤矿	二级
343	陕西陕北矿业公司韩家湾煤矿	特级
344	陕西汇森煤业公司凉水井矿业公司	特级
345	陕西省红石岩煤矿	二级
346	四川华蓥山广能集团绿水洞煤业公司	二级
347	四川华蓥山广能集团李子垭煤业公司	一级
348	重庆松藻煤电公司打通一煤矿	二级
349	重庆松藻煤电公司松藻煤矿	二级
350	神华准能公司黑岱沟露天煤矿	特级
351	神华北电胜利公司胜利露天矿	一级
352	神华宝日希勒公司露天煤矿	特级
353	神华神东天隆公司武家塔露天矿	特级
354	中煤平朔公司安家岭露天矿	特级
355	中煤平朔公司安太堡露天矿	特级
356	内蒙古平庄煤业集团元宝山露天煤业公司	特级
357	华能伊敏煤电公司露天矿	特级
358	辽宁抚顺矿业集团西露天矿	一级
359	云南先锋煤业公司露天矿	一级

附录四　2009年度煤炭工业安全高效矿井（露天）技术经济指标汇总

序号	隶属企业	井工煤矿	矿井产量/万t	综合单产/[t·(个·月)$^{-1}$]	原煤工效/(t·工$^{-1}$)	采煤/掘进装载/综掘机械化程度/%	盈利/万元	安全	级别
1	神华神东煤炭集团	哈拉沟煤矿	1249.9	1041667	164.47	100/100/100	208489	1	一级
2	神华神东煤炭集团	上湾煤矿	1249.9	940083	153.43	100/100/100	87707.2	0	特级
3	神华神东煤炭集团	补连塔煤矿	1999.5	1666264	143	100/100/100	107342.4	0	特级
4	神华神东煤炭集团	大柳塔矿活鸡兔井	1090	825341	116.7	100/100/100		0	特级
5	神华神东煤炭集团	榆家梁矿	1741	1294833	114.59	100/100/100	84617.7	0	特级
6	神华神东煤炭集团	石圪台煤矿	1073.6	406583	112	100/100/100	35240.5	0	特级
7	神华神东煤炭集团	大柳塔矿大柳塔井	979.99	696775	104	100/100/100		0	特级
8	神华神东煤炭集团	锦界煤矿	968.7	410529	83	100/100/100	154992	0	特级
9	神华神东煤炭集团	万利一矿	998.5	831200	44.32	100/100/100	26905	0	特级
10	神华神东煤炭集团	保德煤矿	496.54	413785	38.73	100/100/100	56724	0	特级
11	神华神东煤炭集团	乌兰木伦煤矿	398.7	274816.7	33.76	100/100/100	51330	0	特级
12	神华神东煤炭集团	柳塔煤矿	299.66	249713.5	31.56	100/100/100	98753	0	特级
13	神华神东煤炭集团	金烽寸草塔矿	268.4	223670	17.7	100/100/100		1	一级

（续）

序号	隶属企业	井工煤矿	矿井产量/万t	综合单产/[t·（个·月）$^{-1}$]	原煤工效/（t·工$^{-1}$）	采煤/掘进装载/综掘机械化程度/%	盈利/万元	安全	级别
14	神华神东煤炭集团	寸草塔矿	240	175200	13.7	100/100/100		0	特级
15	神华神东煤炭集团	唐公沟矿	149.6	124689	11.2	100/100/100	5382	0	特级
16	神华宁煤集团公司	任家庄煤矿	273	139000	76.77	100/100/75	49000	0	特级
17	神华宁煤集团公司	羊场湾煤矿	1500	335100	19.8	100/100/100	156268.6	0	特级
18	神华宁煤集团公司	灵新煤矿	318.9	146667	15.2	100/100/96	2029.1	0	特级
19	神华新疆能源公司	小红沟煤矿	161.18	138652（急倾斜）	20.71	100/100/90	4048.1	0	特级
20	神华新疆能源公司	大洪沟煤矿	140	125947（急倾斜）	16.24	100/100/86	590.76	0	特级
21	神华新疆能源公司	碱沟煤矿	160.63	70628（急倾斜）	15.27	100/100/83.66	1300	0	特级
22	神华新疆能源公司	铁厂沟煤矿	119.3	116850（大倾角）	10.2	100/96/96	4175.5	0	特级
23	神华乌海能源公司	露天煤矿	129.5	126400	19.27	100/85/85	4189	0	特级
24	神华乌海能源公司	蒙西煤化棋盘井煤矿	205	170000	15	100/100/85	20500	0	一级
25	神华包头矿业公司	阿刀亥煤矿	83.81	42754（急倾斜）	8.068	100/100/100	6855	0	一级
26	中煤平朔公司	安太堡井工矿	600	750000	127.03	100/100/100	48000	0	特级
27	中煤平朔公司	安家岭二号井工矿	1000	937383	126.08	100/100/100	43001.31	0	特级
28	中煤平朔公司	安家岭一号井工矿	1000	866667	73	100/100/100	32700	0	特级
29	中煤大屯公司	姚桥煤矿	380	162633	16.186	100/100/63	92635.45	0	特级
30	中煤大屯公司	龙东煤矿	120	103231	7.502	100/100/53	3006.69	0	一级
31	中煤大屯公司	徐庄煤矿	150	83352	7.16	100/100/45.2	4902.3	0	一级

（续）

序号	隶属企业	井工煤矿	矿井产量/万t	综合单产/[t·（个·月）$^{-1}$]	原煤工效/（t·工$^{-1}$）	采煤/掘进装载/综掘机械化程度/%	盈利/万元	安全	级别
32	中煤大屯公司	孔庄煤矿	130	67684（大倾角）	7. 101	100/100/26. 68	5564. 67	0	一级
33	中煤山西	东坡煤业公司	210. 8	175580	14. 547	100/100/67	3141	0	特级
34	中煤陕西	南梁矿业公司	120. 3	101900	10. 58	100/100/100	16324	0	一级
35	河北开滦集团	唐山矿业分公司	420	118457	16. 253	100/78. 35/78	45806. 02	2	二级
36	河北开滦集团	范各庄矿业分公司	470	130643	15. 465	100/100/90. 23	22186. 8	0	特级
37	河北开滦集团	钱家营矿业分公司	586	152040	15. 135	100/100/89	67913	1	一级
38	河北开滦集团	蔚州公司崔家寨矿	265	94810	9. 286	100/100/100	19585. 59	0	一级
39	河北开滦集团	荆各庄矿业分公司	165	85521	8. 437	100/100/100	520. 8	1	二级
40	河北开滦集团	吕家坨矿业分公司	301. 22	83545	8. 394	100/100/82. 11	11715	0	二级
41	河北开滦集团	东欢坨矿业分公司	245	87631	8. 02	100/100/100	2205	0	一级
42	河北开滦集团	蔚州公司单侯矿	173	90678	8. 014	100/100/100	2790	1	二级
43	河北开滦集团	林南仓矿业分公司	115	66360	5. 394	100/97/90	1100	0	二级
44	河北冀中能源集团	冀中股份东庞矿	280	122158	12. 105	100/100/95. 2	114325. 7	0	特级
45	河北冀中能源集团	冀中股份邢东矿	120. 6	121046	10. 5	100/100/97	27600	0	特级
46	河北冀中能源集团	冀中股份邢台矿	194. 56	86667	7	100/95. 1/89. 75	26630	0	一级
47	河北冀中能源集团	冀中股份显德汪矿	140. 2	68770	5. 877	100/95. 8/80. 94	2200	0	二级
48	河北冀中能源集团	冀中股份章村矿	119. 5	81032	5. 096	100/96/71. 42	5206	0	二级
49	河北冀中能源集团	冀中股份葛泉矿	94. 99	66320	4. 475	100/96/75. 2	9967	0	二级

（续）

序号	隶属企业	井工煤矿	矿井产量/万t	综合单产/[t·（个·月）$^{-1}$]	原煤工效/（t·工$^{-1}$）	采煤/掘进装载/综掘机械化程度/%	盈利/万元	安全	级别
50	河北冀中能源集团	邯矿集团云驾岭矿	163	90556（大倾角）	7.397	100/100/51	32020	0	一级
51	河北冀中能源集团	邯矿集团郭二庄矿	161.7	82629	7.3	100/97.56/31.02	7632	0	一级
52	河北冀中能源集团	邯矿集团亨健矿	55	60563	5.071	100/100/25	7603	0	二级
53	河北冀中能源集团	张矿官板乌素煤矿	134	102235	11.69	100/100/100	3006	0	一级
54	河北冀中能源集团	张矿长城矿业公司	87.8	65867	4.49	100/100/20	1500	0	二级
55	河北冀中能源集团	张矿康保张纪井	51	87037（大倾角）	4.08	100/100/28	2360	0	二级
56	河北冀中能源集团	峰峰集团梧桐庄矿	300	128426	15.4	100/100/65	50785	0	一级
57	河北冀中能源集团	峰峰集团万年矿	229.99	122967	10.358	100/100/70	12587	0	一级
58	河北冀中能源集团	峰峰集团黄沙矿	88	83333	6.121	100/100/48.7	20028	0	一级
59	河北冀中能源集团	峰峰集团新三矿	76	80856	6.013	100/95/33	3499	0	一级
60	河北冀中能源集团	峰峰集团大淑村矿	121	64700（双突）	5.725	100/98/30	7650	0	一级
61	河北冀中能源集团	峰峰集团薛村矿	138	58081（双突）	5.62	100/100/21	1380	0	二级
62	河北冀中能源集团	峰峰集团羊渠河矿	113	46778（双突）	5.014	100/100/17.27	187	0	二级
63	河北磁县	申家庄煤矿	84.98	70815（大倾角）	5.1	100/100/100	33025	0	一级
64	内蒙古扎赉诺尔	铁北煤矿	184.5	153750	11.5	100/96.5/70	752.28	0	特级
65	内蒙古扎赉诺尔	灵泉煤矿	186.8	158843	5.24	100/95/85	2418.18	1	二级
66	内蒙古平庄煤业	老公营子煤矿	118.14	122440	11.02	100/98.92/72.24	10477	0	特级
67	内蒙古平庄煤业	六家煤矿	119.26	97622	7.36	100/98.2/95.65	8997	0	一级

（续）

序号	隶属企业	井工煤矿	矿井产量/万t	综合单产/[t·（个·月）$^{-1}$]	原煤工效/（t·工$^{-1}$）	采煤/掘进装载/综掘机械化程度/%	盈利/万元	安全	级别
68	内蒙古平庄煤业	红庙煤矿	175.8	143243	7.33	100/100/83.03	4878	0	一级
69	内蒙古平庄煤业	风水沟煤矿	208.04	101931	6.016	100/100/73.8	4672.3	2	二级
70	内蒙古平庄煤业	古山煤矿三井	69.8	62037（大倾角）	5.64	100/97.2/89.8	3878.9	0	二级
71	内蒙古大雁矿业	第二煤矿	233	224284	9.52	100/96/58.15	2705.76	0	一级
72	内蒙古大雁矿业	第一煤矿	195	176018	8.77	100/95/67.6	2102.56	0	一级
73	内蒙古大雁矿业	雁南煤矿	180	169811	8.42	100/96/78.69	435.3	0	一级
74	内蒙古伊泰集团	纳林庙煤矿二号井	630	518035.1	97.8	100/100/98.2	100889.7	0	特级
75	内蒙古伊泰集团	宏景塔一矿	610	509692	94.38	100/100/98.1	90000	0	特级
76	内蒙古伊泰集团	纳林庙煤矿一号井	120	97527.5	32.65	100/100/97.6	16776.1	0	一级
77	内蒙古伊泰集团	丁家渠煤矿	120	97256	31.35	100/100/97.1	15095	0	一级
78	内蒙古伊泰集团	宝山煤矿	120	100000	30.67	100/100/97.3	12932.9	0	一级
79	内蒙古伊泰集团	大地精煤矿	120	100775	28.6	100/100/97.5	14000	0	一级
80	内蒙古伊东集团	东圪堵煤矿	123.7	93706	29.88	100/100/98	11751.5	0	特级
81	内蒙古伊东集团	宏测煤炭公司	95.3	105492	25.11	100/100/98	1800	0	二级
82	内蒙古伊东集团	沙咀子煤炭公司	113.33	109466	24.6	100/97/97	4249	0	一级
83	内蒙古伊东集团	宏鑫煤炭公司	117	100588	23.5	100/100/98	1362.5	0	二级
84	内蒙古伊东集团	窑沟扶贫煤炭公司	118.6	110766	23.01	100/98/98	6800	0	一级
85	辽宁铁法煤业	大平矿	405	423847	17.632	100/98.1/45.2	61728	0	特级

（续）

序号	隶属企业	井工煤矿	矿井产量/万t	综合单产/[t·(个·月)$^{-1}$]	原煤工效/(t·工$^{-1}$)	采煤/掘进装载/综掘机械化程度/%	盈利/万元	安全	级别
86	辽宁铁法煤业	大兴矿	380	328652（双突）	15.003	100/100/89	27767	0	特级
87	辽宁铁法煤业	小青矿	250	200172	13.612	100/100/85.59	436	0	特级
88	辽宁铁法煤业	晓南矿	210	162417	12.249	100/100/82.18	4067	0	特级
89	辽宁铁法煤业	小康矿	260	230496	12.17	100/100/43	9336	0	特级
90	辽宁铁法煤业	大隆矿	255	228182	12.005	100/100/77.4	10536	0	特级
91	辽宁铁法煤业	晓明矿	175	186073	8.306	100/100/85.8	4452	0	一级
92	辽宁铁法煤业	大明矿	111	61655	5.278	100/99.5/60	109	0	二级
93	辽宁沈阳煤业	红阳三矿	276	129213（双突）	10.61	100/100/92.6	41652	0	特级
94	辽宁沈阳煤业	西马矿	156	65672（双突）	5.8	100/100/37.36	10616	1	二级
95	辽宁沈阳煤业	红菱矿	148	88095（双突）	5.7	93.24/96/79.58	5365	0	一级
96	辽宁抚顺矿业	老虎台矿	183.85	120758	7.03	100/97.42/50.9	14296	0	一级
97	辽宁阜新矿业	恒大煤业公司	134.88	97892（双突）	5.78	100/100/35.8	8518	0	一级
98	山西同煤集团	塔山煤矿	1500	662006	48.65	100/100/67	130841	0	特级
99	山西同煤集团	四台矿	431	125157	15.88	100/99.8/69	3801	0	特级
100	山西同煤集团	马脊梁矿	379.4	130906	15.24	100/100/57.27	8005.8	0	特级
101	山西同煤集团	云冈矿	520.4	130839	15.036	100/100/48.4	4266	0	特级
102	山西同煤集团	晋华宫矿	435.98	122009	15.023	100/100/60	3666	0	特级

（续）

序号	隶属企业	井工煤矿	矿井产量/万t	综合单产/[t·（个·月）$^{-1}$]	原煤工效/（t·工$^{-1}$）	采煤/掘进装载/综掘机械化程度/%	盈利/万元	安全	级别
103	山西同煤集团	燕子山矿	373.94	80357	10.054	100/97.5/68	43495	0	一级
104	山西同煤集团	同家梁矿	283	90142	9.684	100/100/65.11	4895	0	一级
105	山西同煤集团	四老沟矿	240	99476	8.48	100/93/43.8	10212.5	0	一级
106	山西同煤集团	小峪矿	201.8	84466	8.2	100/98/87	1201.39	0	一级
107	山西同煤集团	忻州窑矿	230	104693	8.15	100/98/80	4532	1	二级
108	山西同煤集团	朔煤王坪煤电公司	175.67	73587	8.13	100/98/72	953.37	0	二级
109	山西同煤集团	大斗沟煤业公司	180	84701.3	7.88	100/100/53.89	3474.53	0	一级
110	山西同煤集团	白洞煤业公司	119	89438	7.86	100/98/75	168	0	一级
111	山西同煤集团	雁崖煤业公司	130.2	90880	7.32	100/97/65.13	859.2	0	一级
112	山西同煤集团	轩煤焦家寨矿	149.2	65934	7.2	100/96/35	3457	0	二级
113	山西同煤集团	永定庄煤业公司	108.45	90375	7.065	100/100/66	2130	0	一级
114	山西同煤集团	东周窑矿	66.26	66107	6.54	100/99/88	1530	0	二级
115	山西同煤集团	轩煤刘家梁矿	152	63700	5.24	100/98/38	2869.7	0	二级
116	山西同煤集团	杏儿沟煤业公司	90	76738	4.97	100/99.8/37	3633.09	0	二级
117	山西同煤集团	马口矿	64.5	62180	4.37	100/98/80	1813	0	二级
118	山西焦煤霍州	店坪煤矿	150	119298	9.8	100/100/91	6773.19	0	一级
119	山西焦煤霍州	辛置煤矿	250	106455	8.63	100/100/86.7	50532.97	0	一级
120	山西焦煤霍州	三交河煤矿	275.3	178000	8.6	100/98/79	13223.5	1	一级

（续）

序号	隶属企业	井工煤矿	矿井产量/万t	综合单产/[t·（个·月）$^{-1}$]	原煤工效/（t·工$^{-1}$）	采煤/掘进装载/综掘机械化程度/%	盈利/万元	安全	级别
121	山西焦煤霍州	干河煤矿	140	180347	8.48	100/100/97	15972.25	0	一级
122	山西焦煤霍州	团柏煤矿	175	80882	7.41	100/100/85	14183	0	二级
123	山西焦煤霍州	李雅庄煤矿	139.2	124872	7.21	100/96.5/90.2	16897	0	一级
124	山西焦煤霍州	曹村煤矿	100	63749	5.14	100/97/83	189	0	二级
125	山西焦煤西山	马兰矿	391.79	130444	15.794	100/100/100	31045	0	特级
126	山西焦煤西山	西曲矿	338	110866	11.224	100/100/100	34303	1	一级
127	山西焦煤西山	东曲矿	342.4	115054	10.51	100/100/92.1	30275	0	一级
128	山西焦煤西山	杜儿坪矿	395	89725	10.047	100/100/91.68	8703.84	1	一级
129	山西焦煤西山	镇城底矿	190	91056	8.302	100/100/74	4389	0	一级
130	山西焦煤西山	白家庄矿业公司	69.9	60200	4.012	100/100/100	827.3	0	二级
131	山西焦煤汾西	双柳煤矿	199.69	153602	12.345	100/97/72.6	18585	0	特级
132	山西焦煤汾西	新阳煤矿	440	108096	10.234	100/100/47.38	6635.06	1	一级
133	山西焦煤汾西	新柳煤矿	300	93394	10.02	100/100/88.5	10827	0	一级
134	山西焦煤汾西	新峪煤业	269.2	98712	9.09	100/97/67	5846	1	一级
135	山西焦煤汾西	贺西煤矿	178.2	82300	7.2	100/100/77	15982.2	0	一级
136	山西焦煤华晋焦煤	沙曲矿	165.19	101354（双突）	9.68	100/100/100	5011	0	特级
137	山西阳煤集团	国阳一矿	543.32	150852	17.171	100/100/77.4	1800	1	一级
138	山西阳煤集团	国阳二矿	734.8	121808	16.085	100/99.3/78.74	18689	0	特级

（续）

序号	隶属企业	井工煤矿	矿井产量/万t	综合单产/[t·（个·月）$^{-1}$]	原煤工效/（t·工$^{-1}$）	采煤/掘进装载/综掘机械化程度/%	盈利/万元	安全	级别
139	山西阳煤集团	寿阳开元公司	299.87	127556	13.802	100/100/83.37	5831.35	0	特级
140	山西阳煤集团	三矿竖井	346.94	141607	10.864	100/99.1/99.1	935	1	一级
141	山西阳煤集团	新景矿	623.07	123094（双突）	10.06	100/100/88.76	90814	0	一级
142	山西晋城无烟煤	寺河矿	1078	477237	17.005	100/99/99	186013	0	特级
143	山西晋城无烟煤	成庄煤矿	829.9	215748	16.363	100/99.98/99	147672.5	0	特级
144	山西晋城无烟煤	长平煤业公司	209.7	169888	12.13	100/95.95/92.6	7849	0	特级
145	山西晋城无烟煤	寺河矿二号井	89.1	80500	8.12	100/97/75	16824.48	0	一级
146	山西晋城无烟煤	古书院矿	310.28	80613	8.072	100/95.08/66.45	5037.54	0	二级
147	山西晋城无烟煤	凤凰山矿	305	73811	8.026	100/95.7/92	64.32	0	二级
148	山西晋城无烟煤	晋城沁秀公司岳城矿	89.7	66434	5.01	100/95.95/92.6	19294.31	0	二级
149	山西潞安集团	王庄煤矿	709.2	329195	31.264	100/100/100	110257.9	0	特级
150	山西潞安集团	司马煤矿	294.08	245789	23.674	100/100/88	71751	0	特级
151	山西潞安集团	余吾煤矿	598.6	348141	22.88	100/100/76.5	31258.6	0	特级
152	山西潞安集团	漳村煤矿	386.92	316412	22.474	100/100/85.46	64442	0	特级
153	山西潞安集团	常村煤矿	598.3	498597	18.031	100/100/98.75	94897.5	0	特级
154	山西潞安集团	五阳煤矿	266.2	204334	8.543	100/95.68/69.63	15738	2	二级
155	山西煤炭进出口	大平煤业公司	117.9	130238	10.76	100/100/100	36331	0	特级
156	山西大同市	鹊山精煤公司	110	91667	5.31	100/97/97	1500	0	二级

（续）

序号	隶属企业	井工煤矿	矿井产量/万 t	综合单产/[t·（个·月）$^{-1}$]	原煤工效/（t·工$^{-1}$）	采煤/掘进装载/综掘机械化程度/%	盈利/万元	安全	级别
157	山西朔州市	华美奥兴陶煤业公司	59.8	80105	11.15	100/100/60	6618	0	一级
158	山西朔州市	山阴芍药花煤业公司	119	103636	10.89	100/95/45	13938	0	一级
159	山西朔州市	怀仁中能芦子沟公司	119	107288	7.82	100/100/82	4560	0	一级
160	山西忻州市	上榆泉煤矿	300	140238	27.81	100/100/100	24200	0	特级
161	山西晋城市	亚美大宁能源公司	398	311618.34	15.99	100/100/100	117519.2	0	特级
162	山西晋城市	兰花公司伯方煤矿	180	120099	11.51	100/100/75	60203	0	特级
163	山西晋城市	兰花公司唐安煤矿	150	141870	10.55	100/100/98	50301	0	特级
164	山西晋城市	兰花公司望云煤矿	60	55127（大倾角）	8.3	100/100/89	8208	0	一级
165	山西晋城市	兰花公司东峰煤矿	59.9	61000	7.47	100/96/88	11700	0	二级
166	山西晋城市	高平科兴申家庄煤矿	57.6	61371	6.46	100/100/100	16032	0	二级
167	山西晋城市	高平市赵庄煤矿	82.62	102732	6	100/95/50	12814.77	0	一级
168	山西晋城市	高平市南阳煤矿	59.83	68864	4.35	100/95/95	24137.3	0	二级
169	山西长治市	三元煤业公司	179.83	141075	17.33	100/100/93.5	111188	0	特级
170	山西长治市	王庄煤业公司	119	94383	14.3	100/100/94	26755	0	一级
171	山西长治市	长治经坊煤业公司	239.8	132643	13.61	100/100/74	91814.1	0	特级
172	山西长治市	华晟荣煤矿	118.2	127230	11.09	100/85/85	26800	0	一级
173	山西长治市	沁新煤焦沁新煤矿	115.5	107751	10.3	100/100/100	14593	0	一级
174	山西长治市	武乡马堡煤矿	119.5	61633	10	100/100/85	13200	0	二级

（续）

序号	隶属企业	井工煤矿	矿井产量/万 t	综合单产/[t·(个·月)$^{-1}$]	原煤工效/(t·工$^{-1}$)	采煤/掘进装载/综掘机械化程度/%	盈利/万元	安全	级别
175	山西长治市	襄垣煤矿	238	97473	9.9	100/100/98	32920	0	一级
176	山西长治市	沁新煤焦新源煤矿	83	83035	9.3	100/100/90	18140	0	一级
177	山西长治市	西山矿	66.3	62407	8.22	100/97/95	13105	0	二级
178	山西长治市	小常煤业公司	89.99	82974	7.93	100/100/98	16112	0	一级
179	山西长治市	七一矿	88.85	92877	6.55	100/95/90	22129	0	一级
180	山西临汾市	台头前湾煤业公司	90	80000	10.95	100/100/100	41623	0	一级
181	山西临汾市	四通二矿	53.42	64621	10.93	100/100/90	10577	0	一级
182	山西临汾市	玉和泰矿	58	32028（薄煤层）	9.35	90/100/98	10880	0	二级
183	山西临汾市	申南凹矿	107.3	99786	7.92	100/98/98	20000	0	一级
184	山西临汾市	毛则渠公司崖坪坑口	99.87	89011	7.7	100/96/96	35467	0	一级
185	山西阳泉市	东升阳胜煤业公司	71.1	94334	4.43	100/100/35	2017.8	0	二级
186	山西吕梁市	柳林大庄煤矿	118.58	89833	13.31	100/96/33	35864	0	一级
187	山西吕梁市	柳林同德焦煤公司	116	96903	12.4	100/96/32	34726	0	一级
188	山西吕梁市	柳林兴无煤矿	120	95705.75	11.52	100/100/35	44383	0	一级
189	山西吕梁市	柳林金家庄矿	118.6	99157.1	10.5	100/100/38	77090.8	0	一级
190	山西吕梁市	柳林寨崖底矿	120	100031	8.82	100/100/36	32788	0	一级
191	山西吕梁市	东江煤业集团公司	74	68215	7.426	100/100/100	610.6	0	二级

（续）

序号	隶属企业	井工煤矿	矿井产量/万t	综合单产/[t·（个·月）$^{-1}$]	原煤工效/（t·工$^{-1}$）	采煤/掘进装载/综掘机械化程度/%	盈利/万元	安全	级别
192	山西晋中市	义棠煤业公司	119	100359	9.5	100/99/40	31935	0	一级
193	山西晋中市	山西和顺天池公司	102.26	107244	7.98	100/100/48.26	1366	0	一级
194	山西晋中市	国投昔阳黄岩汇矿	89.8	85082	6.6	100/95.3/52	8620	0	一级
195	山西省监狱管理局	太原西峪煤矿	121.45	62614	5.26	100/97/69	95.8	1	二级
196	山东淄博矿业	许厂煤矿	319.8	129276	15.75	100/96/80	68341	0	特级
197	山东淄博矿业	唐口煤业公司	335	139189	15.55	100/98.8/71.5	56119	0	特级
198	山东淄博矿业	岱庄煤矿	226.99	121238	12.53	100/100/50	23446	0	特级
199	山东淄博矿业	陕西长武亭南公司	215	220995	12.2	100/98/63	20404.7	0	特级
200	山东淄博矿业	葛亭煤矿	120	55519（大倾角）	5.41	100/99.07/28.6	16748	0	一级
201	山东淄博矿业	埠村煤矿	106.27	33490.7（薄煤层）	2.816	100/98/20	135	0	二级
202	山东临沂矿业	古城煤矿	219.82	85213	8.572	100/100/31.6	93370	0	一级
203	山东临沂矿业	新驿煤矿	104.8	81075	7.14	100/100/50	5681	0	一级
204	山东临沂矿业	王楼煤矿	89.26	82700	6.33	100/100/30	5776	0	二级
205	山东临沂矿业	田庄煤矿	89.6	40200（薄煤层）	6.2	87/100/36	34652	0	一级
206	山东兖矿集团	济宁三号煤矿	620.05	168648	27.428	100/100/82.66	100773	0	特级
207	山东兖矿集团	东滩煤矿	747.61	316175	19.351	100/100/77.95	126637	0	特级
208	山东兖矿集团	兴隆庄矿	659.67	292935	18.268	100/100/78.43	117526	0	特级

（续）

序号	隶属企业	井工煤矿	矿井产量/万t	综合单产/[t·（个·月）$^{-1}$]	原煤工效/（t·工$^{-1}$）	采煤/掘进装载/综掘机械化程度/%	盈利/万元	安全	级别
209	山东兖矿集团	鲍店煤矿	573.98	267856	16.26	100/100/78.89	81035	0	特级
210	山东兖矿集团	济宁二号煤矿	359.09	128589	15.697	100/100/85.57	25913	0	特级
211	山东兖矿集团	南屯煤矿	375.55	120897	15.411	95.2/100/64.3	36591	0	特级
212	山东兖矿集团	杨村煤矿	96.42	84285	6.197	100/100/38.2	4397	0	一级
213	山东兖矿集团	北宿煤矿	95.47	41478（薄煤层）	3.015	87.5/100/25.36	1233.2	0	一级
214	山东枣矿集团	高庄矿	305.52	162122	15.12	100/100/71.3	89254	0	特级
215	山东枣矿集团	新安矿	294.7	245586	13.466	100/100/50	31453	0	特级
216	山东枣矿集团	付村矿	270	225000	12.02	100/100/55	65300	0	特级
217	山东枣矿集团	柴里矿	254.05	99120	11.41	93.6/100/42.4	4826.93	0	一级
218	山东枣矿集团	蒋庄矿	270.46	112690	10.85	100/100/39.3	21829	0	一级
219	山东枣矿集团	田陈矿	168.19	84453	9.239	100/100/27.8	3145.65	0	一级
220	山东龙口集团	梁家矿	279.46	124377	13.242	100/100/68	45622	0	特级
221	山东龙口集团	北皂矿	221.5	122147	12.05	100/100/59.2	20334	0	特级
222	山东新汶集团	协庄矿	189.32	51892（大倾角）	8.432	100/100/44.5	15597	0	一级
223	山东新汶集团	孙村煤矿	138.16	51399（大倾角）	8.102	100/100/53.4	10502	0	一级
224	山东新汶集团	翟镇矿	188.39	90800	7.402	100/100/54.5	12158	0	一级
225	山东新汶集团	良庄矿业公司	104.6	97392	7.294	100/100/51.7	23432	0	一级
226	山东新汶集团	华恒矿业公司	111.78	44955（薄煤层）	3.643	100/100/26.89	23653	0	一级

（续）

序号	隶属企业	井工煤矿	矿井产量/万t	综合单产/[t·（个·月）$^{-1}$]	原煤工效/（t·工$^{-1}$）	采煤/掘进装载/综掘机械化程度/%	盈利/万元	安全	级别
227	山东肥城集团	白庄矿	137.2	57769.05（薄煤层）	5.97	100/100/69.17	11907	0	一级
228	山东肥城集团	曹庄矿	119.51	46352（薄煤层）	5.06	95/95/15	5643.87	0	二级
229	山东鲁能菏泽	彭庄煤矿	110	87500	7.8	100/100/41	14000	0	一级
230	山东省	七五生建矿	96.38	80317	8.899	100/97/36	30470	0	一级
231	山东省	岱庄生建矿	82.67	68900	4.17	100/100/45	41672	0	二级
232	安徽淮北集团	朱庄矿	220	89891	9.133	100/100/76.8	48375.25	0	一级
233	安徽淮北集团	许疃矿	279.12	81103	8.479	100/100/33.2	16145.65	1	一级
234	安徽淮北集团	朱仙庄矿	219.27	89385（双突）	8.05	100/100/26.5	11820.46	1	二级
235	安徽淮北集团	孙疃矿	181.5	81710	7.44	100/100/35.7	18559.5	0	一级
236	安徽淮北集团	朔里矿	138.17	83434	7.324	93.2/100/37.9	6689.04	0	一级
237	安徽淮北集团	涡北矿	119.8	96057	7.267	100/100/44.1	23608.26	0	一级
238	安徽淮北集团	桃园矿	159.05	67279（双突）	7.256	86.4/100/52.1	9656	0	一级
239	安徽淮北集团	临涣矿	184.55	80391	6.947	81.5/100/29.3	22468.27	0	二级
240	安徽淮北集团	祁南矿	239.2	96826（双突）	6.8	92.08/100/66.33	2784.18	0	一级
241	安徽淮北集团	童亭矿	133.69	57042（双突）	5.156	82.56/100/54.3	3031.86	0	二级
242	安徽淮南矿业	顾桥煤矿	1216	335451	20.94	100/100/91	41393.3	0	特级
243	安徽淮南矿业	张集煤矿	1340.79	287970	18.69	100/100/84	60400	3	一级
244	安徽淮南矿业	顾北矿	481.67	196903（双突）	18.02	100/100/67.3	23800.6	0	特级

（续）

序号	隶属企业	井工煤矿	矿井产量/万t	综合单产/[t·（个·月）$^{-1}$]	原煤工效/（t·工$^{-1}$）	采煤/掘进装载/综掘机械化程度/%	盈利/万元	安全	级别
245	安徽淮南矿业	谢桥煤矿	832.97	227422（双突）	18.02	100/100/56.34	36143.94	1	一级
246	安徽淮南矿业	潘一矿	556.1	148085（双突）	13.93	100/100/58.72	44060	0	特级
247	安徽淮南矿业	潘三矿	507.1	139800（双突）	13.06	100/100/45	21700	2	一级
248	安徽皖北煤电	五沟矿	150	123966（双突）	10.1	100/100/57	5673	0	特级
249	安徽皖北煤电	祁东煤矿	239.995	90417（双突）	9	100/100/28.3	10100	2	二级
250	安徽皖北煤电	恒源煤电公司	199.998	85072	8.5	100/100/35	16291.87	1	二级
251	安徽皖北煤电	任楼煤矿	280	122807（双突）	7.39	100/100/51	36796	0	一级
252	安徽皖北煤电	刘桥一矿	140	67829.5	7.05	90.35/100/31	9885	0	一级
253	安徽皖北煤电	百善煤矿	143.26	65958	5.56	100/100/17.8	30842.26	1	二级
254	国投新集公司	刘庄煤矿	540.9	450743（双突）	15.7	100/100/48	77661.6	2	一级
255	国投新集公司	新集一矿	389.97	148215（双突）	15.03	100/100/67	20110	0	特级
256	国投新集公司	新集二矿	247.3	95972（双突）	8.02	100/97/57.6	23692	0	一级
257	河南中平能化集团	六矿	320	123354（双突）	12.19	100/100/65	30457.6	0	特级
258	河南中平能化集团	十一矿	300	81026.5	12.1	100/100/58.28	27500.36	0	一级
259	河南中平能化集团	十矿	276	71678（双突）	10.369	100/100/50	11896.1	0	一级
260	河南中平能化集团	十二矿	164.14	130733（双突）	10.236	100/100/80.5	26588.09	0	特级
261	河南中平能化集团	二矿	170	90778	10.2	100/100/86.9	12864.6	0	一级
262	河南中平能化集团	一矿	454.1	91578（双突）	9.764	100/100/76.95	17670.07	1	一级

（续）

序号	隶属企业	井工煤矿	矿井产量/万t	综合单产/[t·（个·月）$^{-1}$]	原煤工效/（t·工$^{-1}$）	采煤/掘进装载/综掘机械化程度/%	盈利/万元	安全	级别
263	河南中平能化集团	五矿	200	77350（双突）	8.42	100/100/86	16000	0	一级
264	河南中平能化集团	八矿	355.3	88934（双突）	8.12	100/97/46	14978	1	一级
265	河南中平能化集团	瑞平公司张村矿	98.61	76195	6.94	100/100/50	18250	0	一级
266	河南中平能化集团	瑞平公司庇山矿	88.6	72970	6.12	100/100/45	13500	0	二级
267	河南中平能化集团	七矿	110.53	90201	5.5	100/100/42	892.98	0	二级
268	河南煤业化工集团	永煤公司城郊矿	498.8	212594	17.65	100/100/78	177500	0	特级
269	河南煤业化工集团	永煤公司陈四楼矿	445.6	153193	16.18	100/100/50	81143	0	特级
270	河南煤业化工集团	永煤公司车集矿	269.13	126404	13.36	100/100/71	84655	0	特级
271	河南煤业化工集团	永煤公司新桥矿	119.96	101600	9.48	100/100/54	32334.2	0	一级
272	河南煤业化工集团	永煤公司红岭煤矿	59.6	61303	4.3	100/100/25	23688	0	二级
273	河南煤业化工集团	永煤公司枣园矿	45	46875（大倾角）	5.01	100/100/33.3	5799	0	二级
274	河南煤业化工集团	永煤云盖山矿二矿	44.9	41574	4.2	100/100/50	11314	0	二级
275	河南煤业化工集团	焦煤公司赵固一矿	239.9	122416	12.25	100/99.5/98.5	29230	0	特级
276	河南煤业化工集团	焦煤公司演马庄矿	117.98	92153（双突）	7.56	100/96.5/25.6	3256	0	一级
277	河南煤业化工集团	焦煤公司中马村矿	110.19	72850（双突）	7.18	100/97.5/27.2	493	0	一级
278	河南煤业化工集团	焦煤公司九里山矿	99.99	78921（双突）	6.11	100/96.1/26.8	4094.43	0	一级
279	河南煤业化工集团	焦煤公司古汉山矿	128.2	98917（双突）	5.64	100/97.3/26.5	6120.3	0	一级

（续）

序号	隶属企业	井工煤矿	矿井产量/万t	综合单产/[t·（个·月）$^{-1}$]	原煤工效/（t·工$^{-1}$）	采煤/掘进装载/综掘机械化程度/%	盈利/万元	安全	级别
280	河南煤业化工集团	鹤煤中泰矿业公司	144.8	65216（双突）	8.26	100/100/30.8	24172.51	0	一级
281	河南煤业化工集团	鹤煤公司三矿	134.5	65198	5.18	100/100/31.59	6046	0	一级
282	河南煤业化工集团	鹤煤公司二矿	62.96	50646（大倾角）	5.15	100/100/16.23	11128	0	二级
283	河南煤业化工集团	鹤煤公司六矿	125.23	40938（双突）	4.06	100/98/32	5359.95	0	一级
284	河南义煤集团	耿村矿	398.32	170640	15.06	100/100/85	53286.46	0	特级
285	河南义煤集团	千秋矿	209.6	178770	12.5	100/100/73.8	16154.92	0	特级
286	河南义煤集团	常村矿	218.62	175931.6	12.13	100/100/72.4	1543.8	0	特级
287	河南义煤集团	杨村矿	165.8	139481	9.51	100/100/27.8	21112.76	0	一级
288	河南义煤集团	跃进矿	125.72	92884	8.1	100/100/100	1657.4	0	一级
289	河南义煤集团	新安矿	149.97	62917（双突）	8.09	100/100/25	11143.4	0	二级
290	河南义煤集团	义安矿业正村煤矿	59.06	62427.2（双突）	5.39	100/100/24.6	525.46	0	二级
291	河南郑煤集团	超化矿	182.51	116998（双突）	10.2	100/95.1/31.2	10567.95	0	一级
292	河南郑煤集团	裴沟矿	174.17	77035（双突）	9.65	85.5/100/37	11000.05	0	一级
293	河南郑煤集团	白坪煤业公司	179.99	76361（双突）	8.52	86.15/96.9/41.5	10550	0	一级
294	河南郑煤集团	告成矿	100	67655（双突）	6.34	90/100/38	4653	0	一级
295	河南神火集团	新庄煤矿	224.5	144186	12.18	100/100/75	58005	0	特级
296	河南神火集团	许昌新龙矿业公司	88.5	73713（双突）	10.72	100/100/50	35391	0	一级

（续）

序号	隶属企业	井工煤矿	矿井产量/万t	综合单产/[t·（个·月）$^{-1}$]	原煤工效/（t·工$^{-1}$）	采煤/掘进装载/综掘机械化程度/%	盈利/万元	安全	级别
297	河南神火集团	薛湖煤矿	69.9	68598（双突）	5.63	100/100/45	2600	0	一级
298	国投煤炭公司	河南新能开发公司	119.2	82092.63	10.95	100/100/50	23000	0	一级
299	河南济源煤业	一矿	69.7	62726	6.08	100/100/45	10500	0	二级
300	甘肃华亭煤业	砚北煤矿	490.08	222200	15.19	100/97.82/99.7	24800	0	特级
301	甘肃华亭煤业	山寨矿	190.19	170272	14.74	100/97.3/45.76	5446.6	0	特级
302	甘肃华亭煤业	东峡矿	123	123000	12.79	100/98/75.2	3709.77	0	特级
303	甘肃华亭煤业	陈家沟煤矿	150	160055	10.84	100/95.7/45.6	6433	0	特级
304	甘肃华亭煤业	马蹄沟矿	119.9	120180	10.18	100/95/95	1889.7	0	特级
305	甘肃华亭煤业	新柏煤矿	130.17	121880.15	10.195	98/97/70	2133.71	0	二级
306	甘肃华亭煤业	新窑煤矿	130.11	129845	10.16	100/98/75.8	2490.89	0	特级
307	甘肃窑街煤电	三矿	190.04	57172.7（突出、大倾角）	8.081	100/98/98	6250.72	0	特级
308	甘肃窑街煤电	天祝煤业公司	100	89815	7.41	100/100/76	8289.32	0	一级
309	甘肃窑街煤电	海石湾矿	106	65432（突出）	5.75	100/98/48	356	0	二级
310	甘肃靖远	大水头煤矿	215	125800	12.52	100/100/63	20258.2	0	特级
311	甘肃靖远	四号井	143.08	71827	10.45	100/97/42	5278.43	0	特级
312	甘肃靖远	魏家地煤矿	145	120800（双突）	10.42	100/96/45	2498	0	特级

（续）

序号	隶属企业	井工煤矿	矿井产量/万t	综合单产/[t·（个·月）$^{-1}$]	原煤工效/（t·工$^{-1}$）	采煤/掘进装载/综掘机械化程度/%	盈利/万元	安全	级别
313	徐矿新疆天山公司	俄霍布拉克煤矿	178.99	124435	14.18	100/100/100	6877	0	特级
314	黑龙江龙煤集团	双鸭山东荣二矿	248	103042	8.28	100/100/27.3	8800	0	一级
315	黑龙江龙煤集团	双鸭山新安矿	207.78	64474	6.48	100/100/28.9	3915	0	一级
316	黑龙江龙煤集团	双鸭山东保卫煤矿	79.9	31743（大倾角）	4.228	100/99.21/17	1030	0	二级
317	黑龙江龙煤集团	鸡西东山矿	205.7	86000	8.92	100/100/30	2001	0	二级
318	黑龙江龙煤集团	鸡西城山矿	219.9	85437	8.461	100/100/38	1668	1	二级
319	黑龙江龙煤集团	鸡西杏花煤矿	195.7	91500	8.08	100/100/36	1575	0	一级
320	黑龙江龙煤集团	鸡西平岗矿	115.8	61520	5.14	100/100/30	1756	0	二级
321	黑龙江龙煤集团	鹤岗峻德煤矿	298.8	59474（大倾角）	5.02	100/95.12/28.54	14.9	0	一级
322	黑龙江龙煤集团	七台河新立煤矿	100	40304（薄煤层）	3.603	100/100/27.8	4946	0	一级
323	吉煤集团辽源矿业	梅河煤矿三井	114.97	45667（大倾角）	6.27	100/100/26.3	3982.1	0	一级
324	吉煤集团辽源矿业	梅河煤矿二井	119.98	47458（大倾角）	4.6	100/100/26.7	4207.4	0	二级
325	吉煤集团辽源矿业	梅河煤矿四井	89.9	71333（大倾角）	4.57	100/100/16.1	2749.5	0	二级
326	吉煤集团珲春矿业	板石一矿	240	120700	9.593	100/100/41.81	8413	1	二级
327	吉煤集团珲春矿业	八连城煤矿	180	129555	8.456	100/99.73/82	196	1	二级
328	吉煤集团珲春矿业	英安煤矿	181.5	125160	7.39	100/96.4/55.9	650	0	一级
329	吉煤集团舒兰矿业	四矿	150	122001	7.748	100/99.6/75.56	11925.3	0	一级
330	吉煤集团舒兰矿业	二矿	92.12	68181	4.227	75.32/95.68/61.73	5066.6	0	二级

（续）

序号	隶属企业	井工煤矿	矿井产量/万t	综合单产/[t·（个·月）$^{-1}$]	原煤工效/（t·工$^{-1}$）	采煤/掘进装载/综掘机械化程度/%	盈利/万元	安全	级别
331	江苏徐州矿务集团	三河尖煤矿	210.3	81050	8.523	100/100/28.5	14743.09	0	一级
332	江苏徐州矿务集团	夹河煤矿	131	62558（大倾角）	7.85	100/100/27.6	4400	0	一级
333	江苏徐州矿务集团	张双楼煤矿	199.98	99100	7.688	100/100/39.41	22998.27	0	一级
334	江苏徐州矿务集团	庞庄矿张小楼井	119.99	95069	7.249	100/100/74.65	9511.21	0	一级
335	江苏徐州矿务集团	权台煤矿	153.67	68679	7.023	100/100/28.2	13677	0	一级
336	江苏徐州矿务集团	张集煤矿	65.06	30027（突出）	5.17	90/100/21	971.34	0	二级
337	陕煤黄陵矿业	二号煤矿	606.8	291907	27.3	100/100/100	42485	0	一级
338	陕煤黄陵矿业	一号煤矿	498.8	240270	18.46	100/100/100	40137	0	特级
339	陕煤澄合矿业	王村煤矿	148.8	76596	5.18	100/100/83.7	23212.8	0	二级
340	陕煤蒲白矿业	朱家河煤矿	119.7	64641	5.182	100/100/74.9	14000	1	二级
341	陕煤铜川矿业	陈家山煤矿	180.99	150825	12.15	100/100/100	563.4	0	一级
342	陕煤铜川矿业	下石节煤矿	183.3	142000	5.006	100/100/92	2133	0	二级
343	陕煤陕北	韩家湾煤矿	148.6	123833	19.1	100/100/100	9500	0	特级
344	陕西汇森	凉水井矿业公司	394	350692	38.13	100/100/100	37177.4	0	特级
345	陕西省	红石岩煤矿	120	100000	5.39	100/95.1/95	9789	0	二级
346	四川华蓥山广能	绿水洞煤业公司	103	41027（大倾角）	3.957	100/100/34.78	3880.65	1	二级

（续）

序号	隶属企业	井工煤矿	矿井产量/万t	综合单产/[t·（个·月）$^{-1}$]	原煤工效/（t·工$^{-1}$）	采煤/掘进装载/综掘机械化程度/%	盈利/万元	安全	级别
347	四川华蓥山广能	李子垭煤业公司	83.73	38546（薄煤层、双突）	3.37	100/100/48.5	1367	0	一级
348	重庆松藻煤电	打通一煤矿	160.75	54079（薄煤层、双突）	4.166	100/95/20	807	0	二级
349	重庆松藻煤电	松藻煤矿	106.37	29629（薄煤层、双突）	2.459	100/96.1/54.75	585	0	二级
序号	隶属企业	露天煤矿	煤矿产量/万t	综合单产/[t·（个·月）$^{-1}$]	原煤工效/（t·工$^{-1}$）	剥采比/（$m^3 \cdot t^{-1}$）	盈利/万元	安全	级别
350	神华准能公司	黑岱沟露天煤矿	1999.95	163000	136.47	4.12	208115.5	0	特级
351	神华北电胜利	胜利露天矿	1056.26	220054	78.42	2.65	11700	1	一级
352	神华宝日希勒公司	露天煤矿	1305	250206	77.8	3.51	40000	0	特级
353	神东天隆公司	武家塔露天矿	290	241700	45.9	6.53	64572.4	0	特级
354	中煤平朔公司	安家岭露天矿	1763	244861	108.72	7.6	92000	0	特级
355	中煤平朔公司	安太堡露天矿	2172	226250	106.39	7.9	107823	0	特级
356	内蒙古平庄煤业	元宝山露天煤业公司	798.93	265700	36.126	3.09	54880	0	特级
357	华能伊敏煤电公司	露天矿	1420.27	394000	84.21	2.33	7843.23	0	特级
358	辽宁抚顺矿业公司	西露天矿	209	87083	18.8	4.17	12277	0	一级
359	云南先锋煤业公司	露天矿	199.9	90876	22.5	3.18	6777.54	0	一级

附录五　2009年度煤炭工业特级安全高效矿井(露天)申报表汇总

神华神东煤炭集团上湾煤矿

项　目	内容	项　目	内　容		
矿（井）产量/万t	1249.9	采煤队名称	综采队	连采一队	连采二队
平均工作面个数/个	1	采煤工艺	综采	旺采	掘进
采煤机械化程度/%	100	煤层平均厚度/m	6.0	6.0	6.0
掘进装载机械化程度/%	100	煤层倾角/(°)	1.5	1.5	1.5
死亡人数/人	0	矿井综合单产/[t·(个·月)$^{-1}$]	940083		
原煤工效/(t·工$^{-1}$)	153.43	采煤队年产量/万t	1128.1	63.8	58
原煤生产期末人数/人	305	液压支架型号	ZY10800/28/63		
实现利润/万元	87707.2	采煤机型号	ECF－SL1000	JOY12CM27－10D	JOY12CM27－10D
采区回收率(薄/中厚/厚)/%	0/0/84	刮板输送机型号	DBT－ACF173×1000kW		

神华神东煤炭集团补连塔煤矿

项　目	内容	项　目	内　容		
矿（井）产量/万t	1999.5	采煤队名称	综采一队	综采二队	连采一、二队
平均工作面个数/个	2	采煤工艺	综采	综采	掘进
采煤机械化程度/%	100	煤层平均厚度/m	6.6	4.75	5.6
掘进装载机械化程度/%	100	煤层倾角/(°)	1	1	2
死亡人数/人	0	矿井综合单产/[t·(个·月)$^{-1}$]	1666264		
原煤工效/(t·工$^{-1}$)	143	采煤队年产量/万t	1159.47	738.44	101.63
原煤生产期末人数/人	527	液压支架型号	ZY12000/28/63	ZY12000/25/50	
实现利润/万元	107342.4	采煤机型号	JOY（7LS7）	JOY（7LS6）	JOY（CM－15、CM－27）
采区回收率（薄/中厚/厚)/%	0/0/75.7	刮板输送机型号	DBT3×1000kW	DBT3×855kW	梭车JOY－SASC

神华神东煤炭集团大柳塔矿活鸡兔井

项　目	内容	项　目	内　容		
矿（井）产量/万 t	1090	采煤队名称	综采二队	综采三队	连采四、五队
平均工作面个数/个	2.81	采煤工艺	综采	综采	其他
采煤机械化程度/%	100	煤层平均厚度/m	3.5	3.5	4
掘进装载机械化程度/%	100	煤层倾角/(°)	1	1	1
死亡人数/人	0	矿井综合单产/[t·(个·月)$^{-1}$]	825341		
原煤工效/(t·工$^{-1}$)	116.7	采煤队年产量/万 t	950.82		35.34
原煤生产期末人数/人	373	液压支架型号	JOY（2×7625 kN）	JOY（2×7625 kN）	
实现利润/万元		采煤机型号	JOY（6LS－5）	JOY（6LS－5）	JOY（CM27）
采区回收率（薄/中厚/厚）/%	0/0/83.2	刮板输送机型号	JOY（700＋522）kW	JOY（700＋522）kW	运煤车（JOY－818）

神华神东煤炭集团榆家梁矿

项　目	内容	项　目	内　容		
矿（井）产量/万 t	1741	采煤队名称	综采一队	综采二队	综采三队
平均工作面个数/个	2.42	采煤工艺	综采	综采	综采
采煤机械化程度/%	100	煤层平均厚度/m	4.39	3.47	1.85
掘进装载机械化程度/%	100	煤层倾角/(°)	1	1	1
死亡人数/人	0	矿井综合单产/[t·(个·月)$^{-1}$]	1294833		
原煤工效/(t·工$^{-1}$)	114.59	采煤队年产量/万 t	854.9	610.2	88.7
原煤生产期末人数/人	600	液压支架型号	EKF（162/210）	郑煤机（210/220/207）	塔高（175）
实现利润/万元	84617.7	采煤机型号	JOY（7LS6）	JOY（6LS－5）	JOY（7LS－1A）
采区回收率（薄/中厚/厚）/%	0/0/95.3	刮板输送机型号	JOY（AF7）	JOY（AF7）	JOY（AF7）

神华神东煤炭集团石圪台煤矿

项　目	内容	项　目	内　容	
矿（井）产量/万 t	1073.6	采煤队名称	综采一队	综采二队
平均工作面个数/个	2	采煤工艺	综采	综采
采煤机械化程度/%	100	煤层平均厚度/m	4.25	2.1
掘进装载机械化程度/%	100	煤层倾角/(°)	1.5	1.5
死亡人数/人	0	矿井综合单产/[t·(个·月)$^{-1}$]	406583	
原煤工效/(t·工$^{-1}$)	112	采煤队年产量/万 t	697.4	278.4
原煤生产期末人数/人	421	液压支架型号	DBT－4.5m	10020kN
实现利润/万元	35240.5	采煤机型号	JOY（7LS6）	JOY（7LS1A）
采区回收率（薄/中厚/厚）/%	0/86.7/80.1	刮板输送机型号	JOY（3×855）kW	SGZ1000/2000

神华神东煤炭集团大柳塔矿大柳塔井

项　目	内容	项　目	内　容	
矿(井)产量/万 t	979.99	采煤队名称	综采一队	连采一、二队
平均工作面个数/个	1.94	采煤工艺	综采	普通旺采
采煤机械化程度/%	100	煤层平均厚度/m	4.6	4.4
掘进装载机械化程度/%	100	煤层倾角/(°)	1	1
死亡人数/人	0	矿井综合单产/[t·(个·月)$^{-1}$]	696775	
原煤工效/(t·工$^{-1}$)	104	采煤队年产量/万 t	801.8	34.33
原煤生产期末人数/人	372	液压支架型号	JOY（2×7625kN）	
实现利润/万元		采煤机型号	JOY（6LS5）	JOY（CM－27）
采区回收率（薄/中厚/厚）/%	0/0/75	刮板输送机型号	JOY（700＋522）kW	运煤车（JOY－818）

神华神东煤炭集团锦界煤矿

项　目	内容	项　目	内　容	
矿(井)产量/万 t	968.7	采煤队名称	综采一队	综采二队
平均工作面个数/个	1.67	采煤工艺	综采	综采
采煤机械化程度/%	100	煤层平均厚度/m	3.35	3.35
掘进装载机械化程度/%	100	煤层倾角/(°)	1	1
死亡人数/人	0	矿井综合单产/[t·(个·月)$^{-1}$]	410529	
原煤工效/(t·工$^{-1}$)	83	采煤队年产量/万 t	822.7	
原煤生产期末人数/人	458	液压支架型号	平煤（12000kN）	DBT（8824）kN
实现利润/万元	154992	采煤机型号	JOY（7LS－LWS638）	JOY（7LS－LWS638）
采区回收率（薄/中厚/厚)/%	0/81.5/0	刮板输送机型号	DBT（2×700）kW	SGZ1000/2565

神华神东煤炭集团万利一矿

项　目	内容	项　目	内　容	
矿(井)产量/万 t	998.5	采煤队名称	综采一队	综采二队
平均工作面个数/个	1.25	采煤工艺	综采	综采
采煤机械化程度/%	100	煤层平均厚度/m	5.06	1.6
掘进装载机械化程度/%	100	煤层倾角/(°)	3	3
死亡人数/人	0	矿井综合单产/[t·(个·月)$^{-1}$]	831200	
原煤工效/(t·工$^{-1}$)	44.32	采煤队年产量/万 t	896	48.3
原煤生产期末人数/人	894	液压支架型号	ZY8600/24/50D	ZY8000/12/24
实现利润/万元	26905	采煤机型号	MG750/1950－GWD	SL300
采区回收率（薄/中厚/厚)/%	0/87.9/80.8	刮板输送机型号	SGZ1000/2100	SGZ1000/2×855

神华神东煤炭集团保德煤矿

项　目	内容	项　目	内　容	
矿(井)产量/万t	496.54	采煤队名称	综采一队	综采二队
平均工作面个数/个	2	采煤工艺	综放	综采
采煤机械化程度/%	100	煤层平均厚度/m	8.3	5.2
掘进装载机械化程度/%	100	煤层倾角/(°)	3~9	3~6
死亡人数/人	0	矿井综合单产/[t·(个·月)$^{-1}$]	413785	
原煤工效/(t·工$^{-1}$)	38.73	采煤队年产量/万t	284.34	152.26
原煤生产期末人数/人	505	液压支架型号	ZFY10200/25/42D	ZY9000/25.5/55
实现利润/万元	56724	采煤机型号	JOY（7LS6c－LWS637）	JOY（7LS6c－LWS536）
采区回收率（薄/中厚/厚)/%	0/0/76	刮板输送机型号	SGZ1000/2000	DBT/3×855

神华神东煤炭集团乌兰木伦煤矿

项　目	内容	项　目	内　容	
矿（井）产量/万t	398.7	采煤队名称	综采队	连采队
平均工作面个数/个	1	采煤工艺	综采	连采
采煤机械化程度/%	100	煤层平均厚度/m	5.06	6.2
掘进装载机械化程度/%	100	煤层倾角/(°)	3	2
死亡人数/人	0	矿井综合单产/[t·(个·月)$^{-1}$]	274816.7	
原煤工效/(t·工$^{-1}$)	33.76	采煤队年产量/万t	329.75	68.92
原煤生产期末人数/人	359	液压支架型号	DBT/2×4319	
实现利润/万元	51330	采煤机型号	JOY（7LS6－LWS572）	JOY（12CM15－10D）
采区回收率（薄/中厚/厚)/%	0/0/78.3	刮板输送机型号	JOY（3×1000）kW	

神华神东煤炭集团柳塔煤矿

项 目	内 容	项 目	内 容
矿（井）产量/万 t	299.66	采煤队名称	综采队
平均工作面个数/个	0.901	采煤工艺	综放
采煤机械化程度/%	100	煤层平均厚度/m	5.0
掘进装载机械化程度/%	100	煤层倾角/(°)	1~3
死亡人数/人	0	矿井综合单产/[t·(个·月)$^{-1}$]	249713.5
原煤工效/(t·工$^{-1}$)	31.56	采煤队年产量/万 t	274.81
原煤生产期末人数/人	392	液压支架型号	ZY10800/28
实现利润/万元	98753	采煤机型号	SL1000
采区回收率（薄/中厚/厚)/%	0/0/83.5	刮板输送机型号	JOY（1250/3×1000）

神华神东煤炭集团寸草塔矿

项 目	内 容	项 目	内 容
矿（井）产量/万 t	240	采煤队名称	综采队
平均工作面个数/个	1	采煤工艺	综采
采煤机械化程度/%	100	煤层平均厚度/m	2.4
掘进装载机械化程度/%	100	煤层倾角/(°)	1~3
死亡人数/人	0	矿井综合单产/[t·(个·月)$^{-1}$]	175200
原煤工效/(t·工$^{-1}$)	13.7	采煤队年产量/万 t	231.2
原煤生产期末人数/人	530	液压支架型号	ZY7600/12/24
实现利润/万元		采煤机型号	SL300
采区回收率(薄/中厚/厚)/%	0/86/0	刮板输送机型号	SGZ1000/2100

神华神东煤炭集团唐公沟矿

项　目	内　容	项　目	内　容
矿（井）产量/万 t	149.6	采煤队名称	综采队
平均工作面个数/个	0.825	采煤工艺	综采
采煤机械化程度/%	100	煤层平均厚度/m	4.18
掘进装载机械化程度/%	100	煤层倾角/(°)	2
死亡人数/人	0	矿井综合单产/[t·(个·月)$^{-1}$]	124689
原煤工效/(t·工$^{-1}$)	11.2	采煤队年产量/万 t	124
原煤生产期末人数/人	505	液压支架型号	ZY9000/24/50
实现利润/万元	5382	采煤机型号	EKFSL500
采区回收率（薄/中厚/厚）/%	0/0/75.4	刮板输送机型号	SGZ1000/3×700kW

神华宁煤集团公司任家庄煤矿

项　目	内容	项　目	内　容	
矿（井）产量/万 t	273	采煤队名称	综采一队	综采二队
平均工作面个数/个	2	采煤工艺	综采	综采
采煤机械化程度/%	100	煤层平均厚度/m	2.83	2.62
掘进装载机械化程度/%	100	煤层倾角/(°)	10	18
死亡人数/人	0	矿井综合单产/[t·(个·月)$^{-1}$]	139000	
原煤工效/(t·工$^{-1}$)	76.77	采煤队年产量/万 t	77.6	182.8
原煤生产期末人数/人	992	液压支架型号	ZY5600/17/35	ZY6800/17/35
实现利润/万元	49000	采煤机型号	MG450/1020－WD	MG450/1020－WD
采区回收率（薄/中厚/厚）/%	0/82.49/0	刮板输送机型号	SGZ900/1400	SGZ900/1400

神华宁煤集团公司羊场湾煤矿

项　目	内容	项　目	内　容		
矿（井）产量/万 t	1500	采煤队名称	综采一队	综采二队	综采三队
平均工作面个数/个	3.63	采煤工艺	综采	综放	综放
采煤机械化程度/%	100	煤层平均厚度/m	7.1	10.35	8.5
掘进装载机械化程度/%	100	煤层倾角/(°)	8	14	12
死亡人数/人	0	矿井综合单产/[t·(个·月)$^{-1}$]	335100		
原煤工效/(t·工$^{-1}$)	19.8	采煤队年产量/万 t	930	230	300
原煤生产期末人数/人	2274	液压支架型号	ZY10000/28/62D	ZF7800/19/35	ZF8600/18/35
实现利润/万元	156268.6	采煤机型号	JOY（7LS7）	MG650/1620 - WD	MG450/1020 - WD
采区回收率（薄/中厚/厚）/%	0/0/76.4	刮板输送机型号	AFC3×855kW	SGZ1000/1710	SGZ960/1400

神华宁煤集团公司灵新煤矿

项　目	内容	项　目	内　容	
矿（井）产量/万 t	318.9	采煤队名称	综采一队	综采二队
平均工作面个数/个	1.75	采煤工艺	综采	综采
采煤机械化程度/%	100	煤层平均厚度/m	2.4	2.8
掘进装载机械化程度/%	100	煤层倾角/(°)	12	11
死亡人数/人	0	矿井综合单产/[t·(个·月)$^{-1}$]	146667	
原煤工效/(t·工$^{-1}$)	15.2	采煤队年产量/万 t	162	146.9
原煤生产期末人数/人	697	液压支架型号	TAGOR - 4800/12/28	TAGOR - 5200/17/35
实现利润/万元	2029.1	采煤机型号	MG300/720 - AWD	MG450/1020 - WD
采区回收率（薄/中厚/厚）/%	0/81.5/0	刮板输送机型号	SGZ800/1050	SGZ900/1400

神华新疆能源公司小红沟煤矿

项　目	内　容	项　目	内　容
矿（井）产量/万 t	161.18	采煤队名称	综采一队
平均工作面个数/个	0.94	采煤工艺	综放
采煤机械化程度/%	100	煤层平均厚度/m	45
掘进装载机械化程度/%	100	煤层倾角/(°)	87
死亡人数/人	0	矿井综合单产/[t·(个·月)$^{-1}$]	138652
原煤工效/(t·工$^{-1}$)	20.71	采煤队年产量/万 t	156.4
原煤生产期末人数/人	240	液压支架型号	ZFG5600
实现利润/万元	4048.1	采煤机型号	MG250－NWD
采区回收率（薄/中厚/厚)/%	0/0/90	刮板输送机型号	SGZ730/110

神华新疆能源公司大洪沟煤矿

项　目	内　容	项　目	内　容
矿（井）产量/万 t	140	采煤队名称	综采队
平均工作面个数/个	0.88	采煤工艺	综放
采煤机械化程度/%	100	煤层平均厚度/m	52
掘进装载机械化程度/%	100	煤层倾角/(°)	82
死亡人数/人	0	矿井综合单产/[t·(个·月)$^{-1}$]	125947
原煤工效/(t·工$^{-1}$)	16.24	采煤队年产量/万 t	133
原煤生产期末人数/人	270	液压支架型号	ZF5600/19/38
实现利润/万元	590.76	采煤机型号	MGD250－NW
采区回收率（薄/中厚/厚)/%	0/0/90	刮板输送机型号	SGB730/110

神华新疆能源公司碱沟煤矿

项　目	内容	项　目	内　容	
矿（井）产量/万 t	160.63	采煤队名称	综采一队	综采二队
平均工作面个数/个	1.83	采煤工艺	综放	综放
采煤机械化程度/%	100	煤层平均厚度/m	50	33
掘进装载机械化程度/%	100	煤层倾角/(°)	82	82
死亡人数/人	0	矿井综合单产/[t·(个·月)$^{-1}$]	70628	
原煤工效/(t·工$^{-1}$)	15.27	采煤队年产量/万 t	102.3	52.8
原煤生产期末人数/人	366	液压支架型号	ZF6500/20/40	ZF5000/17/35
实现利润/万元	1300	采煤机型号	MG300/355－NWD	MG250－NWD
采区回收率（薄/中厚/厚)/%	0/0/96.16	刮板输送机型号	SGZ800/160	SGZ730/110

神华新疆能源公司铁厂沟煤矿

项　目	内　容	项　目	内　容
矿（井）产量/万 t	119.3	采煤队名称	综采区
平均工作面个数/个	0.82	采煤工艺	综放
采煤机械化程度/%	100	煤层平均厚度/m	29.6
掘进装载机械化程度/%	96	煤层倾角/(°)	41
死亡人数/人	0	矿井综合单产/[t·(个·月)$^{-1}$]	116850
原煤工效/(t·工$^{-1}$)	10.2	采煤队年产量/万 t	114.98
原煤生产期末人数/人	356	液压支架型号	ZF5600
实现利润/万元	4175.5	采煤机型号	MGD250/300－NWD
采区回收率（薄/中厚/厚)/%	0/0/82	刮板输送机型号	SGB730/110

神华乌海能源公司露天煤矿

项　目	内　容	项　目	内　容
矿（井）产量/万t	129.5	采煤队名称	综放队
平均工作面个数/个	0.86	采煤工艺	综放
采煤机械化程度/%	100	煤层平均厚度/m	8
掘进装载机械化程度/%	85	煤层倾角/(°)	11
死亡人数/人	0	矿井综合单产/[t·(个·月)$^{-1}$]	126400
原煤工效/(t·工$^{-1}$)	19.27	采煤队年产量/万t	128
原煤生产期末人数/人	224	液压支架型号	ZFS5000/18.5/28.5
实现利润/万元	4189	采煤机型号	MG－300/700
采区回收率（薄/中厚/厚）/%	0/0/86.6	刮板输送机型号	SGZ764/800

中煤平朔公司安太堡井工矿

项　目	内　容	项　目	内　容
矿（井）产量/万t	600	采煤队名称	综采队
平均工作面个数/个	1	采煤工艺	综放
采煤机械化程度/%	100	煤层平均厚度/m	12.29
掘进装载机械化程度/%	100	煤层倾角/(°)	3
死亡人数/人	0	矿井综合单产/[t·(个·月)$^{-1}$]	750000
原煤工效/(t·工$^{-1}$)	127.03	采煤队年产量/万t	600
原煤生产期末人数/人	288	液压支架型号	ZF8000/23/37
实现利润/万元	48000	采煤机型号	JOY（7LS3）
采区回收率（薄/中厚/厚）/%	0/0/80.5	刮板输送机型号	SGZ1000/1400

中煤平朔公司安家岭二号井工矿

项　目	内　容	项　目	内　容
矿（井）产量/万 t	1000	采煤队名称	综采一队
平均工作面个数/个	0.889	采煤工艺	综放
采煤机械化程度/%	100	煤层平均厚度/m	13.2
掘进装载机械化程度/%	100	煤层倾角/(°)	2
死亡人数/人	0	矿井综合单产/[t·(个·月)$^{-1}$]	937383
原煤工效/(t·工$^{-1}$)	126.08	采煤队年产量/万 t	957.84
原煤生产期末人数/人	289	液压支架型号	ZFS10000/23/37
实现利润/万元	43001.31	采煤机型号	JOY（7L3A）
采区回收率（薄/中厚/厚）/%	0/0/80	刮板输送机型号	SGZ1000/2000

中煤平朔公司安家岭一号井工矿

项　目	内　容	项　目	内　容
矿（井）产量/万 t	1000	采煤队名称	综采队
平均工作面个数/个	0.9	采煤工艺	综放
采煤机械化程度/%	100	煤层平均厚度/m	12.91
掘进装载机械化程度/%	100	煤层倾角/(°)	5
死亡人数/人	0	矿井综合单产/[t·(个·月)$^{-1}$]	866667
原煤工效/(t·工$^{-1}$)	73	采煤队年产量/万 t	936
原煤生产期末人数/人	454	液压支架型号	ZF8000/23/37
实现利润/万元	32700	采煤机型号	ECF－SL750
采区回收率（薄/中厚/厚）/%	0/0/79.8	刮板输送机型号	SGZ1000/1400

中煤大屯公司姚桥煤矿

项　目	内容	项　目	内　容	
矿（井）产量/万 t	380	采煤队名称	综采一队	综采二队
平均工作面个数/个	1.88	采煤工艺	综放	综放
采煤机械化程度/%	100	煤层平均厚度/m	5.7	5.5
掘进装载机械化程度/%	100	煤层倾角/(°)	9	8
死亡人数/人	0	矿井综合单产/[t·(个·月)$^{-1}$]	162633	
原煤工效/(t·工$^{-1}$)	16.186	采煤队年产量/万 t	212.1	154.8
原煤生产期末人数/人	1145	液压支架型号	ZF5200/16/28	ZF2800/16/28
实现利润/万元	92635.45	采煤机型号	MG300/700－3.3D	MG160/380
采区回收率（薄/中厚/厚）/%	0/0/83.1	刮板输送机型号	SGZ764/630	SGD630/400

中煤山西东坡煤业公司

项　目	内　容	项　目	内　容
矿（井）产量/万 t	210.8	采煤队名称	综采队
平均工作面个数/个	1	采煤工艺	综采
采煤机械化程度/%	100	煤层平均厚度/m	4.1
掘进装载机械化程度/%	100	煤层倾角/(°)	3
死亡人数/人	0	矿井综合单产/[t·(个·月)$^{-1}$]	175580
原煤工效/(t·工$^{-1}$)	14.547	采煤队年产量/万 t	186.8
原煤生产期末人数/人	507	液压支架型号	ZF8000/23/37
实现利润/万元	3141	采煤机型号	MGTY400/930
采区回收率（薄/中厚/厚）/%	0/0/83.59	刮板输送机型号	SGZ1000/1400

河北开滦集团范各庄矿业分公司

项　目	内容	项　目	内　容		
矿（井）产量/万t	470	采煤队名称	综采一队	综采二队	综采三队
平均工作面个数/个	2.82	采煤工艺	综放	轻放	综放
采煤机械化程度/%	100	煤层平均厚度/m	3.3	6.2	3.85
掘进装载机械化程度/%	100	煤层倾角/(°)	15	15	13
死亡人数/人	0	矿井综合单产/[t·(个·月)$^{-1}$]	130643		
原煤工效/(t·工$^{-1}$)	15.465	采煤队年产量/万t	114.98	115.83	211.67
原煤生产期末人数/人	1189	液压支架型号	ZY4200/20/45	ZY2400/16/24	ZY6400/21/45
实现利润/万元	22186.8	采煤机型号	MG-710	MG-350	MG-710
采区回收率（薄/中厚/厚）/%	0/84.7/83	刮板输送机型号	SGZ800/750	SGD630/220	SGZ800/750

河北冀中能源集团冀中股份东庞矿

项　目	内容	项　目	内　容	
矿（井）产量/万t	280	采煤队名称	综采一队	综采二队
平均工作面个数/个	1.73	采煤工艺	综采	综采
采煤机械化程度/%	100	煤层平均厚度/m	4.3	4.5
掘进装载机械化程度/%	100	煤层倾角/(°)	11	19
死亡人数/人	0	矿井综合单产/[t·(个·月)$^{-1}$]	122158	
原煤工效/(t·工$^{-1}$)	12.105	采煤队年产量/万t	178.2	75.4
原煤生产期末人数/人	1116	液压支架型号	ZY5000/25/50	ZY5000/25/50
实现利润/万元	114325.7	采煤机型号	MG500/1130	MG400/930
采区回收率（薄/中厚/厚）/%	0/0/91.6	刮板输送机型号	SGZ800/1050	SGZ800/800

河北冀中能源集团冀中股份邢东矿

项　目	内　容	项　目	内　容
矿（井）产量/万 t	120.6	采煤队名称	综采区
平均工作面个数/个	0.72	采煤工艺	综采
采煤机械化程度/%	100	煤层平均厚度/m	4.4
掘进装载机械化程度/%	100	煤层倾角/(°)	19.1
死亡人数/人	0	矿井综合单产/[t·(个·月)$^{-1}$]	121046
原煤工效/(t·工$^{-1}$)	10.5	采煤队年产量/万 t	104.5
原煤生产期末人数/人	504	液压支架型号	ZY5000/25/50
实现利润/万元	27600	采煤机型号	MG500/1130
采区回收率（薄/中厚/厚）/%	0/0/96.5	刮板输送机型号	SGZ800/500

内蒙古扎赉诺尔煤业公司铁北煤矿

项　目	内　容	项　目	内　容
矿（井）产量/万 t	184.5	采煤队名称	综放队
平均工作面个数/个	1	采煤工艺	综放
采煤机械化程度/%	100	煤层平均厚度/m	13
掘进装载机械化程度/%	96.5	煤层倾角/(°)	6
死亡人数/人	0	矿井综合单产/[t·(个·月)$^{-1}$]	153750
原煤工效/(t·工$^{-1}$)	11.5	采煤队年产量/万 t	178.9
原煤生产期末人数/人	716	液压支架型号	ZF8000/18/34
实现利润/万元	752.28	采煤机型号	MG1000/1300
采区回收率（薄/中厚/厚）/%	0/0/75	刮板输送机型号	SGZ1000/1400

内蒙古平庄煤业集团老公营子煤矿

项　目	内　容	项　目	内　容
矿（井）产量/万 t	118.14	采煤队名称	5161
平均工作面个数/个	0.75	采煤工艺	综采
采煤机械化程度/%	100	煤层平均厚度/m	3.3
掘进装载机械化程度/%	98.92	煤层倾角/(°)	6
死亡人数/人	0	矿井综合单产/[t·(个·月)$^{-1}$]	122440
原煤工效/(t·工$^{-1}$)	11.02	采煤队年产量/万 t	110.2
原煤生产期末人数/人	424	液压支架型号	ZY4600/17/38
实现利润/万元	10477	采煤机型号	MG300/700
采区回收率（薄/中厚/厚）/%	0/81.2/0	刮板输送机型号	SGZ764/630

内蒙古伊泰公司纳林庙煤矿二号井

项　目	内　容	项　目	内　容
矿（井）产量/万 t	630	采煤队名称	综采队
平均工作面个数/个	0.95	采煤工艺	综采
采煤机械化程度/%	100	煤层平均厚度/m	6
掘进装载机械化程度/%	100	煤层倾角/(°)	2
死亡人数/人	0	矿井综合单产/[t·(个·月)$^{-1}$]	518035.1
原煤工效/(t·工$^{-1}$)	97.8	采煤队年产量/万 t	590.56
原煤生产期末人数/人	244	液压支架型号	ZY8640/25.5/55
实现利润/万元	100889.7	采煤机型号	MG750/1915－GWD
采区回收率（薄/中厚/厚）/%	0/0/80.3	刮板输送机型号	SGZ1000/1400

内蒙古伊泰公司宏景塔一矿

项　目	内　容	项　目	内　容
矿（井）产量/万 t	610	采煤队名称	综采队
平均工作面个数/个	0.92	采煤工艺	综采
采煤机械化程度/%	100	煤层平均厚度/m	5.16
掘进装载机械化程度/%	100	煤层倾角/(°)	3
死亡人数/人	0	矿井综合单产/[t·(个·月)$^{-1}$]	509692
原煤工效/(t·工$^{-1}$)	94.38	采煤队年产量/万 t	562.7
原煤生产期末人数/人	252	液压支架型号	ZY8640/25.5/55
实现利润/万元	90000	采煤机型号	MG750/1915 - GWD
采区回收率（薄/中厚/厚）/%	0/0/82.4	刮板输送机型号	SGZ1000/1400

内蒙古伊东集团东圪堵煤矿

项　目	内　容	项　目	内　容
矿（井）产量/万 t	123.7	采煤队名称	综采队
平均工作面个数/个	0.95	采煤工艺	综采
采煤机械化程度/%	100	煤层平均厚度/m	4.2
掘进装载机械化程度/%	100	煤层倾角/(°)	1.5
死亡人数/人	0	矿井综合单产/[t·(个·月)$^{-1}$]	93706
原煤工效/(t·工$^{-1}$)	29.88	采煤队年产量/万 t	106.6
原煤生产期末人数/人	153	液压支架型号	ZY8800/25.5/55
实现利润/万元	11751.5	采煤机型号	MG700/1840 - WD
采区回收率（薄/中厚/厚）/%	0/0/83	刮板输送机型号	SGZ1000/630

辽宁铁法煤业集团大平矿

项　目	内　容	项　目	内　容
矿（井）产量/万 t	405	采煤队名称	综放队
平均工作面个数/个	0.766	采煤工艺	综放
采煤机械化程度/%	100	煤层平均厚度/m	11.5
掘进装载机械化程度/%	98.1	煤层倾角/(°)	7
死亡人数/人	0	矿井综合单产/[t·(个·月)$^{-1}$]	423847
原煤工效/(t·工$^{-1}$)	17.63	采煤队年产量/万 t	389.6
原煤生产期末人数/人	900	液压支架型号	ZFS8000/17/29
实现利润/万元	61728	采煤机型号	MG940/400 - WD
采区回收率（薄/中厚/厚）/%	0/0/80.8	刮板输送机型号	SGZ1000/1400

辽宁铁法煤业集团大兴矿

项　目	内　容	项　目	内　容
矿（井）产量/万 t	380	采煤队名称	综采队
平均工作面个数/个	0.89	采煤工艺	综采
采煤机械化程度/%	100	煤层平均厚度/m	4.88
掘进装载机械化程度/%	100	煤层倾角/(°)	8
死亡人数/人	0	矿井综合单产/[t·(个·月)$^{-1}$]	328652
原煤工效/(t·工$^{-1}$)	15.003	采煤队年产量/万 t	351
原煤生产期末人数/人	1062	液压支架型号	ZY10000/27/56
实现利润/万元	27767	采煤机型号	MG1600/2040 - WD
采区回收率（薄/中厚/厚）/%	0/93/95	刮板输送机型号	SGZ1000/1710

辽宁铁法煤业集团小青矿

项　目	内　容	项　目	内　容
矿（井）产量/万t	250	采煤队名称	661综采队
平均工作面个数/个	0.97	采煤工艺	综采
采煤机械化程度/%	100	煤层平均厚度/m	1.7
掘进装载机械化程度/%	100	煤层倾角/(°)	4
死亡人数/人	0	矿井综合单产/[t·(个·月)$^{-1}$]	200172
原煤工效/(t·工$^{-1}$)	13.612	采煤队年产量/万t	233
原煤生产期末人数/人	1369	液压支架型号	ZY5200/08/18
实现利润/万元	436	采煤机型号	HG9－38Ve/GH5.7
采区回收率（薄/中厚/厚)/%	0/87.3/0	刮板输送机型号	PRTGH－PF3/822

辽宁铁法煤业集团晓南矿

项　目	内　容	项　目	内　容
矿（井）产量/万t	210	采煤队名称	综采队
平均工作面个数/个	0.87	采煤工艺	综采
采煤机械化程度/%	100	煤层平均厚度/m	2.8
掘进装载机械化程度/%	100	煤层倾角/(°)	8
死亡人数/人	0	矿井综合单产/[t·(个·月)$^{-1}$]	162417
原煤工效/(t·工$^{-1}$)	12.249	采煤队年产量/万t	194.9
原煤生产期末人数/人	950	液压支架型号	ZZ6400
实现利润/万元	4067	采煤机型号	MG400/985－WD
采区回收率（薄/中厚/厚)/%	89/86.08/0	刮板输送机型号	SGZ880/800

辽宁铁法煤业集团小康矿

项　目	内　容	项　目	内　容
矿（井）产量/万t	260	采煤队名称	综放队
平均工作面个数/个	0.94	采煤工艺	综放
采煤机械化程度/%	100	煤层平均厚度/m	6.8
掘进装载机械化程度/%	100	煤层倾角/(°)	7
死亡人数/人	0	矿井综合单产/[t·(个·月)$^{-1}$]	230496
原煤工效/(t·工$^{-1}$)	12.17	采煤队年产量/万t	256.5
原煤生产期末人数/人	857	液压支架型号	ZFS7200/17/29
实现利润/万元	9336	采煤机型号	MG400/940－WD
采区回收率（薄/中厚/厚）/%	0/0/82.61	刮板输送机型号	SGZ880/800

辽宁铁法煤业集团大隆矿

项　目	内　容	项　目	内　容
矿（井）产量/万t	255	采煤队名称	综采队
平均工作面个数/个	0.81	采煤工艺	综采
采煤机械化程度/%	100	煤层平均厚度/m	3.9
掘进装载机械化程度/%	100	煤层倾角/(°)	3
死亡人数/人	0	矿井综合单产/[t·(个·月)$^{-1}$]	228182
原煤工效/(t·工$^{-1}$)	12.005	采煤队年产量/万t	221.79
原煤生产期末人数/人	926	液压支架型号	ZY6400/23/47
实现利润/万元	10536	采煤机型号	MG650/1620－WD
采区回收率（薄/中厚/厚）/%	0/80.65/79.25	刮板输送机型号	SGZ1000/1400

辽宁沈阳煤业集团红阳三矿

项　目	内容	项　目	内　容	
矿（井）产量/万t	276	采煤队名称	综一队	综二队
平均工作面个数/个	1.78	采煤工艺	综采	综采
采煤机械化程度/%	100	煤层平均厚度/m	3.2	3.1
掘进装载机械化程度/%	100	煤层倾角/(°)	7	7
死亡人数/人	0	矿井综合单产/[t·(个·月)$^{-1}$]	129213	
原煤工效/(t·工$^{-1}$)	10.61	采煤队年产量/万t	143.22	111.86
原煤生产期末人数/人	1095	液压支架型号	ZY9000/25.5/5.5	ZZ5600/17/35
实现利润/万元	41652	采煤机型号	MG650/1480－GWD	MG300/700－WD
采区回收率（薄/中厚/厚）/%	0/0/80.51	刮板输送机型号	SGZ1000/1400	SGZ830/750

山西同煤集团大唐塔山煤矿公司

项　目	内容	项　目	内　容	
矿（井）产量/万t	1500	采煤队名称	综采一队	综采二队
平均工作面个数/个	1.84	采煤工艺	综放	综放
采煤机械化程度/%	100	煤层平均厚度/m	13.2	12.2
掘进装载机械化程度/%	100	煤层倾角/(°)	4	3
死亡人数/人	0	矿井综合单产/[t·(个·月)$^{-1}$]	662006	
原煤工效/(t·工$^{-1}$)	48.65	采煤队年产量/万t	882.75	578.96
原煤生产期末人数/人	1285	液压支架型号	ZF13000/25/38	ZF13000/25/38
实现利润/万元	130841	采煤机型号	SL500	SL500
采区回收率（薄/中厚/厚）/%	0/0/75.1	刮板输送机型号	PF6－1342	PF6－1342

山西同煤集团四台矿

项　目	内容	项　目	内　容		
矿（井）产量/万 t	431	采煤队名称	综采一队	综采二、三队	综采四队
平均工作面个数/个	2.65	采煤工艺	综采	综采	综采
采煤机械化程度/%	100	煤层平均厚度/m	2.4	2.2	2.8
掘进装载机械化程度/%	99.8	煤层倾角/(°)	4	4	4
死亡人数/人	0	矿井综合单产/[t·(个·月)$^{-1}$]	125157		
原煤工效/(t·工$^{-1}$)	15.88	采煤队年产量/万 t	102	193	103
原煤生产期末人数/人	938	液压支架型号	ZZS5600A	ZZS5600	ZZS6000
实现利润/万元	3801	采煤机型号	MG300/701	MG300/700	MGTY300/700
采区回收率（薄/中厚/厚）/%	0/86/0	刮板输送机型号	SGZ800/750	SGZ830/630	SGZ830/630

山西同煤集团马脊梁矿

项　目	内容	项　目	内　容		
矿(井)产量/万 t	379.4	采煤队名称	综采一队	综采二队	综采三队
平均工作面个数/个	2.35	采煤工艺	综采	综采	综采
采煤机械化程度/%	100	煤层平均厚度/m	3.7	1.57	3.7
掘进装载机械化程度/%	100	煤层倾角/(°)	3	3	3
死亡人数/人	0	矿井综合单产/[t·(个·月)$^{-1}$]	130906		
原煤工效/(t·工$^{-1}$)	15.24	采煤队年产量/万 t	159.35	82.17	127.63
原煤生产期末人数/人	1136	液压支架型号	ZZS6000/17/37	ZY6400/1.25/2.8	ZZS6000/17/37
实现利润/万元	8005.8	采煤机型号	MGTY400/900	MG300/720	MGTY300/700
采区回收率（薄/中厚/厚）/%	0/85.32/0	刮板输送机型号	SGZ960/800S	SGZ800/750S	SGZ800/800

山西同煤集团云冈矿

项 目	内容	项 目	内 容		
矿（井）产量/万 t	520.4	采煤队名称	综采一队	综采二队	综采三队
平均工作面个数/个	3.12	采煤工艺	综采	综放	大采高
采煤机械化程度/%	100	煤层平均厚度/m	2.7	7.5	5
掘进装载机械化程度/%	100	煤层倾角/(°)	4	4	4
死亡人数/人	0	矿井综合单产/[t·(个·月)$^{-1}$]	130839		
原煤工效/(t·工$^{-1}$)	15.036	采煤队年产量/万 t	107	177.97	204.87
原煤生产期末人数/人	1660	液压支架型号	ZZSX6000	ZFS7500	ZZ9900
实现利润/万元	4266	采煤机型号	MG300/700	MGTY300/700	MG800/2040
采区回收率（薄/中厚/厚）/%	0/84/77	刮板输送机型号	SGZ800/800	SGZ764/400	SGZ1000/1050

山西同煤集团晋华宫矿

项 目	内容	项 目	内 容		
矿（井）产量/万 t	435.98	采煤队名称	综采一队	综采二、三队	综采四队
平均工作面数/个	2.9	采煤工艺	综采	综采	综采
采煤机械化程度/%	100	煤层平均厚度/m	3.26	2.23	4.8
掘进装载机械化程度/%	100	煤层倾角/(°)	5	6	6
死亡人数/人	0	矿井综合单产/[t·(个·月)$^{-1}$]	122009		
原煤工效/(t·工$^{-1}$)	15.023	采煤队年产量/万 t	120.23	184.15	120.22
原煤生产期末人数/人	1351	液压支架型号	ZZS6000/17/37	ZZS5300/14/28	ZZ9900
实现利润/万元	3666	采煤机型号	MG500/1220	MG300/700	MG750/1910
采区回收率（薄/中厚/厚）/%	0/83/80	刮板输送机型号	SGZ800/750	SGZ764/630	SGZ1000/1050

山西焦煤西山煤电集团马兰矿

项 目	内容	项 目	内 容		
矿（井）产量/万t	391.79	采煤队名称	综采一队	综采二队	薄煤层采煤队
平均工作面个数/个	2.4	采煤工艺	综采	综采	综采
采煤机械化程度/%	100	煤层平均厚度/m	3	4.2	1.3
掘进装载机械化程度/%	100	煤层倾角/(°)	3	3	3
死亡人数/人	0	矿井综合单产/[t·(个·月)$^{-1}$]	130444		
原煤工效/(t·工$^{-1}$)	15.794	采煤队年产量/万t	155.88	158.08	61.72
原煤生产期末人数/人	1057	液压支架型号	ZZ4000/17/35	ZY5600/21/46	ZY3600/11/25
实现利润/万元	31045	采煤机型号	MG250/600	MG500/1140	MG250/560
采区回收率（薄/中厚/厚）/%	89.8/90.5/85.6	刮板输送机型号	SGZ764/630	SGZ900/1050	SGZ764/200

山西焦煤汾西矿业集团双柳煤矿

项 目	内 容	项 目	内 容
矿（井）产量/万t	199.69	采煤队名称	综采队
平均工作面个数/个	0.95	采煤工艺	综采
采煤机械化程度/%	100	煤层平均厚度/m	3.5
掘进装载机械化程度/%	97	煤层倾角/(°)	5
死亡人数/人	0	矿井综合单产/[t·(个·月)$^{-1}$]	153602
原煤工效/(t·工$^{-1}$)	12.345	采煤队年产量/万t	183.96
原煤生产期末人数/人	967	液压支架型号	ZZ6000/20/42
实现利润/万元	18585	采煤机型号	MG400/920－WD
采区回收率（薄/中厚/厚）/%	0/0/83.5	刮板输送机型号	SGZ880/800

山西焦煤华晋焦煤公司沙曲矿

项　目	内容	项　目	内　容	
矿（井）产量/万 t	165.19	采煤队名称	综采一队	综采二队
平均工作面个数/个	1.21	采煤工艺	综采	综采
采煤机械化程度/%	100	煤层平均厚度/m	2.5	2.6
掘进装载机械化程度/%	100	煤层倾角/(°)	6	5
死亡人数/人	0	矿井综合单产/[t·(个·月)$^{-1}$]	101354	
原煤工效/(t·工$^{-1}$)	9.68	采煤队年产量/万 t	70.68	76.48
原煤生产期末人数/人	1172	液压支架型号	ZZ4600/16/32	ZZ4000/16/26
实现利润/万元	5011	采煤机型号	MG150/375 - W	MG150/375 - W
采区回收率（薄/中厚/厚）/%	0/83.3/0	刮板输送机型号	SGZ764/500	SGZ764/500

山西阳煤集团国阳公司二矿

项　目	内容	项　目	内　容	
矿（井）产量/万 t	734.80	采煤队名称	综采一队	综采四队
平均工作面个数/个	4.72	采煤工艺	综放	综放
采煤机械化程度/%	100	煤层平均厚度/m	6.19	6.48
掘进装载机械化程度/%	99.3	煤层倾角/(°)	6	4
死亡人数/人	0	矿井综合单产/[t·(个·月)$^{-1}$]	121808	
原煤工效/(t·工$^{-1}$)	16.085	采煤队年产量/万 t	200.19	71.05
原煤生产期末人数/人	2485	液压支架型号	ZF6200	ZFSB4200
实现利润/万元	18689	采煤机型号	MG400/930	MG300/700
采区回收率（薄/中厚/厚）/%	0/80.32/75.15	刮板输送机型号	SGZ1000/1400	SGZ880/800

山西阳煤集团寿阳开元矿业公司

项　目	内容	项　目	内　容	
矿（井）产量/万 t	299.87	采煤队名称	综采一队	综采二队
平均工作面个数/个	1.967	采煤工艺	综采	综采
采煤机械化程度/%	100	煤层平均厚度/m	5.9	5.58
掘进装载机械化程度/%	100	煤层倾角/(°)	6	5
死亡人数/人	0	矿井综合单产/[t·(个·月)$^{-1}$]	127556	
原煤工效/(t·工$^{-1}$)	13.802	采煤队年产量/万 t	125.47	159.66
原煤生产期末人数/人	1062	液压支架型号	ZFSB4000/17/28	ZFSB4000/17/28
实现利润/万元	5831.35	采煤机型号	MGT300/700 - WD	MGT300/700 - WD
采区回收率（薄/中厚/厚)/%	0/86.7/77.6	刮板输送机型号	SGZ764/630	SGZ764/630

山西晋城无烟煤矿业集团寺河矿

项　目	内容	项　目	内　容	
矿（井）产量/万 t	1078	采煤队名称	综采一队	综采二队
平均工作面个数/个	1.71	采煤工艺	综采	综采
采煤机械化程度/%	100	煤层平均厚度/m	6.3	6.52
掘进装载机械化程度/%	99	煤层倾角/(°)	4	5
死亡人数/人	0	矿井综合单产/[t·(个·月)$^{-1}$]	477237	
原煤工效/(t·工$^{-1}$)	17.005	采煤队年产量/万 t	805.86	173.43
原煤生产期末人数/人	2632	液压支架型号	ZY12000	ZY9400
实现利润/万元	186013	采煤机型号	ECF - SL500	ECF - SL500
采区回收率（薄/中厚/厚)/%	0/0/82	刮板输送机型号	JOY	JOY

山西晋城无烟煤矿业集团成庄矿

项　目	内容	项　目	内　容		
矿（井）产量/万 t	829.9	采煤队名称	综采一队	综采二队	综采三队
平均工作面个数/个	2.93	采煤工艺	综放	综放	综放
采煤机械化程度/%	100	煤层平均厚度/m	6.35	6.25	6.54
掘进装载机械化程度/%	99.98	煤层倾角/(°)	2	3	1
死亡人数/人	0	矿井综合单产/[t·(个·月)$^{-1}$]	215748		
原煤工效/(t·工$^{-1}$)	16.363	采煤队年产量/万 t	230.68	268.15	259.74
原煤生产期末人数/人	3064	液压支架型号	ZFS6000/17/33	ZFS5400/17/33	ZFS5400/17/33
实现利润/万元	147672.5	采煤机型号	MG450/1020	MG400/1020	MG450/1020
采区回收率（薄/中厚/厚）/%	0/0/79.51	刮板输送机型号	SGZ880/800	SGZ880/800	SGZ880/800

山西晋城无烟煤矿业集团长平煤业公司

项　目	内　容	项　目	内　容
矿（井）产量/万 t	209.7	采煤队名称	综采一队
平均工作面个数/个	0.97	采煤工艺	综放
采煤机械化程度/%	100	煤层平均厚度/m	5.18
掘进装载机械化程度/%	95.95	煤层倾角/(°)	1
死亡人数/人	0	矿井综合单产/[t·(个·月)$^{-1}$]	169888
原煤工效/(t·工$^{-1}$)	12.13	采煤队年产量/万 t	197.75
原煤生产期末人数/人	795	液压支架型号	ZF5000/17/34
实现利润/万元	7849	采煤机型号	MG250/600 – WD
采区回收率（薄/中厚/厚）/%	0/0/83.5	刮板输送机型号	SGZ764/630

山西潞安矿业集团王庄煤矿

项　目	内容	项　目	内　容	
矿（井）产量/万 t	709.2	采煤队名称	综采一队	综采二队
平均工作面个数/个	1.74	采煤工艺	综放	综放
采煤机械化程度/%	100	煤层平均厚度/m	6.55	6.37
掘进装载机械化程度/%	100	煤层倾角/(°)	4	4
死亡人数/人	0	矿井综合单产/[t·(个·月)$^{-1}$]	329195	
原煤工效/(t·工$^{-1}$)	31.264	采煤队年产量/万 t	663.76	23.99
原煤生产期末人数/人	1177	液压支架型号	ZF7000/20/40	ZFS6000/17/33
实现利润/万元	110257.9	采煤机型号	MG400/930	MG300/700
采区回收率（薄/中厚/厚）/%	0/0/80.8	刮板输送机型号	SGZ960/1400	SGZ830/800

山西潞安矿业集团司马煤业公司

项　目	内　容	项　目	内　容
矿（井）产量/万 t	294.08	采煤队名称	综采队
平均工作面个数/个	0.93	采煤工艺	综放
采煤机械化程度/%	100	煤层平均厚度/m	6.7
掘进装载机械化程度/%	100	煤层倾角/(°)	3
死亡人数/人	0	矿井综合单产/[t·(个·月)$^{-1}$]	245789
原煤工效/(t·工$^{-1}$)	23.674	采煤队年产量/万 t	274.3
原煤生产期末人数/人	531	液压支架型号	ZF7000/19.5/33
实现利润/万元	71751	采煤机型号	MG300/700
采区回收率（薄/中厚/厚）/%	0/0/79.5	刮板输送机型号	SGZ800/800

山西潞安矿业集团余吾煤业公司

项　目	内容	项　目	内　容	
矿（井）产量/万 t	598.6	采煤队名称	综采一队	综采二队
平均工作面个数/个	1.3	采煤工艺	综放	综放
采煤机械化程度/%	100	煤层平均厚度/m	5.98	5.85
掘进装载机械化程度/%	100	煤层倾角/(°)	3.8	3.2
死亡人数/人	0	矿井综合单产/[t·(个·月)$^{-1}$]	348141	
原煤工效/(t·工$^{-1}$)	22.88	采煤队年产量/万 t	457.8	85.3
原煤生产期末人数/人	1211	液压支架型号	ZF8000/20/38	ZF8000/20/38
实现利润/万元	31258.6	采煤机型号	MG400/930	MG400/930
采区回收率（薄/中厚/厚）/%	0/0/82.6	刮板输送机型号	SGZ960/1400	SGZ960/1400

山西潞安矿业集团漳村煤矿

项　目	内　容	项　目	内　容
矿（井）产量/万 t	386.92	采煤队名称	综采队
平均工作面个数/个	0.98	采煤工艺	综放
采煤机械化程度/%	100	煤层平均厚度/m	6.2
掘进装载机械化程度/%	100	煤层倾角/(°)	3
死亡人数/人	0	矿井综合单产/[t·(个·月)$^{-1}$]	316412
原煤工效/(t·工$^{-1}$)	22.474	采煤队年产量/万 t	372.1
原煤生产期末人数/人	895	液压支架型号	ZFS6000/17/33
实现利润/万元	64442	采煤机型号	MG250/600
采区回收率（薄/中厚/厚）/%	0/0/82.92	刮板输送机型号	SGZ830/800

山西潞安矿业集团常村煤矿

项　目	内　容	项　目	内　容
矿（井）产量/万 t	598.3	采煤队名称	综采队
平均工作面个数/个	0.96	采煤工艺	综放
采煤机械化程度/%	100	煤层平均厚度/m	6
掘进装载机械化程度/%	100	煤层倾角/(°)	4.5
死亡人数/人	0	矿井综合单产/[t·(个·月)$^{-1}$]	498597
原煤工效/(t·工$^{-1}$)	18.031	采煤队年产量/万 t	552.25
原煤生产期末人数/人	1845	液压支架型号	ZF7500、ZF6500
实现利润/万元	94897.5	采煤机型号	MG400/930
采区回收率（薄/中厚/厚）/%	0/0/79.68	刮板输送机型号	SGZ830/250

山西煤炭进出口集团大平煤业公司

项　目	内　容	项　目	内　容
矿（井）产量/万 t	117.9	采煤队名称	综采队
平均工作面个数/个	0.7	采煤工艺	综放
采煤机械化程度/%	100	煤层平均厚度/m	6.25
掘进装载机械化程度/%	100	煤层倾角/(°)	8
死亡人数/人	0	矿井综合单产/[t·(个·月)$^{-1}$]	130238
原煤工效/(t·工$^{-1}$)	10.76	采煤队年产量/万 t	109.4
原煤生产期末人数/人	598	液压支架型号	ZF4800
实现利润/万元	36331	采煤机型号	MG250/600－1.1D
采区回收率（薄/中厚/厚）/%	0/0/78.5	刮板输送机型号	SGZ764/400

山西鲁能河曲电煤公司上榆泉煤矿

项　目	内容	项　目	内　容	
矿（井）产量/万 t	300	采煤队名称	综采一队	综采二队
平均工作面个数/个	1.75	采煤工艺	综放	综放
采煤机械化程度/%	100	煤层平均厚度/m	3.1	8
掘进装载机械化程度/%	100	煤层倾角/(°)	1	1
死亡人数/人	0	矿井综合单产/［t·(个·月)$^{-1}$］	140238	
原煤工效/(t·工$^{-1}$)	27.81	采煤队年产量/万 t	88.66	205.84
原煤生产期末人数/人	430	液压支架型号	ZY6600	ZF8600
实现利润/万元	24200	采煤机型号	ECF－SL300	ECF－SL300
采区回收率（薄/中厚/厚）/%	0/96.1/81	刮板输送机型号	SGZ1000/1400	SGZ1000/1400

山西晋城市亚美大宁能源公司

项　目	内　容	项　目	内　容
矿（井）产量/万 t	398	采煤队名称	综采队
平均工作面个数/个	0.88	采煤工艺	综放
采煤机械化程度/%	100	煤层平均厚度/m	4.85
掘进装载机械化程度/%	100	煤层倾角/(°)	4
死亡人数/人	0	矿井综合单产/［t·(个·月)$^{-1}$］	311618.34
原煤工效/(t·工$^{-1}$)	15.99	采煤队年产量/万 t	328.39
原煤生产期末人数/人	1072	液压支架型号	DBT－2550/5500－2＊3926
实现利润/万元	117519	采煤机型号	JOY（7LS6）
采区回收率（薄/中厚/厚）/%	0/0/79	刮板输送机型号	LA－0530 PF4

山西兰花科技公司伯方煤矿分公司

项　目	内容	项　目	内　容	
矿（井）产量/万t	180	采煤队名称	综采一队	综采二队
平均工作面个数/个	1.18	采煤工艺	综放	综放
采煤机械化程度/%	100	煤层平均厚度/m	5.44	5.25
掘进装载机械化程度/%	100	煤层倾角/(°)	4	3.5
死亡人数/人	0	矿井综合单产/[t·(个·月)$^{-1}$]	120099	
原煤工效/(t·工$^{-1}$)	11.51	采煤队年产量/万t	96.83	73.23
原煤生产期末人数/人	726	液压支架型号	ZF4400/17/28	ZFS3200/16/28
实现利润/万元	60203	采煤机型号	MG200/500－WD	4MG200－W1
采区回收率（薄/中厚/厚）/%	0/0/76.6	刮板输送机型号	SGZ764/320	SGZ730/264

山西兰花科技公司唐安煤矿分公司

项　目	内　容	项　目	内　容
矿（井）产量/万t	150	采煤队名称	综放队
平均工作面个数/个	0.82	采煤工艺	综放
采煤机械化程度/%	100	煤层平均厚度/m	5.8
掘进装载机械化程度/%	100	煤层倾角/(°)	3
死亡人数/人	0	矿井综合单产/[t·(个·月)$^{-1}$]	141870
原煤工效/(t·工$^{-1}$)	10.55	采煤队年产量/万t	139.6
原煤生产期末人数/人	480	液压支架型号	ZF4400/17/28
实现利润/万元	50301	采煤机型号	MG200/500
采区回收率（薄/中厚/厚）/%	0/0/78	刮板输送机型号	SGZ764/400

山西长治市三元煤业公司

项　目	内　容	项　目	内　容
矿（井）产量/万t	179.83	采煤队名称	综采队
平均工作面个数/个	1	采煤工艺	综放
采煤机械化程度/%	100	煤层平均厚度/m	7.1
掘进装载机械化程度/%	100	煤层倾角/(°)	5
死亡人数/人	0	矿井综合单产/[t·(个·月)$^{-1}$]	141075
原煤工效/(t·工$^{-1}$)	17.33	采煤队年产量/万t	169.29
原煤生产期末人数/人	411	液压支架型号	ZF4800/17/28
实现利润/万元	111188	采煤机型号	MXG500/3.5
采区回收率（薄/中厚/厚）/%	0/0/85	刮板输送机型号	SGZ764/500

山西长治市长治经坊煤业公司

项　目	内容	项　目	内　容	
矿（井）产量/万t	239.8	采煤队名称	综采一队	综采二队
平均工作面个数/个	1.4	采煤工艺	综放	综放
采煤机械化程度/%	100	煤层平均厚度/m	6	6
掘进装载机械化程度/%	100	煤层倾角/(°)	7	7
死亡人数/人	0	矿井综合单产/[t·(个·月)$^{-1}$]	132643	
原煤工效/(t·工$^{-1}$)	13.61	采煤队年产量/万t	138.89	83.95
原煤生产期末人数/人	668	液压支架型号	ZF5800/16/30	ZF2600/16/24
实现利润/万元	91814.1	采煤机型号	MG300/700	6MG200W
采区回收率（薄/中厚/厚）/%	0/0/78.6	刮板输送机型号	SGZ830/750	SGW630/180

山东淄博矿业集团许厂煤矿

项　目	内容	项　目	内　容	
矿（井）产量/万 t	319.8	采煤队名称	综采一队	综采二队
平均工作面个数/个	1.87	采煤工艺	综采	综采
采煤机械化程度/%	100	煤层平均厚度/m	5	3.7
掘进装载机械化程度/%	96	煤层倾角/(°)	3	7
死亡人数/人	0	矿井综合单产/[t·(个·月)$^{-1}$]	129276	
原煤工效/(t·工$^{-1}$)	15.75	采煤队年产量/万 t	188.48	101.62
原煤生产期末人数/人	793	液压支架型号	ZY7600/25.5/55	ZY6000/19/40
实现利润/万元	68341	采煤机型号	MG750/1800	ECF－SL300
采区回收率（薄/中厚/厚）/%	0/0/78.6	刮板输送机型号	SGZ1000/1400	SGZ800/400

山东淄博矿业集团唐口煤业公司

项　目	内容	项　目	内　容	
矿（井）产量/万 t	335	采煤队名称	综采一队	综采二队
平均工作面个数/个	1.85	采煤工艺	综采	综采
采煤机械化程度/%	100	煤层平均厚度/m	3.6	3.4
掘进装载机械化程度/%	98.8	煤层倾角/(°)	7	6
死亡人数/人	0	矿井综合单产/[t·(个·月)$^{-1}$]	139189	
原煤工效/(t·工$^{-1}$)	15.55	采煤队年产量/万 t	161	148
原煤生产期末人数/人	827	液压支架型号	ZF7500/20/38	ZF7500/20/38
实现利润/万元	56119	采煤机型号	MG400/930	MG400/930
采区回收率（薄/中厚/厚）/%	0/47.2（条采）/77.3	刮板输送机型号	SGZ1000/1400	SGZ1000/1400

山东淄博矿业集团岱庄煤矿

项　目	内容	项　目	内　容	
矿（井）产量/万 t	226.99	采煤队名称	综采一队	综采二队
平均工作面个数/个	1.42	采煤工艺	综采	综采
采煤机械化程度/%	100	煤层平均厚度/m	2.85	2.75
掘进装载机械化程度/%	100	煤层倾角/(°)	3	4
死亡人数/人	0	矿井综合单产/[t·(个·月)$^{-1}$]	121238	
原煤工效/(t·工$^{-1}$)	12.53	采煤队年产量/万 t	110.82	95.77
原煤生产期末人数/人	710	液压支架型号	ZY6000/19/40	ZY2800/16/33
实现利润/万元	23446	采煤机型号	MG400/930 – WD	MG200/500 – AWD
采区回收率（薄/中厚/厚）/%	0/63.2/0	刮板输送机型号	SGZ800/800	SGZ730/200

山东淄博矿业集团陕西长武亭南煤业公司

项　目	内　容	项　目	内　容
矿（井）产量/万 t	215	采煤队名称	综采队
平均工作面个数/个	0.7	采煤工艺	综放
采煤机械化程度/%	100	煤层平均厚度/m	8.5
掘进装载机械化程度/%	98	煤层倾角/(°)	4
死亡人数/人	0	矿井综合单产/[t·(个·月)$^{-1}$]	220995
原煤工效/(t·工$^{-1}$)	12.2	采煤队年产量/万 t	185.64
原煤生产期末人数/人	736	液压支架型号	ZF7500/18/35
实现利润/万元	20404.7	采煤机型号	MG400/930 – WD
采区回收率（薄/中厚/厚）/%	0/0/77.3	刮板输送机型号	SGZ880/800

山东兖矿集团济宁三号煤矿

项　目	内容	项　目	内　容		
矿（井）产量/万t	620.05	采煤队名称	综采一队	综采二队	综采准备队
平均工作面个数/个	2.87	采煤工艺	综放	综放	综采
采煤机械化程度/%	100	煤层平均厚度/m	4.55	4.8	1.72
掘进装载机械化程度/%	100	煤层倾角/(°)	3	4	3
死亡人数/人	0	矿井综合单产/[t·(个·月)$^{-1}$]	168648		
原煤工效/(t·工$^{-1}$)	27.428	采煤队年产量/万t	180.99	227.07	172.31
原煤生产期末人数/人	1217	液压支架型号	ZFS6200	ZFS7200	ZY4000
实现利润/万元	100773	采煤机型号	MG400/940	MG400/1400	MG250/556
采区回收率（薄/中厚/厚)/%	0/89.89/79.51	刮板输送机型号	SGZ1000/1400	SGZ1000/1050	SGZ800/630

山东兖矿集团东滩煤矿

项　目	内容	项　目	内　容	
矿（井）产量/万t	747.61	采煤队名称	综采工区	生产准备一区
平均工作面个数/个	1.91	采煤工艺	综放	综采
采煤机械化程度/%	100	煤层平均厚度/m	9.5	1.5
掘进装载机械化程度/%	100	煤层倾角/(°)	7	5
死亡人数/人	0	矿井综合单产/[t·(个·月)$^{-1}$]	316175	
原煤工效/(t·工$^{-1}$)	19.351	采煤队年产量/万t	621.69	104.57
原煤生产期末人数/人	1885	液压支架型号	ZFS7200/20/40	ZY6400/18.5/38
实现利润/万元	126637	采煤机型号	ECF－SL300	ECF－SL300
采区回收率（薄/中厚/厚)/%	0/90.3/81.3	刮板输送机型号	SGZ1000/1400	SGZ1000/1050

山东兖矿集团兴隆庄矿

项　目	内容	项　目	内　容	
矿（井）产量/万 t	659.67	采煤队名称	综采一队	综采二队
平均工作面个数/个	1.84	采煤工艺	综放	综放
采煤机械化程度/%	100	煤层平均厚度/m	8.44	8.69
掘进装载机械化程度/%	100	煤层倾角/(°)	7	6.5
死亡人数/人	0	矿井综合单产/[t·(个·月)$^{-1}$]	292935	
原煤工效/(t·工$^{-1}$)	18.268	采煤队年产量/万 t	600.15	46.65
原煤生产期末人数/人	1876	液压支架型号	ZFS7200	ZFS6200
实现利润/万元	117526	采煤机型号	MG650/1480	MG400/9400
采区回收率（薄/中厚/厚）/%	0/0/80.57	刮板输送机型号	SGZ1000/1400	SGZ1000/1050

山东兖矿集团鲍店煤矿

项　目	内容	项　目	内　容	
矿（井）产量/万 t	573.98	采煤队名称	综采工区	生产准备一区
平均工作面数/个	1.68	采煤工艺	综放	综放
采煤机械化程度/%	100	煤层平均厚度/m	6.19	5.78
掘进装载机械化程度/%	100	煤层倾角/(°)	6	10
死亡人数/人	0	矿井综合单产/[t·(个·月)$^{-1}$]	267856	
原煤工效/(t·工$^{-1}$)	16.26	采煤队年产量/万 t	386.32	152.07
原煤生产期末人数/人	2169	液压支架型号	ZFS6200/18/35	ZFS6200/18/35
实现利润/万元	81035	采煤机型号	MGTY400/930	MGTY400/930
采区回收率（薄/中厚/厚）/%	0/0/82.6	刮板输送机型号	SGZ1000/1050	SGZ1000/1050

山东兖矿集团济宁二号煤矿

项　目	内容	项　目	内　容		
矿（井）产量/万 t	359.09	采煤队名称	综采一区	综采二区	综采三区
平均工作面个数/个	2.29	采煤工艺	综放	综放	综放
采煤机械化程度/%	100	煤层平均厚度/m	4.69	1.6	4.82
掘进装载机械化程度/%	100	煤层倾角/(°)	3	6	6
死亡人数/人	0	矿井综合单产/[t·(个·月)$^{-1}$]	128589		
原煤工效/(t·工$^{-1}$)	15.697	采煤队年产量/万 t	214.35	37.19	101.82
原煤生产期末人数/人	1485	液压支架型号	ZFS6200	ZY4000	ZFS7200
实现利润/万元	25913	采煤机型号	MG610/1400	MG250/556	MG400/940
采区回收率（薄/中厚/厚)/%	0/81.2/76.5	刮板输送机型号	SGZ1000/1050	SGZ800/630	SGZ960/375

山东兖矿集团南屯煤矿

项　目	内　容	项　目	内　容		
矿（井）产量/万 t	375.55	采煤队名称	综采队	综采准备队	普采一区
平均工作面个数/个	2.73	采煤工艺	综采	综采	其他
采煤机械化程度/%	95.2	煤层平均厚度/m	5.2	3.04	1.05
掘进装载机械化程度/%	100	煤层倾角/(°)	8	6	5
死亡人数/人	0	矿井综合单产/[t·(个·月)$^{-1}$]	120897		
原煤工效/(t·工$^{-1}$)	15.411	采煤队年产量/万 t	179.94	158.33	17.06
原煤生产期末人数/人	1469	液压支架型号	ZFQ6500	ZFS6200	
实现利润/万元	36591	采煤机型号	MG300/700	MGTY400/930	
采区回收率（薄/中厚/厚)/%	97.15/83.75/76.45	刮板输送机型号	SGZ900/630	SGZ960/800	

山东枣庄矿业集团高庄矿

项　目	内容	项　目	内　容	
矿（井）产量/万t	305.52	采煤队名称	综采一队	综采二队
平均工作面个数/个	1.5	采煤工艺	综采	综采
采煤机械化程度/%	100	煤层平均厚度/m	5.4	3.1
掘进装载机械化程度/%	100	煤层倾角/(°)	16	15
死亡人数/人	0	矿井综合单产/[t·(个·月)$^{-1}$]	162122	
原煤工效/(t·工$^{-1}$)	15.12	采煤队年产量/万t	203.4	88.42
原煤生产期末人数/人	939	液压支架型号	ZY6600/25/55	ZF5200/19/42
实现利润/万元	89254	采煤机型号	MG650/1480－WD	MG400/930－WD
采区回收率（薄/中厚/厚）/%	0/0/87	刮板输送机型号	SGZ1000/1400	SGZ830/800

山东枣庄矿业集团新安矿

项　目	内　容	项　目	内　容
矿（井）产量/万t	294.7	采煤队名称	综采一队
平均工作面个数/个	1	采煤工艺	综放
采煤机械化程度/%	100	煤层平均厚度/m	8.5
掘进装载机械化程度/%	100	煤层倾角/(°)	8
死亡人数/人	0	矿井综合单产/[t·(个·月)$^{-1}$]	245586
原煤工效/(t·工$^{-1}$)	13.466	采煤队年产量/万t	278.70
原煤生产期末人数/人	970	液压支架型号	ZFS5200/17/33
实现利润/万元	31453	采煤机型号	MG400/930－WD
采区回收率（薄/中厚/厚）/%	0/0/85	刮板输送机型号	SGZ830/800

山东枣庄矿业集团付村煤业公司

项　目	内　容	项　目	内　容
矿（井）产量/万 t	270	采煤队名称	综采一区
平均工作面个数/个	1	采煤工艺	综采
采煤机械化程度/%	100	煤层平均厚度/m	5.3
掘进装载机械化程度/%	100	煤层倾角/(°)	8
死亡人数/人	0	矿井综合单产/[t·(个·月)$^{-1}$]	225000
原煤工效/(t·工$^{-1}$)	12.02	采煤队年产量/万 t	260
原煤生产期末人数/人	823	液压支架型号	ZY6400/25/53
实现利润/万元	65300	采煤机型号	MG650/1480－WD
采区回收率（薄/中厚/厚）/%	0/0/90	刮板输送机型号	SGZ1000/1400

山东龙口矿业集团梁家煤矿

项　目	内容	项　目	内　容	
矿（井）产量/万 t	279.46	采煤队名称	综放队	综采队
平均工作面个数/个	1.8	采煤工艺	综放	综采
采煤机械化程度/%	100	煤层平均厚度/m	6.43	4.27
掘进装载机械化程度/%	100	煤层倾角/(°)	9	9
死亡人数/人	0	矿井综合单产/[t·(个·月)$^{-1}$]	124377	
原煤工效/(t·工$^{-1}$)	13.242	采煤队年产量/万 t	190.436	78.219
原煤生产期末人数/人	804	液压支架型号	ZFS4600/17/33	ZF4800/23/42
实现利润/万元	45622	采煤机型号	MG300/730	MG300/930
采区回收率（薄/中厚/厚）/%	0/0/80.6	刮板输送机型号	SGZ764/800	SGZ764/630

山东龙口矿业集团北皂煤矿

项　目	内容	项　目	内　容	
矿（井）产量/万t	221.5	采煤队名称	综一队	综二队
平均工作面个数/个	1.42	采煤工艺	综放	综采
采煤机械化程度/%	100	煤层平均厚度/m	4.36	4.25
掘进装载机械化程度/%	100	煤层倾角/(°)	3	3
死亡人数/人	0	矿井综合单产/[t·(个·月)$^{-1}$]	122147	
原煤工效/(t·工$^{-1}$)	12.05	采煤队年产量/万t	107.52	100.62
原煤生产期末人数/人	745	液压支架型号	ZF5200/17/32	ZY4800/23/42
实现利润/万元	20334	采煤机型号	MG250/600	MG400/930
采区回收率（薄/中厚/厚）/%	0/0/78.3	刮板输送机型号	SGZ764/630	SGZ764/630

安徽淮南矿业集团顾桥煤矿

项　目	内容	项　目	内　容		
矿（井）产量/万t	1216	采煤队名称	综采一队	综采二队	综采三队
平均工作面个数/个	2.94	采煤工艺	综采	综采	综采
采煤机械化程度/%	100	煤层平均厚度/m	4.5	3.4	3.4
掘进装载机械化程度/%	100	煤层倾角/(°)	6	5	5
死亡人数/人	0	矿井综合单产/[t·(个·月)$^{-1}$]	335451		
原煤工效/(t·工$^{-1}$)	20.94	采煤队年产量/万t	400.12	519.88	250.01
原煤生产期末人数/人	2339	液压支架型号	ZY9200/25/50	ZY8800/18/38	ZY8800/18/38
实现利润/万元	41393.3	采煤机型号	JOY（7LS6）	ECF－SL750	ECF－SL750
采区回收率（薄/中厚/厚）/%	0/87.52/83.48	刮板输送机型号	SGZ1000/1400	SGZ1000/1400	SGZ1000/1400

安徽淮南矿业集团淮浙煤电公司顾北煤矿分公司

项　目	内容	项　目	内　容	
矿（井）产量/万 t	481.67	采煤队名称	综采一队	综采二队
平均工作面个数/个	1.92	采煤工艺	综采	综采
采煤机械化程度/%	100	煤层平均厚度/m	3.3	3.8
掘进装载机械化程度/%	100	煤层倾角/(°)	5	5
死亡人数/人	0	矿井综合单产/[t·(个·月)$^{-1}$]	196903	
原煤工效/(t·工$^{-1}$)	18.02	采煤队年产量/万 t	304.6	149.1
原煤生产期末人数/人	1006	液压支架型号	ZZ6400/18/38	ZZ6400/22/45
实现利润/万元	23800.6	采煤机型号	MG650/1480	MG650/1480
采区回收率（薄/中厚/厚）/%	0/89/86	刮板输送机型号	SGZ1000/1400	SGZ1000/1400

安徽淮南矿业集团潘集第一煤矿

项　目	内容	项　目	内　容		
矿（井）产量/万 t	556.1	采煤队名称	综采一队	综采二队	综采三队
平均工作面个数/个	2.91	采煤工艺	综采	综采	综采
采煤机械化程度/%	100	煤层平均厚度/m	4.5	3.0	1.7
掘进装载机械化程度/%	100	煤层倾角/(°)	16	7	10
死亡人数/人	0	矿井综合单产/[t·(个·月)$^{-1}$]	148085		
原煤工效/(t·工$^{-1}$)	13.93	采煤队年产量/万 t	320.65	108.35	88.11
原煤生产期末人数/人	1579	液压支架型号	ZZ9200/24/50	ZZ6000/21/42	ZY5000/11/24
实现利润/万元	44060	采煤机型号	MG750/1715	MG300/700	ECF－SL300
采区回收率（薄/中厚/厚）/%	0/81.89/80.56	刮板输送机型号	SGZ1000/1400	SGZ800/1050	SGZ900/800

安徽皖北煤电集团五沟煤矿公司

项　目	内　容	项　目	内　容
矿（井）产量/万 t	150	采煤队名称	采煤事业部
平均工作面个数/个	0.95	采煤工艺	综采
采煤机械化程度/%	100	煤层平均厚度/m	3.9
掘进装载机械化程度/%	100	煤层倾角/(°)	6
死亡人数/人	0	矿井综合单产/[t·(个·月)$^{-1}$]	123966
原煤工效/(t·工$^{-1}$)	10.1	采煤队年产量/万 t	141.3
原煤生产期末人数/人	602	液压支架型号	ZY7600/24/50
实现利润/万元	5673	采煤机型号	MG400/920QWD
采区回收率（薄/中厚/厚）/%	0/0/80.4	刮板输送机型号	SGZ800/800

国投新集公司新集一矿

项　目	内容	项　目	内　容	
矿（井）产量/万 t	389.97	采煤队名称	综采一队	综采二队
平均工作面个数/个	2	采煤工艺	综采	综采
采煤机械化程度/%	100	煤层平均厚度/m	3.42	3.5
掘进装载机械化程度/%	100	煤层倾角/(°)	5	12
死亡人数/人	0	矿井综合单产/[t·(个·月)$^{-1}$]	148215	
原煤工效/(t·工$^{-1}$)	15.03	采煤队年产量/万 t	213.37	142.35
原煤生产期末人数/人	1053	液压支架型号	ZZ7600/18/38	ZZ9200/24/50
实现利润/万元	20110	采煤机型号	MG500/940	MG650/1480
采区回收率（薄/中厚/厚）/%	0/81.8/0	刮板输送机型号	SGZ800/800	SGZ800/800

河南中平能化集团平顶山天安煤业六矿

项　目	内容	项　目	内　容	
矿（井）产量/万 t	320	采煤队名称	综采一队	综采二队
平均工作面个数/个	1.99	采煤工艺	综采	综采
采煤机械化程度/%	100	煤层平均厚度/m	3.5	2.2
掘进装载机械化程度/%	100	煤层倾角/(°)	9	8
死亡人数/人	0	矿井综合单产/[t·(个·月)$^{-1}$]	123354	
原煤工效/(t·工$^{-1}$)	12.19	采煤队年产量/万 t	139.63	156.42
原煤生产期末人数/人	1156	液压支架型号	ZY5000/18/38	ZY5000/14.5/30
实现利润/万元	30457.6	采煤机型号	MG400/930	MG300/700
采区回收率（薄/中厚/厚）/%	0/82.6/0	刮板输送机型号	SGZ830/750	SGZ764/500

河南中平能化集团平顶山天安煤业十二矿

项　目	内　容	项　目	内　容
矿（井）产量/万 t	164.14	采煤队名称	综采队
平均工作面个数/个	0.98	采煤工艺	综采
采煤机械化程度/%	100	煤层平均厚度/m	3.3
掘进装载机械化程度/%	100	煤层倾角/(°)	9
死亡人数/人	0	矿井综合单产/[t·(个·月)$^{-1}$]	130733
原煤工效/(t·工$^{-1}$)	10.236	采煤队年产量/万 t	153.74
原煤生产期末人数/人	708	液压支架型号	ZY4000/17/37
实现利润/万元	26588.09	采煤机型号	MG300/700
采区回收率（薄/中厚/厚）/%	0/88.4/80.2	刮板输送机型号	SGZ764/500

河南煤业化工集团正龙煤业公司城郊煤矿

项　目	内容	项　目	内　容	
矿（井）产量/万 t	498.8	采煤队名称	综采一队	综采二队
平均工作面个数/个	1.8	采煤工艺	综采	综采
采煤机械化程度/%	100	煤层平均厚度/m	3.48	3.51
掘进装载机械化程度/%	100	煤层倾角/(°)	5	5
死亡人数/人	0	矿井综合单产/[t·(个·月)$^{-1}$]	212594	
原煤工效/(t·工$^{-1}$)	17.65	采煤队年产量/万 t	244.211	214.992
原煤生产期末人数/人	1185	液压支架型号	ZY4000/17.5/38	ZY4000/17.5/38
实现利润/万元	177500	采煤机型号	MG200/500	MG200/500
采区回收率（薄/中厚/厚）/%	0/93.2/0	刮板输送机型号	SGZ730/400	SGZ730/400

河南煤业化工集团龙宇能源公司陈四楼煤矿

项　目	内容	项　目	内　容		
矿（井）产量/万 t	445.6	采煤队名称	综采一队	综采二队	综采三队
平均工作面个数/个	2.26	采煤工艺	综采	综采	综采
采煤机械化程度/%	100	煤层平均厚度/m	3.1	3.13	2.93
掘进装载机械化程度/%	100	煤层倾角/(°)	9.3	15.7	13
死亡人数/人	0	矿井综合单产/[t·(个·月)$^{-1}$]	153193		
原煤工效/(t·工$^{-1}$)	16.18	采煤队年产量/万 t	204.63	143.79	67.04
原煤生产期末人数/人	1085	液压支架型号	ZY3800/16/35	ZY3800/16/35	ZY3800/16/35
实现利润/万元	81143	采煤机型号	MG200/500	MG200/500	MG200/500
采区回收率（薄/中厚/厚）/%	0/92.74/0	刮板输送机型号	SGZ730/400	SGZ730/400	SGZ730/400

河南煤业化工集团龙宇能源公司车集煤矿

项　目	内容	项　目	内　容	
矿（井）产量/万 t	269.13	采煤队名称	综采一队	综采二队
平均工作面个数/个	1.639	采煤工艺	综采	综采
采煤机械化程度/%	100	煤层平均厚度/m	2.75	2.7
掘进装载机械化程度/%	100	煤层倾角/(°)	12	10
死亡人数/人	0	矿井综合单产/[t·(个·月)$^{-1}$]	126404	
原煤工效/(t·工$^{-1}$)	13.36	采煤队年产量/万 t	129.6	119
原煤生产期末人数/人	823	液压支架型号	ZY3800/16/35	ZY3200/14.5/31.5
实现利润/万元	84655	采煤机型号	MG200/500	MG160/375
采区回收率（薄/中厚/厚）/%	0/93.04/0	刮板输送机型号	SGZ730/400	SGZ630/320

河南煤业化工集团焦煤集团赵固能源公司赵固一矿

项　目	内容	项　目	内　容	
矿（井）产量/万 t	239.9	采煤队名称	综采一队	综采二队
平均工作面个数/个	1.29	采煤工艺	综采	综采
采煤机械化程度/%	100	煤层平均厚度/m	6.2	6.2
掘进装载机械化程度/%	99.5	煤层倾角/(°)	3	3
死亡人数/人	0	矿井综合单产/[t·(个·月)$^{-1}$]	122416	
原煤工效/(t·工$^{-1}$)	12.25	采煤队年产量/万 t	140.9	48.6
原煤生产期末人数/人	858	液压支架型号	ZF6800/20/38	ZF8600/19/38
实现利润/万元	29230	采煤机型号	MG300/700	MG300/700
采区回收率（薄/中厚/厚）/%	0/0/93	刮板输送机型号	SGZ800/800	SZZ764/200

河南义煤集团耿村煤矿

项　目	内容	项　目	内　容	
矿（井）产量/万 t	398.32	采煤队名称	综采一队	综采二队
平均工作面个数/个	1.871	采煤工艺	综放	综放
采煤机械化程度/%	100	煤层平均厚度/m	10.4	8
掘进装载机械化程度/%	100	煤层倾角/(°)	11	12
死亡人数/人	0	矿井综合单产/[t·(个·月)$^{-1}$]	170640	
原煤工效/(t·工$^{-1}$)	15.06	采煤队年产量/万 t	209.2	173.9
原煤生产期末人数/人	1878	液压支架型号	ZFS6400/17.5/28	ZFS6400/17.5/28
实现利润/万元	53286.46	采煤机型号	MG300/700	MG300/700
采区回收率（薄/中厚/厚）/%	0/0/78.5	刮板输送机型号	SGZ800/630	SGZ800/800

河南义煤集团千秋煤矿

项　目	内　容	项　目	内　容
矿（井）产量/万 t	209.6	采煤队名称	八一队
平均工作面个数/个	0.96	采煤工艺	综放
采煤机械化程度/%	100	煤层平均厚度/m	10.6
掘进装载机械化程度/%	100	煤层倾角/(°)	11
死亡人数/人	0	矿井综合单产/[t·(个·月)$^{-1}$]	178770
原煤工效/(t·工$^{-1}$)	12.5	采煤队年产量/万 t	205.9
原煤生产期末人数/人	796	液压支架型号	ZF7000/18/28
实现利润/万元	16154.92	采煤机型号	MG250/630 - WD
采区回收率（薄/中厚/厚）/%	0/0/78	刮板输送机型号	SGZ800/630

河南义煤集团常村煤矿

项　目	内　容	项　目	内　容
矿（井）产量/万 t	218.62	采煤队名称	综采队
平均工作面个数/个	1.98	采煤工艺	综放
采煤机械化程度/%	100	煤层平均厚度/m	8.7
掘进装载机械化程度/%	100	煤层倾角/(°)	11
死亡人数/人	0	矿井综合单产/[t·(个·月)$^{-1}$]	175931.6
原煤工效/(t·工$^{-1}$)	12.13	采煤队年产量/万 t	206.9
原煤生产期末人数/人	782	液压支架型号	ZF7000/18/28
实现利润/万元	1543.8	采煤机型号	MG250/600 - WD
采区回收率（薄/中厚/厚）/%	0/0/76.5	刮板输送机型号	SGZ800/800

河南神火集团新庄煤矿

项　目	内容	项　目	内　容	
矿（井）产量/万 t	224.5	采煤队名称	综采队	综采准备队
平均工作面个数/个	1.225	采煤工艺	综采	综采
采煤机械化程度/%	100	煤层平均厚度/m	3.3	3.3
掘进装载机械化程度/%	100	煤层倾角/(°)	6	6
死亡人数/人	0	矿井综合单产/[t·(个·月)$^{-1}$]	144186	
原煤工效/(t·工$^{-1}$)	12.18	采煤队年产量/万 t	193.3	18.6
原煤生产期末人数/人	798	液压支架型号	ZY3800/20/42	ZY3800/20/42
实现利润/万元	58005	采煤机型号	MG501	MG501
采区回收率（薄/中厚/厚）/%	0/88.5/0	刮板输送机型号	SGZ764/400	SGZ764/400

甘肃华亭煤业集团华亭煤电公司砚北煤矿

项　目	内容	项　目	内　容	
矿（井）产量/万 t	490.08	采煤队名称	综采一队	综采二队
平均工作面个数/个	1.8	采煤工艺	综放	综放
采煤机械化程度/%	100	煤层平均厚度/m	48.8	28.5
掘进装载机械化程度/%	97.82	煤层倾角/(°)	41	10
死亡人数/人	0	矿井综合单产/[t·(个·月)$^{-1}$]	222200	
原煤工效/(t·工$^{-1}$)	15.19	采煤队年产量/万 t	150.9	329
原煤生产期末人数/人	1061	液压支架型号	ZF3600/17/28	ZF12000/23/35
实现利润/万元	24800	采煤机型号	MXG150/350	MG400/930
采区回收率（薄/中厚/厚）/%	0/0/75.6	刮板输送机型号	SGZ764/200	SGZ100/1050

甘肃华亭煤业集团山寨煤矿

项　目	内　容	项　目	内　容
矿（井）产量/万 t	190.19	采煤队名称	综采队
平均工作面个数/个	0.78	采煤工艺	综放
采煤机械化程度/%	100	煤层平均厚度/m	11.2
掘进装载机械化程度/%	97.3	煤层倾角/(°)	10
死亡人数/人	0	矿井综合单产/[t·(个·月)$^{-1}$]	170272
原煤工效/(t·工$^{-1}$)	14.74	采煤队年产量/万 t	190.19
原煤生产期末人数/人	613	液压支架型号	ZF6200/17/30
实现利润/万元	5446.6	采煤机型号	MG250/600 - WD1
采区回收率（薄/中厚/厚）/%	0/0/75.4	刮板输送机型号	SGZ764/500

甘肃华亭煤业集团华亭煤电公司东峡煤矿

项目	内容	项目	内容	
矿（井）产量/万 t	123	采煤队名称	综采一队	综采二队
平均工作面个数/个	1.7	采煤工艺	综放	综放
采煤机械化程度/%	100	煤层平均厚度/m	6.02	25.9
掘进装载机械化程度/%	98	煤层倾角/(°)	28	42
死亡人数/人	0	矿井综合单产/[t·(个·月)$^{-1}$]	123000	
原煤工效/(t·工$^{-1}$)	12.79	采煤队年产量/万 t	73.027	40.452
原煤生产期末人数/人	405	液压支架型号	ZF4000/15.5/25	ZFS4000/16/26
实现利润/万元	3709.77	采煤机型号	MG200/500	MG250/300
采区回收率（薄/中厚/厚）/%	0/0/81	刮板输送机型号	SGB730/160	SGB730/160

甘肃华亭煤业集团华亭煤电公司陈家沟煤矿

项目	内容	项目	内容
矿（井）产量/万 t	150.02	采煤队名称	综采队
平均工作面个数/个	0.76	采煤工艺	综放
采煤机械化程度/%	100	煤层平均厚度/m	10.4
掘进装载机械化程度/%	95.7	煤层倾角/(°)	15
死亡人数/人	0	矿井综合单产/[t·(个·月)$^{-1}$]	160055
原煤工效/(t·工$^{-1}$)	10.84	采煤队年产量/万 t	145.97
原煤生产期末人数/人	652	液压支架型号	ZF6000/17/28
实现利润/万元	6433	采煤机型号	MG200/500
采区回收率（薄/中厚/厚）/%	0/0/75.2	刮板输送机型号	SGZ730/320

甘肃华亭煤业集团马蹄沟矿

项　目	内　容	项　目	内　容
矿（井）产量/万 t	119.9	采煤队名称	综采队
平均工作面个数/个	0.83	采煤工艺	综放
采煤机械化程度/%	100	煤层平均厚度/m	10
掘进装载机械化程度/%	95	煤层倾角/(°)	9
死亡人数/人	0	矿井综合单产/[t·(个·月)$^{-1}$]	120180
原煤工效/(t·工$^{-1}$)	10.18	采煤队年产量/万 t	119.9
原煤生产期末人数/人	468	液压支架型号	ZF5500/17/28
实现利润/万元	1889.7	采煤机型号	MWG160/375 - W
采区回收率（薄/中厚/厚)/%	0/0/77.3	刮板输送机型号	SGZ730/264

甘肃华亭煤业集团新窑煤矿公司

项　目	内　容	项　目	内　容
矿（井）产量/万 t	130.11	采煤队名称	综采队
平均工作面个数/个	0.81	采煤工艺	综放
采煤机械化程度/%	100	煤层平均厚度/m	10.19
掘进装载机械化程度/%	98	煤层倾角/(°)	18
死亡人数/人	0	矿井综合单产/[t·(个·月)$^{-1}$]	129845
原煤工效/(t·工$^{-1}$)	10.16	采煤队年产量/万 t	125.69
原煤生产期末人数/人	483	液压支架型号	ZFS6000/17.5/28
实现利润/万元	2490.89	采煤机型号	MG200/500 - QWD
采区回收率（薄/中厚/厚)/%	0/0/75.2	刮板输送机型号	SGZ730/320

甘肃窑街煤电公司三矿

项　目	内容	项　目	内　容		
矿（井）产量/万 t	190.04	采煤队名称	综采一队	综采二队	综采三队
平均工作面个数/个	2.75	采煤工艺	综放	综放	综放
采煤机械化程度/%	100	煤层平均厚度/m	60.1	24.6	24.1
掘进装载机械化程度/%	98	煤层倾角/(°)	45	45	45
死亡人数/人	0	矿井综合单产/[t·(个·月)$^{-1}$]	57172.7		
原煤工效/(t·工$^{-1}$)	8.081	采煤队年产量/万 t	100.56	64.99	19.69
原煤生产期末人数/人	1027	液压支架型号	ZF3600/15/28	ZF4800/17/31	ZF4800/17/31
实现利润/万元	6250.72	采煤机型号	MG150/375	MGD250/300	MGD250/300
采区回收率（薄/中厚/厚）/%	0/0/75.6	刮板输送机型号	SGZ730/264	SGZ730/90	SGZ730/90

甘肃靖远煤业集团大水头煤矿

项　目	内容	项　目	内　容	
矿（井）产量/万 t	215	采煤队名称	综放一队	综放二队
平均工作面个数/个	1.66	采煤工艺	综放	综放
采煤机械化程度/%	100	煤层平均厚度/m	13.6	8.1
掘进装载机械化程度/%	100	煤层倾角/(°)	6	8
死亡人数/人	0	矿井综合单产/[t·(个·月)$^{-1}$]	125800	
原煤工效/(t·工$^{-1}$)	12.52	采煤队年产量/万 t	121	85.46
原煤生产期末人数/人	572	液压支架型号	ZF4800/17/28	ZF4800/17/28
实现利润/万元	20258.2	采煤机型号	MG250/600	MG200/500
采区回收率（薄/中厚/厚）/%	0/0/78	刮板输送机型号	SGZ764/630	SGZ764/630

甘肃靖远煤业集团靖远煤电公司

项　目	内容	项　目	内　容	
矿（井）产量/万 t	143.08	采煤队名称	综放一队	综放二队
平均工作面个数/个	1.58	采煤工艺	综放	综放
采煤机械化程度/%	100	煤层平均厚度/m	11.1	10.2
掘进装载机械化程度/%	97	煤层倾角/(°)	30	35
死亡人数/人	0	矿井综合单产/[t·(个·月)$^{-1}$]	71827	
原煤工效/(t·工$^{-1}$)	10.45	采煤队年产量/万 t	70.42	70.53
原煤生产期末人数/人	753	液压支架型号	ZFQ3600/16/28	ZFQ3600/16/28
实现利润/万元	5278.43	采煤机型号	MG200/500	MGD200/500
采区回收率（薄/中厚/厚）/%	0/0/76	刮板输送机型号	SGZ730/200	SGZ730/200

甘肃靖远煤业集团魏家地煤矿

项　目	内容	项　目	内　容	
矿（井）产量/万 t	145	采煤队名称	综放一队	综放二队
平均工作面个数/个	0.95	采煤工艺	综放	综放
采煤机械化程度/%	100	煤层平均厚度/m	10.8	12.6
掘进装载机械化程度/%	96	煤层倾角/(°)	10	6
死亡人数/人	0	矿井综合单产/[t·(个·月)$^{-1}$]	120800	
原煤工效/(t·工$^{-1}$)	10.42	采煤队年产量/万 t	55	82.9
原煤生产期末人数/人	1312	液压支架型号	ZF4800/16/30	ZF4200/17/28
实现利润/万元	2498	采煤机型号	MG200/500	MG200/500
采区回收率（薄/中厚/厚）/%	0/0/78	刮板输送机型号	SGZ764/630	SGZ764/630

徐矿新疆天山公司俄霍布拉克煤矿

项 目	内容	项 目	内 容	
矿（井）产量/万t	178.99	采煤队名称	综采一区	综采二区
平均工作面个数/个	1.23	采煤工艺	综放	综采
采煤机械化程度/%	100	煤层平均厚度/m	9.2	3.25
掘进装载机械化程度/%	100	煤层倾角/(°)	14.5	14
死亡人数/人	0	矿井综合单产/[t·(个·月)$^{-1}$]	124435	
原煤工效/(t·工$^{-1}$)	14.18	采煤队年产量/万t	124.24	43.75
原煤生产期末人数/人	517	液压支架型号	ZF6500/18/35	ZZ6200/17/35
实现利润/万元	6877	采煤机型号	MG400/930	MG400/920
采区回收率（薄/中厚/厚）/%	0/88/80	刮板输送机型号	SGZ900/1050	SGZ900/1050

陕西陕煤黄陵矿业公司一号煤矿

项 目	内容	项 目	内 容	
矿（井）产量/万t	498.8	采煤队名称	综采一队	综采三队
平均工作面个数/个	1.73	采煤工艺	综采	综采
采煤机械化程度/%	100	煤层平均厚度/m	2.63	2.48
掘进装载机械化程度/%	100	煤层倾角/(°)	2	2
死亡人数/人	0	矿井综合单产/[t·(个·月)$^{-1}$]	240270	
原煤工效/(t·工$^{-1}$)	18.46	采煤队年产量/万t	231.98	246.8
原煤生产期末人数/人	989	液压支架型号	ZZ5000/14.5/28	ZZ5000/14.5/28
实现利润/万元	40137	采煤机型号	MG550/1220	MG550/1220
采区回收率（薄/中厚/厚）/%	0/85.3/0	刮板输送机型号	SGZ800/800	SGZ800/800

陕西陕北矿业韩家湾煤炭公司

项　目	内　容	项　目	内　容
矿（井）产量/万 t	148.6	采煤队名称	综采队
平均工作面个数/个	0.8	采煤工艺	综采
采煤机械化程度/%	100	煤层平均厚度/m	4.1
掘进装载机械化程度/%	100	煤层倾角/(°)	3
死亡人数/人	0	矿井综合单产/[$t\cdot(个\cdot月)^{-1}$]	123833
原煤工效/($t\cdot工^{-1}$)	19.1	采煤队年产量/万 t	130.8
原煤生产期末人数/人	395	液压支架型号	ZY8800/23/47
实现利润/万元	9500	采煤机型号	MG500/1180 - WD
采区回收率（薄/中厚/厚）/%	0/0/85.35	刮板输送机型号	SGZ900/1050

陕西汇森煤业公司神木凉水井矿业公司

项　目	内　容	项　目	内　容
矿（井）产量/万 t	394	采煤队名称	综采队
平均工作面个数/个	0.83	采煤工艺	综采
采煤机械化程度/%	100	煤层平均厚度/m	2.8
掘进装载机械化程度/%	100	煤层倾角/(°)	3
死亡人数/人	0	矿井综合单产/[$t\cdot(个\cdot月)^{-1}$]	350692
原煤工效/($t\cdot工^{-1}$)	38.13	采煤队年产量/万 t	349.29
原煤生产期末人数/人	424	液压支架型号	ZY8000/17.5/35
实现利润/万元	37177.4	采煤机型号	MG650/1620 - WD
采区回收率（薄/中厚/厚）/%	0/85.9/0	刮板输送机型号	SGZ1000/1400

神华准能公司黑岱沟露天煤矿

项　目	内容	项　目	内　容		
矿（井）产量/万 t	1999.95	采煤工艺	单车－卡车－破碎站		
合计工作面个数/个	16	煤层平均厚度/m	28.8		
挖掘机个数/个	12	开采深度/m	150		
轮斗个数/个	4	剥采比	4.12		
死亡人数/人	0	包机组月平均产量/[t·(个·月)$^{-1}$]	163000		
原煤工效/(t·工$^{-1}$)	136.47	设备	挖掘机	机车	汽车
原煤生产期末人数/人	555	在籍/台	16	0	87
实现利润/万元	208115.5	实动/台	16	0	87

神华宝日希勒能源公司露天煤矿

项　目	内容	项　目	内　容		
矿（井）产量/万 t	1305	采煤工艺	单车－汽车间断工艺		
合计工作面个数/个	16	煤层平均厚度/m	22.16		
挖掘机个数/个	14	开采深度/m	90		
轮斗个数/个	0	剥采比	3.51		
死亡人数/人	0	包机组月平均产量/[t·(个·月)$^{-1}$]	250206		
原煤工效/(t·工$^{-1}$)	77.8	设备	挖掘机	机车	汽车
原煤生产期末人数/人	464	在籍/台	7	5	60
实现利润/万元	40000	实动/台	7	5	58

神东天隆公司武家塔露天矿

项 目	内容	项 目	内 容		
矿（井）产量/万t	290	采煤工艺	单车－汽车		
合计工作面个数/个	1	煤层平均厚度/m	8.75		
挖掘机个数/个	50	开采深度/m	60～75		
轮斗个数/个	0	剥采比	6.53		
死亡人数/人	0	包机组月平均产量/[t·(个·月)$^{-1}$]	241700		
原煤工效/(t·工$^{-1}$)	45.9	设备	挖掘机	机车	汽车
原煤生产期末人数/人	239	在籍/台	50	0	253
实现利润/万元	64572.4	实动/台	45	0	200

中煤平朔公司安家岭露天煤矿

项 目	内容	项 目	内 容		
矿（井）产量/万t	1763	采煤工艺	半连续工艺		
合计工作面个数/个	17	煤层平均厚度/m	29.5		
挖掘机个数/个	13	开采深度/m	240		
轮斗个数/个	0	剥采比	7.6		
死亡人数/人	0	包机组月平均产量/[t·(个·月)$^{-1}$]	244861		
原煤工效/(t·工$^{-1}$)	108.72	设备	挖掘机	机车	汽车
原煤生产期末人数/人	766	在籍/台	13	4	81
实现利润/万元	92000	实动/台	13	4	81

中煤平朔公司安太堡露天煤矿

项　目	内容	项　目	内　容		
矿（井）产量/万t	2172	采煤工艺	电铲－卡车－胶带半连续		
合计工作面个数/个	15	煤层平均厚度/m	18		
挖掘机个数/个	16	开采深度/m	200		
轮斗个数/个	0	剥采比	7.9		
死亡人数/人	0	包机组月平均产量/[t·(个·月)$^{-1}$]	226250		
原煤工效/(t·工$^{-1}$)	106.39	设备	挖掘机	机车	汽车
原煤生产期末人数/人	796	在籍/台	16	8	123
实现利润/万元	107823	实动/台	15	8	123

内蒙古平庄煤业集团元宝山露天煤矿

项　目	内容	项　目	内　容		
矿（井）产量/万t	798.93	采煤工艺	第四系连续、基岩半连续工艺		
合计工作面个数/个	8	煤层平均厚度/m	71.58		
挖掘机个数/个	9	开采深度/m	118		
轮斗个数/个	2	剥采比	3.09		
死亡人数/人	0	包机组月平均产量/[t·(个·月)$^{-1}$]	265700		
原煤工效/(t·工$^{-1}$)	36.126	设备	挖掘机	机车	汽车
原煤生产期末人数/人	890	在籍/台	7	0	27
实现利润/万元	54880	实动/台	6	0	21

华能伊敏煤电公司露天矿

项　目	内容	项　目	内　容		
矿（井）产量/万 t	1420.27	采煤工艺	单斗－卡车、半连续		
合计工作面个数/个	12	煤层平均厚度/m	34		
挖掘机个数/个	12	开采深度/m	90		
轮斗个数/个	0	剥采比	2.33		
死亡人数/人	0	包机组月平均产量/[t·(个·月)$^{-1}$]	394000		
原煤工效/(t·工$^{-1}$)	84.21	设备	挖掘机	机车	汽车
原煤生产期末人数/人	708	在籍/台	15	0	53
实现利润/万元	7843.23	实动/台	12	0	37

图书在版编目（CIP）数据

中国煤炭工业安全高效矿井建设年度报告（2010）/王显政主编. --北京：煤炭工业出版社，2011

ISBN 978-7-5020-3848-9

Ⅰ. ①中… Ⅱ. ①王… Ⅲ. ①煤炭工业-研究报告-中国-2010 Ⅳ. ①TD82

中国版本图书馆 CIP 数据核字(2011)第 073166 号

煤炭工业出版社 出版

（北京市朝阳区芍药居 35 号 100029）

网址：www. cciph. com. cn

北京玥实印刷有限公司 印刷

新华书店北京发行所 发行

*

开本 787mm × 1092mm 1/16 印张 27

字数 454 千字 印数 1—1 700

2011 年 6 月第 1 版 2011 年 6 月第 1 次印刷

社内编号 6658 定价 130.00 元

9